JN107244

岡理論新入門

多変数関数論の基礎

野口潤次郎 著

裳 華 房

A New Introduction to Oka Theory

Basics of Several Complex Variables

by

Junjiro NOGUCHI

SHOKABO

TOKYO

JCOPY 〈出版者著作権管理機構 委託出版物〉

まえがき

　本書は，岡潔による 3 大問題の肯定的解決に特化して，できるだけ簡易化した自足的証明を与えることを目標にしたものである．既書にはない特徴として，

- 弱連接定理（著者，2019）を基礎に
- 擬凸問題を史上初めて解決した岡の未発表論文 (1943) に沿った展開

をした点であろう．

　多変数関数論あるいは多変数複素解析学の基礎は，1900 年代前半にその主要部が岡潔により創られた．直後より，岡理論に動機付けられた新理論，解釈，一般化などが行われてきた．理論の簡易化もなされてきたのだが，入り口部分の段差は依然高いままであった．その段差を下げるべく，著者も [23] を書いた．その過程で，岡潔の解決した 3 大問題に限ればさらなる簡易化が可能であることがわかってきた ([25])．

　岡潔の解決した 3 大問題（ベーンケ–トゥーレン (Behnke–Thullen) [2]，1934）とは，解かれた順に述べると（提示された順はちょうどこの逆），

(i) 　近似（関数の展開）の問題．

(ii) 　クザン（Cousin I, II）の問題．

(iii) 　擬凸問題（ハルトークス (Hartogs) の逆問題，レビ (Levi) 問題）．

　3 大問題は当時，まずは解けるとは思われなかった問題であった（R. レンメルト (Remmert) [31]）．岡潔が，それを解くことを自分の人生の仕事と課したことを H. カルタン (Cartan [31]) は，殆ど超人的 (*quasi-surhumaine*) と評し，それに成功した Oka は偉大な創造者 (*grand créateur*) であった，と述べている．また，岡の論文は読むのに大変困難であり，真の努力無くしては，それらを理解することはできないとも述べている．

岡論文 Oka I〜IX は次の二つのグループに分けられる.

(i) Oka I〜VI+IX.

(ii) Oka VII〜VIII.

3 大問題は,第 1 グループ (i) で証明された.第 2 グループ (ii) は,その問題を越えた展開を目指し "岡の 3 連接定理" を証明したものである.

ここでタイトルを「岡理論新入門」としたのは,まず本書では第 1 グループの成果に内容を限定したことにより "入門" とした.証明は最近の結果である "弱連接定理" (拙著 [25]) に基づくもので,これまでのもの(書籍は多い,例えば,[15], [13], [21], [23] 等々)に比べて大幅に簡短化された.これまで,岡理論の展開法として大きく三つの流れがあった.第 1 は,岡のオリジナルな方法によるもの.第 2 に,岡–カルタン理論として連接層とコホモロジー理論によるもの.第 3 に,ヘルマンダーによる $\bar{\partial}$ 方程式をヒルベルト空間 L^2 における直交射影法を用いて解く方法である(これは,"岡理論" というよりも岡理論の結果の別証明法である.[16], [28] など).本書の展開法はそれらのいずれにも属さない.その意味で "新" を付けた.具体的には:

(i) ワイェルシュトラースの予備定理,およびこれを用いた一般の連接定理を用いない.

(ii) 層係数コホモロジー理論を用いない.

(iii) L^2-$\bar{\partial}$ 法も用いない.

つまり何か新しい道具を準備するということはなく,ほとんど無手勝流である.難しいといわれた岡理論が入門部分だけでもここまでやさしくなるとは,著者にとっても感慨深いものがある.ただアイデアだけは岡による.特に,最後の擬凸問題の解決(岡の擬凸定理)における '岡の方法' は岡の未発表論文 (1943, [32]) に基づく.この方法は,本質的には Oka IX (1953) にある方法と同じであるが,使われている連接定理は Oka VII (1948/50) で示されたそれではなく,その原型ともいえるある条件の付された,しかし問題を解くには十分な '原連接定理' ともいえる命題を証明することと,ある積分方程式を解くことから構成されている.本書では,その '原連接定理' を初

等的な巾級数展開だけで証明できる '弱連接定理' (2019, [25]) に置き換えて証明する．平易な証明法を求めていたものが，結果的に弱連接定理 [25] を用いて岡の 1943 年の未発表論文 [32]，VII～XI，を再現することとなった．

　第 2 グループ (ii) を含めた全体的進展については，例えば拙書 [23] を参照されたい．

　本書の内容は概略次のようなものである．第 1 章は，多変数正則（解析）関数の定義と巾級数展開から始め，多変数解析関数論の出発点となったハルトークス現象について述べる．後の準備のために，凸柱状領域でのルンゲの近似定理，クザン積分，解析的部分集合などを解説する．

　第 2 章では，解析層と連接性の概念を定義する．解析層は，位相空間としては導入せず，集合（環・加群の集まり）としてのみ定義する．そして，岡の 3 連接定理を紹介した後，弱連接定理を証明する．カルタンの行列分解補題，岡シジジーを示し，方法論的に最重要な岡の上空移行を証明する．

　第 3 章は，正則領域と正則凸領域を扱う．基本となるのは，カルタン–トゥーレンの定理である．これにより，単葉な場合に両領域の同値性が示される．解析的多面体が導入され，岡の近似定理が第 2 章で準備された上空移行の定理を用いて証明される．続いてクザンの問題が扱われる．ここで，'連続クザン問題' が定式化され，$\bar{\partial}$ 方程式（関数に対して）も含めてクザン I・II 問題は，連続クザン問題に集約される．岡原理もここに含まれる．これらの問題が，正則(凸)領域上で可解であることを証明する．同様な方法で，補間問題も解く．最後に，$\mathbf{C}^n$ 上の多葉（リーマン）領域の概念を導入する．正則包を構成し，正則領域の定義を与える．スタイン領域を定義し，その上では単葉正則(凸)領域上で得られた諸結果が成立することが示される．

　第 4・5 章では擬凸問題を扱う．まず，第 4 章で多重劣調和関数を定義し，擬凸性の概念を解説，いくつかの擬凸性の同値性を示しつつ擬凸問題の定式化を行う．そして，$\mathbf{C}^n$ 上の不分岐正則領域では '$-\log($境界距離$)$ が多重劣調和' であるという '岡の境界距離定理' を示す．岡はこの命題文のために多重劣調和関数の概念を導入した，と言って過ぎることはないであろう．これが，擬凸問題解決への重要なステップになる．境界距離定理の応用として管

状領域の正則包に関する管定理（Tube Theorem, S. ボッホナー, K. スタイン（2 次元））を証明する.

　最後の第 5 章では, 前章で定式化された擬凸問題を肯定的に解決する. はじめに, セミノルム空間, ベール空間, フレッシェ空間が定義され, バナッハの開写像定理が示される. これを用いて, 評価付きの岡の上空移行を与える. 強擬凸領域のスタイン性の証明を岡の方法と H. グラウェルトの方法で二つ与える. 岡の方法は, 既に述べたように 1943 年に著された未発表論文に基づくもので, そのオリジナルな型が書籍の中で扱われるのはおそらく初めてであろう. 積分方程式を逐次近似で解くのであるが, 収束は結局, 優級数法という基本的なものである. このような方法でこの難問が解けるということが, 驚きである. 二つ目のグラウェルトの方法は, よく知られた L. シュヴァルツのコンパクト作用素に関する有限次元性定理と '膨らませ法' を用いる証明である. そのために, 1 次コホモロジー $H^1(\star, \mathscr{O})$ を導入する. 以上の準備の後, $\mathbf{C}^n$ 上の不分岐擬凸領域はスタインであること（岡の擬凸定理）の証明がなされる.

　本書を読むに当たっての予備知識について, 大学初年次に習う一変数および多変数の微積分学と線形代数学の基本的な部分は仮定し, 特に引用無しで用いる. また, 位相空間, 環, 加群の基礎的な内容は必要事項は解説してあるが, 適宜手近にある教科書を参照すれば十分であろう. 一変数関数論については, 基本事項について種々引用することになるが, 例えば拙著 [22] を参照されたい.

　本書は, 多変数関数論あるいは多変数複素解析学の基礎として網羅的な内容を目指したものではない. 関連した基礎的な内容は演習問題などで触れているので自ら解いて欲しい. さらには, 所々で引用されている図書にも目を通されることを薦めたい. その基礎理論の中心的内容をなす 3 大問題の解決に初等的な証明を与える本書を通して, 当該分野に興味を持たれる読者が増え, 岡潔博士の創造性溢れる数学への貢献について認識がより深まれば, それは著者にとって望外の喜びである.

　本書を書き進めるにあたって, 定例の東大数理における複素解析幾何セミ

ナー（通称，月曜セミナー）とそのメンバーには，何度か話を聞いてもらい，交わした種々の質問，議論には大いに助けられ，励みともなった．2017年5月には濵野佐知子氏のお世話で大阪市立大学で本書の粗原稿にもとづく集中講義を行った．同年7月にはFilippo Bracci氏の招きでローマ大学・Tor Vergataにおけるセミナーで講演をした．2019年3月静岡市，日本・アイスランド研究集会 "Holomorphic Maps, Pluripotentials and Complex Geometry" にて足立真訓氏（静岡大学）のお世話で講演を行った．同年5月にはモントリオール大学にてSteven Lu氏のお世話で連続セミナー講演をした．同年7月にMin Ru氏（Houston大学）のお世話で上海復旦大学数理科学研究センターにおける "Summer Program on Complex Geometry and Several Complex Variables" にて連続講義を行った．擬凸性に関する文献については阿部誠氏（広島大学）から種々の論文をご教示いただいた．お世話になった諸氏に，ここに記して深く感謝の意を表したい．

　本書が岡潔博士生誕120周年の記念すべき2021年に出版の運びとなったこと，本書の最終段階での題名の選択や校正等で有益な注意や示唆をいただいたことなど，多くのお世話になった裳華房の南清志氏に篤く御礼を申し上げたい．また，このような複素解析学の基礎部分の研究に対する科学研究費補助金基盤 (C) 課題番号 19K03511 からの援助にも大変助けられた．ここに記して感謝する．

2021（令和3）年 夏　鎌倉にて

著 者 記 す

目　　次

こ と わ り

(i) 標準的な集合，写像の記法は既知のものとする．"$\forall x$" は "任意の x"，"$\exists x$" は "ある x"，あるいは "存在する x" を意味する．集合の元，写像の像，原像などの用語も既知とする．

(ii) 自然数（正整数）の集合 **N**，整数の集合 **Z**，有理数の集合 **Q**，実数の集合 **R**，複素数の集合 **C**，虚数単位 i 等は慣習に従って用いている．$\mathbf{C}^* = \mathbf{C} \setminus \{0\}$ と書く．$\mathbf{Z}_+$（または $\mathbf{R}_+$）で非負整数（または非負実数）の集合を表す．

(iii) 定理や式の番号は区別せず統一的に，現れる順に従って付けられている．ただし，式は (1.1.1) のように括弧で括られている．1 番目の数字は章を表し，2 番目の数字は節を表す．

(iv) **単調増加**，**単調減少** という場合，等しい場合も含める．例えば，関数列 $\{\varphi_\nu(x)\}_{\nu=1}^\infty$ が単調増加とは，定義域内の任意の x に対し $\varphi_\nu(x) \leq \varphi_{\nu+1}(x)$, $\nu = 1, 2, \ldots$ が成立することである．

(v) 有限集合 S に対し，その元の個数を $|S|$ で表す．

(vi) 写像 $f : X \to Y$ が，1 対 1 のとき **単射** と呼び，上への写像であるとき **全射** と呼ぶ．単射かつ全射であることを **全単射** という．

(vii) 部分集合 $E \subset X$ への f の制限を $f|_E$ と記す．対応 $f \mapsto f|_E$ を **制限射** と呼ぶ．

(viii) 位相空間 X 上の（一般にはベクトル値）関数 f の **台**，$\mathrm{Supp}\, f$ とは，集合 $\{x \in X : f(x) \neq 0\}$ の閉包のことである．

(ix) $\mathbf{R}^n$ の開集合 U 上の，$k\ (0 \leq k \leq \infty)$ 階連続偏微分可能関数の全体を $C^k(U)$ と書く．関数は，特にことわらなければ複素数値である．C^k 級とは，k 階連続偏微分可能であることを意味する．$k = 0$ ならば，単に連続を意味し，$k = \infty$ ならば任意回連続偏微分可能である

ことを意味する. $C_0^k(U)$ は，台がコンパクトな $C^k(U)$ の元の全体を表す.

(x) 集合 S の 2 元 $x, y \in S$ に対し関係 "$x \sim y$" が次の条件を満たすとき，関係 "$x \sim y$"（あるいは "$\sim$"）は**同値関係**と呼ばれる：(i) $x \sim x$（反射律）；(ii) 任意の 2 元 $x, y \in S$ に対し $x \sim y$ ならば $y \sim x$ （対称律）；(iii) 任意の 3 元 $x, y, z \in S$ に対し $x \sim y$ かつ $y \sim z$ ならば $x \sim z$ （推移律）.

(xi) "$A := B$" とは，記号 A を B で定めることを意味する.

(xii) "近傍" は，特にことわらない限り開近傍を意味する.

(xiii) $\mathbf{C}^n$（あるいは $\mathbf{R}^n$）の部分集合 A, B に対し，"$A \Subset B$" とは，閉包 $\bar{A}$ がコンパクトかつ $\bar{A} \subset B$ が成立する（**相対コンパクト**である）ことである.

(xiv) （ランダウの記号） $r > 0$ を小さい変数として $o(r^\alpha)$（$\alpha \geq 0$，定数）で $\lim_{r \to +0} o(r^\alpha)/r^\alpha = 0$ となる項（あるいは量）を表す. 特に $\alpha = 0$ ならば， $\lim_{r \to +0} o(1) = 0$ である.

第1章

多変数正則関数

多変数正則関数の定義をし，基本的性質を調べる．変数の数 n が 2 以上になることで現れる顕著な性質は，解析接続に関するハルトークス現象であろう．これの説明の後，多変数正則関数の基本的な性質を述べると共に，必要となる基礎概念の準備をする．

1.1 多変数正則関数

1.1.1 — $\mathbf{C}^n$ の開球と多重円板

$n \in \mathbf{N}$ として，複素平面 $\mathbf{C}$ の n 直積の複素ベクトル空間を $\mathbf{C}^n$ と表す．その自然な座標を $z = (z_1, \ldots, z_n) \in \mathbf{C}^n$ と書く．

$$(1.1.1) \qquad \|z\| = \sqrt{|z_1|^2 + \cdots + |z_n|^2} \quad (\geq 0)$$

を（ユークリッド）**ノルム**と呼ぶ．

$$(1.1.2) \qquad \mathrm{B}(a; r) = \{z \in \mathbf{C}^n : \|z - a\| < r\}, \quad \mathrm{B}(r) = \mathrm{B}(0; r)$$

は，$a \in \mathbf{C}^n$ を中心とする半径 r (> 0) の**開球**または単に**球**と呼ばれる．特に，$\mathrm{B} := \mathrm{B}(1)$ を**単位球**と呼ぶ．

$n = 1$ のときは，これらを**円板**と呼び

$$(1.1.3) \qquad \Delta(a; r) = \{z \in \mathbf{C} : |z - a| < r\}, \quad \Delta(r) = \Delta(0; r)$$

と書く．

点 $a = (a_1, \ldots, a_n) \in \mathbf{C}^n$ と正数 $r_j > 0$, $1 \leq j \leq n$ に対し集合

$$(1.1.4) \qquad \mathrm{P}\Delta(a; (r_j)) = \{z = (z_j) \in \mathbf{C}^n : |z_j - a_j| < r_j, \ 1 \leq j \leq n\}$$

を a を中心とする**多重円板**と呼び，(r_j) を**多重半径**と呼ぶ.

　以上の記号は，本書を通して使われる.

　$\mathbf{C}^n$ の非空連結開部分集合を**領域**と呼ぶ. また，領域 A の閉包 $\bar{A}$ を**閉領域**と呼ぶ. 例えば，多重円板 $\mathrm{P}\Delta(a;(r_j))$ 自身は，領域である. その閉包は

$$\overline{\mathrm{P}\Delta}(a;(r_j)) = \{z = (z_j) \in \mathbf{C}^n : |z_j - a_j| \le r_j,\ 1 \le j \le n\}$$

で**閉多重円板**と呼ばれる.

　集合 $A \subset \mathbf{C}^n$ が**柱状**であるとは，各座標平面に部分集合 $A_j \subset \mathbf{C}$ $(1 \le j \le n)$ が存在して $A = \prod_{j=1}^{n} A_j$ と表されることをいう. 特に，A が領域の場合は，**柱状領域**と呼ぶ.

　実 m 次元ベクトル空間 $\mathbf{R}^m$ の部分集合 $B \subset \mathbf{R}^m$ が（アファイン）**凸**であるとは，任意の 2 点 $x, y \in B$ に対しそれらを結ぶ線分が B に含まれることである：つまり，

$$(1-t)x + ty \in B, \quad 0 \le t \le 1.$$

また，B を含む最小の凸集合を B の**凸包**と呼び，$\mathrm{co}(B)$ と表す. 部分集合 $A \subset \mathbf{C}^n$ が凸であるとは，$\mathbf{C}^n \cong \mathbf{R}^{2n}$ と見て凸であることとする.

命題 1.1.5 コンパクト凸部分集合 $E \Subset \mathbf{C}$ とその近傍 $U \ni E$ があるとき，凸開多角形 G で

$$E \Subset G \Subset U$$

を満たすものが存在する.

証明 U は有界として一般性を失わない. E が凸であることから，$p \in \partial U$ に対し p と E の間の最短線分 ℓ_0 が一意的に存在する. ℓ_0 の中点を通りそれに直交する直線を ℓ_1 とする. $E \cap \ell_1 = \emptyset$ であるので，ℓ_1 は平面を E を含む開半平面と E と交わらない開半平面に分ける（図 1.1 を参照）. 後者を H とすると，$H \cap \partial U \ni p$. ∂U はコンパクトであるから，有限個のかかる開半平面 $H_1, \ldots, H_k$ が存在して

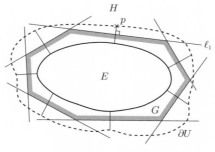

図 1.1 凸多角形近傍

$$\partial U \Subset \bigcup_{h=1}^{k} H_h, \qquad E \Subset \bigcap_{h=1}^{k} (\mathbf{C} \setminus \bar{H}_h) \Subset U.$$

$G = \bigcap_{h=1}^{k} (\mathbf{C} \setminus \bar{H}_h)$ とおけばよい. ▮

1.1.2 — 多変数正則関数の定義

部分集合 $A \subset \mathbf{C}^n$ 上の関数 $\varphi : A \to \mathbf{C}$ を考える. φ が**連続**とは, 任意の点 $a \in A$ で, 任意に与えられた $\varepsilon > 0$ に対し多重半径 (δ_j) が存在して

$$|\varphi(z) - \varphi(a)| < \varepsilon, \quad \forall z \in \mathrm{P}\Delta(a; (\delta_j)) \cap A$$

が成立することである.

複素変数 z_j の実部, 虚部をそれぞれ $x_j = \Re z_j$, $y_j = \Im z_j$ とする. 変数 $z_j = x_j + iy_j$, $1 \le j \le n$ に関する**正則偏微分**と**反正則偏微分**を次のように定義する.

$$(1.1.6) \qquad \frac{\partial}{\partial z_j} = \frac{1}{2}\left(\frac{\partial}{\partial x_j} + \frac{1}{i}\frac{\partial}{\partial y_j}\right), \quad 1 \le j \le n,$$

$$\frac{\partial}{\partial \bar{z}_j} = \frac{1}{2}\left(\frac{\partial}{\partial x_j} - \frac{1}{i}\frac{\partial}{\partial y_j}\right), \quad 1 \le j \le n.$$

関数 $\varphi(z_1, \ldots, z_n)$ が C^r 級 $(r \in \mathbf{N} \cup \{\infty\})$ であるとは, 実変数 $(x_1, y_1, \ldots, x_n, y_n)$ の関数として C^r 級であることを意味する. このとき, さらに変数 z_j が $\xi = (\xi_1, \ldots, \xi_m)$ の C^1 級関数 $z_j(\xi) = z_j(\xi_1, \ldots, \xi_m)$

になっていると，次が成立する．

$$(1.1.7) \quad \frac{\partial \varphi(z(\xi))}{\partial \xi_k} = \sum_{j=1}^{n} \left(\frac{\partial \varphi}{\partial z_j}(z(\xi)) \cdot \frac{\partial z_j}{\partial \xi_k}(\xi) + \frac{\partial \varphi}{\partial \bar{z}_j}(z(\xi)) \cdot \frac{\partial \bar{z}_j}{\partial \xi_k}(\xi) \right),$$

$$\frac{\partial \varphi(z(\xi))}{\partial \bar{\xi}_k} = \sum_{j=1}^{n} \left(\frac{\partial \varphi}{\partial z_j}(z(\xi)) \cdot \frac{\partial z_j}{\partial \bar{\xi}_k}(\xi) + \frac{\partial \varphi}{\partial \bar{z}_j}(z(\xi)) \cdot \frac{\partial \bar{z}_j}{\partial \bar{\xi}_k}(\xi) \right).$$

これは，実変数の合成関数の偏微分についてのライプニッツの公式から従う．

$\alpha = (\alpha_1, \ldots, \alpha_n) \in \mathbf{Z}_+^n$ を多重添字として

$$|\alpha| = \sum_{j=1}^{n} \alpha_j, \quad \alpha! = \prod_{j=1}^{n} \alpha_j!$$

とおく．α 次正則偏微分を

$$(1.1.8) \quad \partial^\alpha = \partial_z^\alpha = \frac{\partial^{|\alpha|}}{\partial z_1^{\alpha_1} \cdots \partial z_n^{\alpha_n}}$$

と定める．

定義 1.1.9（正則関数）　　(i)　開集合 Ω $(\subset \mathbf{C}^n)$ 上の関数 $f : \Omega \to \mathbf{C}$ が**正則**であるとは，f が Ω で C^1 級で，かつ

$$(1.1.10) \quad \frac{\partial f}{\partial \bar{z}_j}(z) = 0, \quad 1 \le j \le n$$

が成立することとする．この方程式は，**コーシー–リーマン方程式**と呼ばれる．

(ii)　一般に関数 $f : \Omega \to \mathbf{C}$ が**変数毎に正則**であるとは，任意の点 $a = (a_1, \ldots, a_n) \in \Omega$ の近傍で各 j $(1 \le j \le n)$ について，他の変数を固定して z_j のみの複素一変数の関数

$$z_j \longmapsto f(a_1, \ldots, a_{j-1}, z_j, a_{j+1}, \ldots, a_n)$$

が，$z_j = a_j$ の近傍で正則であることとする．

以下で示すように，正則関数は各点の近傍で巾級数展開され（定理 1.1.32），

全変数に関して解析的になる. その意味で, 正則関数は **解析(的)関数** ともしばしば呼ばれる. 本書では, もっぱら "正則" を用いる.

Ω 上の正則関数の全体を $\mathscr{O}(\Omega)$ で表す.

点 $a \in \mathbf{C}^n$ がある関数 f の定義域 A に含まれているとき, f が a **で正則で** あるとは, a のある近傍 $V (\subset \mathbf{C}^n)$ と $g \in \mathscr{O}(V)$ があって, $g|_{A \cap V} = f|_{A \cap V}$ となっていることとする.

定理 1.1.11(**コーシーの積分公式**) 閉多重円板 $\overline{\mathrm{P}\Delta}(a; (r_j))$ の近傍上の連続関数 $f(z)$ が, 各変数毎に正則ならば, 次の積分表示が成立する.

(1.1.12)

$$f(z_1, \ldots, z_n)$$
$$= \left(\frac{1}{2\pi i}\right)^n \int_{|\zeta_1 - a_1| = r_1} \cdots \int_{|\zeta_n - a_n| = r_n} \frac{f(\zeta_1, \ldots, \zeta_n)}{(\zeta_1 - z_1) \cdots (\zeta_n - z_n)} d\zeta_1 \cdots d\zeta_n,$$
$$z \in \mathrm{P}\Delta(a; (r_j)).$$

証明 一変数のコーシーの積分公式を繰り返す. ∎

(1.1.12) に現れる

$$\frac{1}{(\zeta_1 - z_1) \cdots (\zeta_n - z_n)}$$

を(n 変数)**コーシー核** と呼ぶ.

定理 1.1.13 Ω を領域とする.

(i) 連続関数 $f : \Omega \to \mathbf{C}$ について, 正則であることと変数毎に正則であることは, 同値である.

(ii) 正則関数 $f \in \mathscr{O}(\Omega)$ は, C^∞ 級である.

(iii) $f \in \mathscr{O}(\Omega)$, $z \in \mathrm{P}\Delta(a; (r_j)) \Subset \Omega$ とする. 任意の多重添字 $\alpha = (\alpha_j)$ に対し, 次が成立する.

(1.1.14)

$$\partial^\alpha f(z_1, \ldots, z_n)$$
$$= \alpha! \left(\frac{1}{2\pi i}\right)^n \int\limits_{|\zeta_1 - a_1| = r_1} \cdots \int\limits_{|\zeta_n - a_n| = r_n} \frac{f(\zeta_1, \ldots, \zeta_n)}{(\zeta_1 - z_1)^{\alpha_1 + 1} \cdots (\zeta_n - z_n)^{\alpha_n + 1}} d\zeta_1 \cdots d\zeta_n.$$

証明　(i), (ii): 定理 1.1.11 より従う.

(iii): 積分表示 (1.1.12) より，例えば

$$\frac{\partial}{\partial z_1} f(z_1, \ldots, z_n)$$
$$= \left(\frac{1}{2\pi i}\right)^n \int\limits_{|\zeta_1 - a_1| = r_1} \cdots \int\limits_{|\zeta_n - a_n| = r_n} \frac{f(\zeta_1, \ldots, \zeta_n)}{(\zeta_1 - z_1)^2 \cdots (\zeta_n - z_n)} d\zeta_1 \cdots d\zeta_n.$$

これを繰り返せば (1.1.14) を得る. ∎

注意 1.1.15　(i)　上の定理の (i) で f が連続であるという条件は，実は不要である（ハルトークスの定理）．その証明は，いささかこみ入っていて劣調和関数の概念を必要とする．本書では割愛するが，興味を持たれた読者はヘルマンダー [16]，西野 [21] 等を参照されたい.

(ii)　実解析関数の範疇では，各変数毎の解析性だけでは，連続性も従わない．実際，次の 2 実変数 $(x, y) \in \mathbf{R}^2$ の関数を考えよう.

$$f(x, y) = \begin{cases} 0, & (x, y) = (0, 0), \\ \dfrac{xy}{x^2 + y^2}, & (x, y) \neq (0, 0). \end{cases}$$

$f(x, y)$ は，一つの変数を任意に固定するとき，もう一方の変数について解析的であるが，原点 $(0, 0)$ では連続でさえない．なぜならば，$y = kx \ (k \in \mathbf{R})$ とおくと，$x \to 0$ とするとき，$f(x, kx) = k/(1 + k^2)$ となり，$k \in \mathbf{R}$ によって異なる値をとる．一方，定義により $f(0, 0) = 0$ である.

(iii)　さらに，実解析関数の範疇では，連続性を仮定しても各変数毎の解析性だけでは，全変数に関する解析性は従わない．例えば，

$$g(x,y) = \begin{cases} 0, & (x,y)=(0,0), \\ \dfrac{x^2 y^2}{x^2+y^2}, & (x,y) \neq (0,0) \end{cases}$$

とおく. $g(x,y)$ は, $\mathbf{R}^2$ 上で連続であり, 各変数毎に解析的であるが, 原点では解析的ではない. なぜならば, $g(x,y)$ が原点の近傍で解析的とすると, $g(0,y)=0$ である. よって, $g(x,y) = xg_1(x,y)$ ($g_1(x,y)$ は解析的, 以下同) と表される. $g_1(x,0)=0$ であるから同様にして $g_1(x,y) = yg_2(x,y)$. よって $g(x,y) = xyg_2(x,y)$. これより $g_2(x,y) = xy/(|x|^2+|y|^2)$. 同様の議論で, $g_2(x,y) = xyg_3(x,y)$ なので, $g_3(x,y) = 1/(|x|^2+|y|^2)$ となり矛盾である.

1.1.3 — 関数列・関数項級数

部分集合 $A \subset \mathbf{C}^n$ 上定義された**関数列** $\{f_\nu\}_{\nu=0}^\infty$,

$$f_\nu : A \to \mathbf{C}, \quad \nu = 0, 1, \ldots$$

について（各点）**収束**, **コーシー列**, **一様収束**, **一様コーシー列**, A が開集合のとき**広義一様収束**, **広義一様コーシー列**等の概念が一変数の場合と同様に定義される. 特に次の定理を述べておこう.

定理 1.1.16 開集合 $A \subset \mathbf{C}^n$ 上定義された正則関数列 $\{f_\nu\}_{\nu=0}^\infty$ が広義一様収束するならば, 極限関数 $f(z) = \lim_{\nu \to \infty} f_\nu(z)$ は A 上の正則関数である.

証明 まず, $f(z)$ は連続関数列の広義一様極限であるから連続である. 正則性は, 各点 $a \in A$ の近傍で調べればよい. 多重円板近傍 $\mathrm{P}\Delta(a;(r_j)) \Subset A$ をとり, $f_\nu(z)$ に (1.1.12) を適用する. $\{f_\nu(z)\}_{\nu=0}^\infty$ は $f(z)$ に $\overline{\mathrm{P}\Delta}(a;(r_j))$ 上一様に収束するので, $f(z)$ も

$$f(z_1, \ldots, z_n) = \left(\frac{1}{2\pi i}\right)^n \int_{|\zeta_1 - a_1| = r_1}$$
$$\cdots \int_{|\zeta_n - a_n| = r_n} \frac{f(\zeta_1, \ldots, \zeta_n)}{(\zeta_1 - z_1) \cdots (\zeta_n - z_n)} d\zeta_1 \cdots d\zeta_n,$$
$$z \in \mathrm{P}\Delta(a;(r_j))$$

を満たす. 右辺の被積分関数は $z \in \mathrm{P}\Delta(a;(r_j))$ の正則関数であるから, $f(z)$ は正則である. ∎

　A 上の関数列 $\{f_\nu(z)\}_{\nu=0}^{\infty}$ が与えられたとき, その形式和

$$\sum_{\nu=0}^{\infty} f_\nu(z)$$

を**関数項級数**と呼び, $N \in \mathbf{Z}_+$ に対し

$$s_N(z) = \sum_{\nu=0}^{N} f_\nu(z), \quad z \in A$$

を $(N\text{-})$ **部分和**と呼ぶ. 部分和の関数列 $\{s_N(z)\}_{N=0}^{\infty}$ が収束するとき, 関数項級数 $\sum_{\nu=0}^{\infty} f_\nu(z)$ は収束するといい, 極限を

$$\sum_{\nu=0}^{\infty} f_\nu(z) = \lim_{N \to \infty} s_N(z), \quad z \in A$$

と書く. 一様収束, 広義一様収束等も同様に定義される. $\{s_N(z)\}_{N=0}^{\infty}$ が (一様) コーシー列であるとき, 級数 $\sum_{\nu=0}^{\infty} f_\nu(z)$ は (**一様**) **コーシー条件**を満たすという.

　$\sum_{\nu=0}^{\infty} f_\nu(z)$ が**絶対収束**するとは,

$$\sum_{\nu=0}^{\infty} |f_\nu(z)|, \quad z \in A$$

が収束することである. 絶対収束すればもとの関数項級数は収束し, 極限は和の順序によらない.

　関数項級数 $\sum_{\nu=0}^{\infty} f_\nu(z) \, (z \in A)$ に対し, 非負定数 $M_\nu \in \mathbf{R}_+$, $\nu = 0, 1, \ldots$ が

$$|f_\nu(z)| \le M_\nu, \quad \forall z \in A, \, \nu = 0, 1, \ldots$$

を満たすとき, $\sum_{\nu=0}^{\infty} M_\nu$ を $\sum_{\nu=0}^{\infty} f_\nu(z)$ の**優級数**と呼ぶ. $\sum_{\nu=0}^{\infty} M_\nu < \infty$ (収束) であるとき, $\sum_{\nu=0}^{\infty} f_\nu(z)$ は**優級数収束**するという.

定理 1.1.17 優級数収束する関数項級数は，一様絶対収束する．

証明 一様コーシー条件による． ∎

1.1.4 — 多変数巾級数

$a = (a_j) \in \mathbf{C}^n$ とし，多重添字 $\alpha = (\alpha_1, \ldots, \alpha_n) \in \mathbf{Z}_+^n$ に対し

$$(z - a)^\alpha = \prod_{j=1}^n (z_j - a_j)^{\alpha_j} \tag{1.1.18}$$

とおく．多重半径 $r = (r_1, \ldots, r_n)$ $(r_j > 0)$ に対しても

$$r^\alpha = r_1^{\alpha_1} \cdots r_n^{\alpha_n} \tag{1.1.19}$$

である．

$$f(z) = \sum_{\alpha \in \mathbf{Z}_+^n} c_\alpha (z-a)^\alpha, \qquad c_\alpha \in \mathbf{C} \tag{1.1.20}$$

と書かれる関数項級数を a を中心とする（n 変数）**巾級数**と呼ぶ．(1.1.20) は，項を並べる順序を指定しないと収束の意味をもたないが，絶対収束性は項の順序によらずに定義されることに注意する．

以下しばらく，$a = 0$ とする．

補題 1.1.21 (i) $z = (z_j) \in (\mathbf{C}^*)^n$ が存在して，ある並べ方で $\sum_{\alpha \in \mathbf{Z}_+^n} c_\alpha z^\alpha$ が収束するならば，$\{c_\alpha z^\alpha : \alpha \in \mathbf{Z}_+^n\}$ は有界である．

(ii) $w = (w_j) \in (\mathbf{C}^*)^n$ に対し $\{c_\alpha w^\alpha : \alpha \in \mathbf{Z}_+^n\}$ が有界ならば，$\sum_{\alpha \in \mathbf{Z}_+^n} c_\alpha z^\alpha$ は，多重円板 $\mathrm{P}\Delta(0; (|w_j|)) = \{(z_j) : |z_j| < |w_j|, 1 \leq j \leq n\}$ で広義一様絶対収束する．

証明 (i) は，明らかであろう．(ii) を示す．仮定よりある $M > 0$ が存在して

$$|c_\alpha w^\alpha| < M, \quad \forall \alpha \in \mathbf{Z}_+^n.$$

$0 < \theta < 1$ を任意にとり，$|z_j| \leq \theta|w_j|$ $(1 \leq j \leq n)$ とする.

$$\sum_{\alpha \in \mathbf{Z}_+^n} |c_\alpha z^\alpha| \leq \sum_{\alpha \in \mathbf{Z}_+^n} |c_\alpha w^\alpha| \cdot \theta^{|\alpha|}$$

$$\leq M \sum_{\alpha_1 \geq 0, \ldots, \alpha_n \geq 0} \theta^{\alpha_1} \cdots \theta^{\alpha_n} = M \left(\frac{1}{1-\theta}\right)^n < \infty.$$

したがって定理 1.1.17 から，$\sum_{\alpha \in \mathbf{Z}_+^n} c_\alpha z^\alpha$ は $\mathrm{P}\Delta(0; (|w_j|))$ で広義一様絶対収束する. ∎

　巾級数 (1.1.20) が補題 1.1.21 (i) の条件を満たすとき，$f(z)$ を**収束巾級数**と呼ぶ. このとき，次のようにおく.

$$(1.1.22) \quad \Omega^*(f) = \{r = (r_j) \in (\mathbf{R}_+ \setminus \{0\})^n : |c_\alpha r^\alpha|, \ \alpha \in \mathbf{Z}_+^n, \ \text{は有界 } \}^\circ,$$

$$\Omega(f) = \{(z_j) \in \mathbf{C}^n : \exists (r_j) \in \Omega^*(f), \ |z_j| < r_j, \ 1 \leq j \leq n\},$$

$$\log \Omega^*(f) = \{(\log r_j) \in \mathbf{R}^n : (r_j) \in \Omega^*(f)\}.$$

ここで，$\{\cdot\}^\circ$ は内点集合を表す. $\Omega(f)$ を巾級数 $f(z)$ の**収束域**と呼ぶ.

定理 1.1.23　$f(z) = \sum_{\alpha \in \mathbf{Z}_+^n} c_\alpha z^\alpha$ を収束巾級数とする.

(i)　$f(z)$ は，$\Omega(f)$ で正則である.

(ii)　（対数凸）$\log \Omega^*(f)$ は，凸集合である.

(iii)　$f(z)$ は，$\Omega(f)$ において項別偏微分可能で次が成立する.

$$(1.1.24)$$

$$\frac{\partial f}{\partial z_j}(z) = \frac{\partial}{\partial z_j} \sum_{\alpha_1 \geq 0, \ldots, \alpha_j \geq 0, \ldots, \alpha_n \geq 0} c_{\alpha_1 \ldots \alpha_j \ldots \alpha_n} z_1^{\alpha_1} \cdots z_j^{\alpha_j} \cdots z_n^{\alpha_n}$$

$$= \sum_{\alpha_1 \geq 0, \ldots, \alpha_j \geq 1, \ldots, \alpha_n \geq 0} \alpha_j c_{\alpha_1 \ldots \alpha_j \ldots \alpha_n} z_1^{\alpha_1} \cdots z_j^{\alpha_j - 1} \cdots z_n^{\alpha_n},$$

$$(1.1.25) \quad \Omega(f) \subset \Omega\left(\frac{\partial f}{\partial z_j}\right).$$

証明 (i) $c_\alpha z^\alpha$ は正則であるから，定理 1.1.16 と補題 1.1.21 (ii) より $f(z)$ は $\Omega(f)$ で正則である．

(ii) 2 点 $(\log r_j), (\log s_j) \in \log \Omega^*(f)$ をとる．それらは内点に含まれているということより，ある $r'_j > r_j$, $s'_j > s_j$ $(1 \le j \le n)$, $M > 0$ が存在し，$r' = (r'_j)$, $s' = (s'_j)$ として

$$|c_\alpha r'^\alpha| \le M, \quad |c_\alpha s'^\alpha| \le M, \quad \forall \alpha \in \mathbf{Z}_+^n.$$

$0 < \theta < 1$ を任意にとるとき

$$(1.1.26) \qquad \theta(\log r_j) + (1-\theta)(\log s_j) \in \log \Omega^*(f)$$

となることを示せばよい．$(r'_j), (s'_j)$ について，

$$|c_\alpha r'^{\theta \alpha} s'^{(1-\theta)\alpha}| = (|c_\alpha| r'^\alpha)^\theta \cdot (|c_\alpha| s'^\alpha)^{1-\theta} \le M^\theta \cdot M^{1-\theta} = M.$$

よって，(1.1.26) が示された．

(iii) 項別偏微分の証明は一変数の場合と同様である（[22] 定理 (3.1.10) 参照）．

(1.1.25) を示そう．任意に $(z_k) \in \Omega(f)$ をとる．定義により，ある $(r_k) \in \Omega^*(f)$ が存在して，

$$|z_k| < r_k, \quad 1 \le k \le n,$$
$$|c_\alpha r^\alpha| \le M, \quad \forall \alpha \in \mathbf{Z}_+^n.$$

ここで，M は正定数である．$|z_k| < t_k < r_k$ $(1 \le k \le n)$ と (t_k) をとる．任意の $\alpha = (\alpha_k) \in \mathbf{Z}_+^n$, $\alpha_j \ge 1$ に対し

$$|\alpha_j c_\alpha| t_1^{\alpha_1} \cdots t_j^{\alpha_j - 1} \cdots t_n^{\alpha_n} \le |c_\alpha| r^\alpha \frac{\alpha_j}{t_j} \left(\frac{t_j}{r_j} \right)^{\alpha_j}.$$

$0 < t_j/r_j < 1$ であるから，$\lim_{\alpha_j \to \infty} \alpha_j (t_j/r_j)^{\alpha_j} = 0$．よって，ある $L > 0$ があって

$$\alpha_j \left(\frac{t_j}{r_j} \right)^{\alpha_j} \leq L, \quad \forall \alpha_j \geq 1.$$

したがって,

$$|\alpha_j c_\alpha| t_1^{\alpha_1} \cdots t_j^{\alpha_j - 1} \cdots t_n^{\alpha_n} \leq \frac{LM}{t_j}$$

となり, $(t_k) \in \Omega^* \left(\frac{\partial f}{\partial z_j} \right)$, $(z_k) \in \Omega \left(\frac{\partial f}{\partial z_j} \right)$ が従う. ∎

上述 (ii) の性質を, $\Omega^*(f)$ は**対数凸**であるという.

1.1.5 — 多変数正則関数の基本的性質

Ω を領域とし, $f \in \mathscr{O}(\Omega)$ とする. 閉多重円板 $\overline{\mathrm{P}\Delta}(a;(r_j)) \Subset \Omega$ を任意に とる. 簡単のため, 座標の平行移動で $a = 0$ とする. コーシーの積分公式 (1.1.12) により

(1.1.27)

$$f(z) = \left(\frac{1}{2\pi i} \right)^n \int_{|\zeta_1| = r_1} \cdots \int_{|\zeta_n| = r_n} \frac{f(\zeta_1, \ldots, \zeta_n)}{(\zeta_1 - z_1) \cdots (\zeta_n - z_n)} d\zeta_1 \cdots d\zeta_n,$$

$$z = (z_1, \ldots, z_n) \in \mathrm{P}\Delta(0; (r_j)).$$

被積分関数内のコーシー核を次のように展開する.

$$\frac{1}{(\zeta_1 - z_1) \cdots (\zeta_n - z_n)} = \frac{1}{\zeta_1 \left(1 - \frac{z_1}{\zeta_1} \right) \cdots \zeta_n \left(1 - \frac{z_n}{\zeta_n} \right)}$$

(1.1.28)

$$= \sum_{\alpha_1 \geq 0, \ldots, \alpha_n \geq 0} \frac{1}{\zeta_1} \left(\frac{z_1}{\zeta_1} \right)^{\alpha_1} \cdots \frac{1}{\zeta_n} \left(\frac{z_n}{\zeta_n} \right)^{\alpha_n}.$$

$|z_j/\zeta_j| = |z_j|/r_j < 1 \ (1 \leq j \leq n)$ であるから, (1.1.28) の巾級数は絶対収 束し, $\mathrm{P}\Delta(0; (r_j))$ 内で広義一様収束する. これと (1.1.27) より

(1.1.29) $\quad f(z) = \sum_{\alpha \in \mathbf{Z}_+^n} c_\alpha z^\alpha,$

$$(1.1.30) \qquad c_\alpha = \left(\frac{1}{2\pi i}\right)^n \int\limits_{|\zeta_1|=r_1} \cdots \int\limits_{|\zeta_n|=r_n} \frac{f(\zeta_1,\ldots,\zeta_n)}{\zeta_1^{\alpha_1+1}\cdots\zeta_n^{\alpha_n+1}}d\zeta_1\cdots d\zeta_n,$$

$$\alpha = (\alpha_j) \in \mathbf{Z}_+^n.$$

偏微分 ∂^α について次が成立する.

$$(1.1.31) \qquad \partial^\alpha f(0) = \alpha!\, c_\alpha, \quad \alpha \in \mathbf{Z}_+^n.$$

したがって，係数 c_α は $f(z)$ により一意的に決まる.

定理 1.1.32（巾級数展開） $f \in \mathscr{O}(\Omega), \mathrm{P}\Delta(a;(r_j)) \subset \Omega$ とすると，$f(z)$ は $\mathrm{P}\Delta(a;(r_j))$ で一意的に

$$(1.1.33) \qquad f(z) = \sum_{\alpha \in \mathbf{Z}_+^n} c_\alpha(z-a)^\alpha,$$

$$\partial^\alpha f(a) = \alpha!\, c_\alpha, \quad \alpha \in \mathbf{Z}_+^n$$

と，広義一様絶対収束する a を中心とする巾級数に展開される.

証明 $0 < r_j' < r_j \ (1 \le j \le n)$ を任意にとると $\overline{\mathrm{P}\Delta}(a;(r_j')) \subset \Omega$ となり，$(1.1.29)$ と $(1.1.31)$ より，定理は $\mathrm{P}\Delta(a;(r_j'))$ 上では成立している. 巾級数展開の係数 c_α は一意的で r_j' のとり方によらないので，$r_j' \nearrow r_j$ とすれば，定理が $\mathrm{P}\Delta(a;(r_j))$ 上成立することが従う. ∎

$(1.1.33)$ を次のように同次多項式の級数に表す：

$$(1.1.34) \qquad P_\nu(z-a) = \sum_{\alpha \in \mathbf{Z}_+^n, |\alpha|=\nu} c_\alpha(z-a)^\alpha,$$

$$f(z) = \sum_{\nu=0}^{\infty} P_\nu(z-a).$$

これを $f(z)$ の**同次多項式展開**と呼ぶ.

注意 1.1.35 同次多項式展開は，巾級数展開の和の順序を一つ指定した級

数展開といえるが，それによって収束域が変わる場合があることに注意しよう（章末問題 4 参照）.

$\mathbf{C}^n$ で正則な関数は（n 変数）**整関数**と呼ばれる．定理 1.1.32 より次がわかる．

系 1.1.36　整関数 $f(z)$ は，$\mathbf{C}^n$ で

(1.1.37)
$$f(z) = \sum_{\alpha \in \mathbf{Z}_+^n} c_\alpha z^\alpha$$

として，広義一様絶対収束する巾級数に展開される．

定理 1.1.38　Ω を領域とする．$K \Subset \Omega$ をコンパクト集合とし開近傍 U を $K \Subset U \Subset \Omega$ ととる．K, U と $\alpha \in \mathbf{Z}_+^n$ にのみ依存する正定数 C があって

$$|\partial^\alpha f(a)| \le C \sup_{z \in U} |f(z)|, \quad \forall a \in K, \ \forall f \in \mathscr{O}(\Omega).$$

証明　十分小さな多重半径 $r = (r_j)$ をとれば，

$$\mathrm{P}\Delta(a; (r_j)) \Subset U, \quad \forall a \in K.$$

$a \in K$ に対し (1.1.31) と (1.1.30) より

(1.1.39)
$$|\partial^\alpha f(a)| = \alpha! \left| \left(\frac{1}{2\pi i} \right)^n \int_{|\zeta_1 - a_1| = r_1} \cdots \int_{|\zeta_n - a_n| = r_n} \right.$$
$$\left. \frac{f(\zeta_1, \ldots, \zeta_n)}{(\zeta_1 - a_1)^{\alpha_1 + 1} \cdots (\zeta_n - a_n)^{\alpha_n + 1}} d\zeta_1 \cdots d\zeta_n \right|$$
$$\le \frac{\alpha!}{r^\alpha} \sup_{z \in U} |f(z)|, \quad r^\alpha = r_1^{\alpha_1} \cdots r_n^{\alpha_n}.$$

したがって，$C = \dfrac{\alpha!}{r^\alpha}$ ととればよい． ∎

定理 1.1.40（リュービル）　有界な整関数は，定数である．

証明　系 1.1.36 により整関数 $f(z)$ を $\mathbf{C}^n$ で広義一様絶対収束する巾級数に

展開する：

$$(1.1.41) \qquad f(z) = \sum_{\alpha \in \mathbf{Z}_+^n} c_\alpha z^\alpha.$$

$|f(z)| \leq M$ ($z \in \mathbf{C}^n$) とする．任意に P$\Delta(0;(r_j)) \subset \mathbf{C}^n$ をとると，(1.1.31) と (1.1.39) より

$$(1.1.42) \qquad |c_\alpha| \leq \frac{M}{r_1^{\alpha_1} \cdots r_n^{\alpha_n}}.$$

多重添字 α ($|\alpha| > 0$) に対し，$\alpha_j > 0$ である番号 j に対応する $r_j \nearrow \infty$ とすることにより，$c_\alpha = 0$ がわかる．したがって，$f(z) = c_0$ となり，$f(z)$ は定数である． ∎

定理 1.1.43（一致の定理） Ω を領域とする．$f \in \mathscr{O}(\Omega)$ に対し次の 3 条件は同値である．

(i) $f \equiv 0$.

(ii) 非空開集合 $U \subset \Omega$ があって，$f|_U \equiv 0$.

(iii) ある $a \in \Omega$ があって，任意の $\alpha \in \mathbf{Z}_+^n$ に対し $\partial^\alpha f(a) = 0$.

証明 包含関係，(i)⇒(ii)⇒(iii) ($a \in U$) は明らかであろう．

(iii)⇒(i) a の任意の多重円板近傍 P$\Delta(a;(r_j)) \subset \Omega$ をとると，定理 1.1.32 により，

$$(1.1.44) \qquad f(z) = \sum_\alpha \frac{\partial^\alpha f(a)}{\alpha!}(z-a)^\alpha \equiv 0, \quad z \in \mathrm{P}\Delta(a;(r_j)).$$

$$V = \{z \in \Omega : \exists \mathrm{P}\Delta(z;(s_j)) \subset \Omega,\ f|_{\mathrm{P}\Delta(z;(s_j))} \equiv 0\}$$

とおく．V は開集合で (1.1.44) より $V \neq \emptyset$．一方，(1.1.44) より

$$V = \bigcap_{\alpha \in \mathbf{Z}_+^n} \{z \in \Omega : \partial^\alpha f(z) = 0\}$$

と表されるので，V は閉集合でもある．Ω は連結であるから，$V = \Omega$． ∎

定理 1.1.45（最大値原理）　Ω を領域，$f \in \mathscr{O}(\Omega)$ とする．ある点 $a \in \Omega$ で，$|f(z)|$ が極大値を（特に最大値を）とるならば，f は定数である．

証明　簡単のため，平行移動で $a = 0$ とする．十分小さい閉多重円板 $\overline{\mathrm{P\Delta}}(0; (r_j)) \Subset \Omega$ をとれば，$|f(0)|$ は $\overline{\mathrm{P\Delta}}(0; (r_j))$ における最大値である．$\overline{\mathrm{P\Delta}}(0; (r_j))$ の近傍で $f(z)$ を巾級数展開する：

$$f(z) = \sum_{(\alpha_j) \in \mathbf{Z}_+^n} c_\alpha z_1^{\alpha_1} \cdots z_n^{\alpha_n}.$$

$z_j = r_j e^{i\theta_j}$ とおけば，

(1.1.46)

$$\left(\frac{1}{2\pi}\right)^n \int_0^{2\pi} d\theta_1 \cdots \int_0^{2\pi} d\theta_n \left| \sum_{(\alpha_j) \in \mathbf{Z}_+^n} c_\alpha r_1^{\alpha_1} e^{i\alpha_1\theta_1} \cdots r_n^{\alpha_n} e^{i\alpha_n\theta_n} \right|^2$$

$$= \sum_{(\alpha_j) \in \mathbf{Z}_+^n} |c_\alpha|^2 r_1^{2\alpha_1} \cdots r_n^{2\alpha_n} \geq |c_{(0,\ldots,0)}|^2 = |f(0)|^2.$$

一方，$|f(0)|^2$ が $|f(z)|^2, z \in \overline{\mathrm{P\Delta}}(0; (r_j))$ の最大値であることより

$$\sum_{(\alpha_j) \in \mathbf{Z}_+^n} |c_\alpha|^2 r_1^{2\alpha_1} \cdots r_n^{2\alpha_n} \leq |f(0)|^2$$

でなければならないので，

$$c_\alpha = 0, \quad \forall \alpha \in \mathbf{Z}_+^n, \quad |\alpha| > 0.$$

一致の定理 1.1.43 により，Ω 上 $f \equiv f(0)$ となる． ∎

定理 1.1.47（モンテル）　領域 $\Omega (\subset \mathbf{C}^n)$ 上の正則関数列が一様有界ならば，広義一様収束する部分列をもつ．

　証明は一変数の場合と同様である（[22] 定理 (6.4.2) を参照）．

1.1.6 — 解析接続とハルトークス現象

定義 1.1.48（解析接続） Ω を領域とし，$f \in \mathscr{O}(\Omega)$ とする．領域 $V \not\subset \Omega$，ただし $\Omega \cap V \neq \emptyset$，と $g \in \mathscr{O}(V)$ および $\Omega \cap V$ の連結成分 W が存在して W 上 $f|_W = g|_W$ が成立するとき，f は V 上 (g) に（W を通して）**解析接続**されるという．また，g は（W を通しての）f の**解析接続**であるという．

注意 1.1.49 上述の f の解析接続 g は，存在すれば一意的である（定理 1.1.43）．また，上述の V は，W 以外で Ω と共通部分をもつことが一般にはあり得る．関数に多価性を許せば，Ω 上で f，V 上で g として $\Omega \cup V$ 上の多価解析関数 $\tilde{f}$ が定義される．$\tilde{f}$ も f の解析接続と呼ばれる．

注意 1.1.50 $n = 1$ の場合は，上述のような V, W が与えられたとき，境界点 $b \in \partial\Omega \cap W$ をとれば，$f(z) = 1/(z - b) \in \mathscr{O}(\Omega)$ であり，f の解析接続 $g \in \mathscr{O}(V)$ は，存在しない．

しかし，$n \geq 2$ では事情が全く変わり，$\partial\Omega$ の形状によって，定義 1.1.48 にあるような V, W が存在して，任意の $f \in \mathscr{O}(\Omega)$ がある解析接続 $g \in \mathscr{O}(V)$ をもつという現象が起こる．これを**ハルトークス現象**と呼ぶ．以下，このようなハルトークス現象が起こる例を見よう．

（イ） Ω を領域とする．$a = (a_j) \in \Omega$ に対し

$$a + \mathbf{R}^n = \{z = (z_j) \in \mathbf{C}^n : \Im(z_j - a_j) = 0, \ 1 \leq j \leq n\}$$

とおく．これを a を通る**全実部分空間** (totally real subspace) と呼ぶ．

定理 1.1.51（全実部分空間除去可能定理） $n \geq 2$ とする．任意の $f \in \mathscr{O}(\Omega \setminus (a + \mathbf{R}^n))$ は Ω に解析接続される．

証明 任意の点 $c \in \Omega \cap (a + \mathbf{R}^n)$ の近傍で示せばよい．$a + \mathbf{R}^n = c + \mathbf{R}^n$ であるから $c = a$ としてよい．座標の平行移動と正定数倍の変換で次のようになっているとしてよい．

$$\mathrm{P}\Delta = \mathrm{P}\Delta(0; (2, \ldots, 2)) \subset \Omega,$$

$$\mathrm{P}\Delta_j = \{(z_1, \ldots, z_n) \in \mathrm{P}\Delta : |z_j| < 1\},$$

$$\omega = \bigcup_{j=1}^{n} \mathrm{P}\Delta_j,$$

$$a = (\rho i, \ldots, \rho i) \in \mathrm{P}\Delta, \quad 1 < \rho < \sqrt{2}.$$

任意の $(w_j) \in a + \mathbf{R}^n$ に対し $|w_j| \geq \rho > 1$ であるから，$\omega \cap (a + \mathbf{R}^n) = \emptyset$.
$f \in \mathscr{O}(\Omega \setminus (a + \mathbf{R}^n))$ を任意にとる．$\mathrm{P}\Delta(0; (1, \ldots, 1)) \subset \omega$ であるから $f(z)$
を $\mathrm{P}\Delta(0; (1, \ldots, 1))$ で巾級数展開する：

$$(1.1.52) \qquad f(z) = \sum_{\alpha \in \mathbf{Z}_+^n} c_\alpha z^\alpha.$$

その収束域は

$$\Omega(f) \supset \omega.$$

次のようにおく．

$$\omega^* = \{(z_j) \in \omega : z_j \neq 0, \ 1 \leq j \leq n\},$$

$$\log \omega^* = \{(\log |z_j|) \in \mathbf{R}^n : (z_j) \in \omega^*\},$$

$$U = \{(z_j) \in \mathrm{P}\Delta : 0 < |z_1| \cdots |z_n| < 2^{n-1}\},$$

$$\log U = \{(\log |z_j|) : (z_j) \in U\},$$

$$\log a = (\log \rho, \ldots, \log \rho) \in \mathbf{R}^n.$$

$\log U$ は，$\log \omega^*$ の凸包になっている（図 1.2 参照）．定理 1.1.23 (ii) より
$\Omega^*(f)$ は対数凸であるから，

$$U = \{(z_j) \in \mathrm{P}\Delta : 0 < |z_1| \cdots |z_n| < 2^{n-1}\} \subset \Omega^*(f).$$

a について，

$$|a_1| \cdots |a_n| = \rho^n < 2^{n/2} \leq 2^{n-1} \quad (n \geq 2)$$

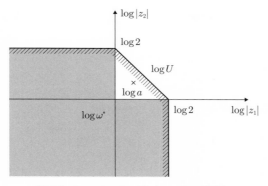

図 1.2 $\log \omega^* \subset \log U$（$n = 2$ の場合）

であるから，$a \in \Omega^*(f)$．したがって，(1.1.52) は a のある近傍で一様絶対収束する．つまり，$f(z)$ は，a の近傍上の正則関数に解析接続される． ∎

（ロ） 前の例では，ハルトークス現象が起こる集合 $(a + \mathbf{R}^n) \cap \Omega$ は，内点を含まない集合であった．ここでは，内点を含む集合上でハルトークス現象が起こる例を述べる．まずは，簡単なものから始めよう．

$n \geq 2$ とする．$t_j > 0$ $(1 \leq j \leq n)$, $0 < s_j < t_j$ $(j = 1, 2)$ を与え，(t_j) を多重半径とする中心 $a = (a_j)$ の多重円板 $\mathrm{P}\Delta(a; (t_j))$ とその閉部分集合

$$(1.1.53) \qquad F = \big\{ (z_1, z_2, z'') \in \mathrm{P}\Delta(a; (t_j)) : |z_j - a_j| \leq s_j, \ j = 1, 2,$$
$$z'' = (z_3, \dots, z_n) \big\}$$

を考える．F は a を内点としている．

定理 1.1.54（ハルトークス） $\mathrm{P}\Delta(a; (t_j)) \setminus F$ 上の正則関数は，必ず $\mathrm{P}\Delta(a; (t_j))$ 上の正則関数に解析接続される．

証明 平行移動で，$a = 0$ とする．$f \in \mathscr{O}(\mathrm{P}\Delta(0; (t_j)) \setminus F)$ を任意にとる．点 $z = (z_j) \in \mathrm{P}\Delta(0; (t_j))$ に対し，$\max\{|z_1|, s_1\} < \rho_1 < t_1$ をとり

$$\tilde{f}(z_1, z') = \frac{1}{2\pi i} \int_{|\zeta_1| = \rho_1} \frac{f(\zeta_1, z')}{\zeta_1 - z_1} d\zeta_1, \qquad z' = (z_2, \dots, z_n)$$

とおく. これは, ρ_1 のとり方によらないことが容易にわかり, $\tilde{f} \in \mathscr{O}(\mathrm{P}\Delta(0; (t_j)))$. z_2 を $s_2 < |z_2| < t_2$ ととれば $\tilde{f}(z_1, z_2, z'') = f(z_1, z_2, z'')$ が成立する. 解析接続の一意性より, $\mathrm{P}\Delta(0; (t_j)) \setminus F$ 上では $\tilde{f} = f$ である. ∎

この簡単な定理からでも次のような特徴的なことが従う.

系 1.1.55　領域 Ω 上の正則関数 $f \in \mathscr{O}(\Omega)$ の零点集合 $\{z \in \Omega : f(z) = 0\}$ は, 孤立点を含むことはない.

証明　$\Sigma = \{z \in \Omega : f(z) = 0\}$ とおく. $a \in \Sigma$ が孤立点であったとする. 小さな多重円板 $\mathrm{P}\Delta(a; (t_j)) \subset \Omega$, $\mathrm{P}\Delta(a; (t_j)) \cap \Sigma = \{a\}$ をとる. (1.1.53) の F をとると, $a \in F$, $g := 1/f \in \mathscr{O}(\mathrm{P}\Delta(a; (t_j)) \setminus F)$ である. 定理 1.1.54 により $g \in \mathscr{O}(\mathrm{P}\Delta(a; (t_j)))$ で $f(z) \cdot g(z) = 1$ が成立する. $z = a$ として $f(a) \cdot g(a) = 1$. これは, $f(a) = 0$ に反する. ∎

注意 1.1.56　一変数関数論では, 正則関数の零点集合は孤立点のみからなることはよく知られた事実である. また, 実変数の場合は, 任意 n 変数の解析関数でも, たとえば ν を正の偶数とするとき

$$f(x_1, \ldots, x_n) = x_1^\nu + \cdots + x_n^\nu$$

を考えると $\{x = (x_j) \in \mathbf{R}^n : f(x) = 0\} = \{0\}$ となり, f の零点 0 は孤立している. 上述の系は, 複素 n (≥ 2) 変数の解析関数 f では, その定数面 $\{f = c\}$ ($c \in \mathbf{C}$) の様子が一変数や実解析関数の場合と著しく異なることを示唆している.

定理 1.1.57　$n \geq 2$ として多重円板 $\mathrm{P}\Delta(0; (r_j)) \subset \mathbf{C}^n$ と閉部分集合 $S = \{(z_j) \in \mathrm{P}\Delta(0; (r_j)) : z_1 = z_2 = 0\}$ をとる. このとき, 任意の $f \in \mathscr{O}(\mathrm{P}\Delta(0; (r_j)) \setminus S)$ は $\mathrm{P}\Delta(0; (r_j))$ 全体に解析接続される.

証明　定理 1.1.54 による. ∎

（ハ）　上の定理 1.1.57 では，$n = 2$ の場合が本質的で，その場合は，解析接続される領域が大きな外側の領域に相対コンパクトに含まれていた．ここでは，相対コンパクトでない部分への解析接続が起こる例を与える．

条件 $n \geq 2$ は維持する．以下で定義される**ハルトークス領域** Ω_{H} は古典的である．$0 < s_j < t_j,\ 1 \leq j \leq n$ を与える．中心はどこでもよいので，原点 0 とする．

$$(1.1.58) \qquad \Omega_1 = \{(z_j) : |z_1| < t_1,\ |z_j| < s_j,\ 2 \leq j \leq n\},$$
$$\Omega_2 = \{(z_j) : s_1 < |z_1| < t_1,\ |z_j| < t_j,\ 2 \leq j \leq n\},$$
$$\Omega_{\mathrm{H}} = \Omega_1 \cup \Omega_2$$

とおく（図 1.3 参照）．$z' = (z_2, \ldots, z_n)$ と書く．$f(z_1, z') \in \mathscr{O}(\Omega_{\mathrm{H}})$ に対しコーシーの積分表示より，まず $(z_1, z') \in \Omega_1$ に対し

$$f(z_1, z') = \frac{1}{2\pi i} \int_{|\zeta| = r_1} \frac{f(\zeta, z')}{\zeta - z_1} d\zeta.$$

ただし，$|z_1| < r_1 < t_1$ ととった．$s_1 < r_1 < t_1$ ととり，さらに r_1 はいくらでも t_1 に近くとることができるので，この積分表示より $f(z_1, z')$ は，$\mathscr{O}(\mathrm{P}\Delta(0; (t_j)))$ の元に解析接続されることがわかる．よって，次の定理を

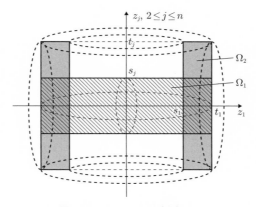

図 1.3　ハルトークス領域 Ω_{H}

得る.

定理 1.1.59 任意の $f \in \mathscr{O}(\Omega_{\mathrm{H}})$ は, $\mathscr{O}(\mathrm{P}\Delta(0; (t_j)))$ の元に解析接続される.

▌1.2 凸柱状領域でのルンゲの近似定理

一般に, 集合 $A \subset \mathbf{C}^n$ 上の関数 $f : A \to \mathbf{C}$ に対し**上限ノルム**を次で定義する.

$$(1.2.1) \qquad \|f\|_A = \sup\{|f(z)| : z \in A\}.$$

定理 1.2.2 $\Omega \subset \mathbf{C}^n$ を有界な凸柱状領域とする. 閉包 $\bar{\Omega}$ の近傍で正則な関数 $f(z)$ は, $\bar{\Omega}$ 上多項式で一様近似できる. つまり, 任意の $\varepsilon > 0$ に対し多項式 $P(z)$ が存在して

$$\|f - P\|_{\bar{\Omega}} < \varepsilon.$$

証明 $\Omega_j \Subset \mathbf{C}$ を凸開集合, $\Omega = \prod_{j=1}^n \Omega_j$ とする. 凸開多角形 $E_j \ni \Omega_j$ を $f(z)$ は凸閉柱状集合 $\prod_{j=1}^n \bar{E}_j$ の近傍で正則であるようにとる (命題 1.1.5). E_j の境界 $\partial E_j = C_j = \bigcup_{k=1}^{l_j} C_{jk}$ は, 有限個の線分 C_{jk} からなる. コーシーの積分公式より $z \in \bar{\Omega}$ に対し

$$(1.2.3)$$

$$
\begin{aligned}
f(z) &= \left(\frac{1}{2\pi i}\right)^n \int_{C_1} d\zeta_1 \cdots \int_{C_n} d\zeta_n \frac{f(\zeta_1, \ldots, \zeta_n)}{(\zeta_1 - z_1) \cdots (\zeta_n - z_n)} \\
&= \sum_{k_1, \ldots, k_n} \left(\frac{1}{2\pi i}\right)^n \int_{C_{1k_1}} d\zeta_1 \cdots \int_{C_{nk_n}} d\zeta_n \frac{f(\zeta_1, \ldots, \zeta_n)}{(\zeta_1 - z_1) \cdots (\zeta_n - z_n)}.
\end{aligned}
$$

ここで和は, $1 \le k_1 \le l_1, \ldots, 1 \le k_n \le l_n$ にわたる. 各線分 C_{jk_j} に直交する直線上で Ω_j と同じ側に C_{jk_j} から十分に遠い点 ξ_{jk_j} をとれば (図 1.4), 正定数 θ が存在して

$$(1.2.4)$$

$$\left| \frac{z_j - \xi_{jk_j}}{\zeta_j - \xi_{jk_j}} \right| < \theta < 1, \quad \zeta_j \in C_{jk_j}, \ z_j \in \Omega_j, \ 1 \le k_j \le l_j, \ 1 \le j \le n.$$

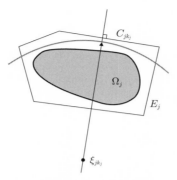

図 1.4 凸領域 Ω_j

この z_j, ζ_j について

$$(1.2.5) \qquad \frac{1}{\zeta_j - z_j} = \frac{1}{\zeta_j - \xi_{jk_j} - (z_j - \xi_{jk_j})} = \sum_{\alpha_j=0}^{\infty} \frac{(z_j - \xi_{jk_j})^{\alpha_j}}{(\zeta_j - \xi_{jk_j})^{\alpha_j+1}}.$$

(1.2.4) により上記右辺の級数は，優級数収束している．(1.2.3) と (1.2.5) から次を得る：

$$(1.2.6) \quad f(z) = \sum_{(\alpha_j) \in \mathbf{Z}_+^n} \sum_{k_1,\ldots,k_n} \left(\frac{1}{2\pi i}\right)^n \int_{C_{1k_1}} d\zeta_1 \cdots$$
$$\cdots \int_{C_{nk_n}} d\zeta_n\, f(\zeta) \prod_{j=1}^n \frac{(z_j - \xi_{jk_j})^{\alpha_j}}{(\zeta_j - \xi_{jk_j})^{\alpha_j+1}}, \quad z \in \bar{\Omega}.$$

$f(z)$ $(z \in \bar{\Omega})$ は有界であるから，(1.2.4) より (1.2.6) の右辺は優級数収束していることがわかる．したがって，任意の $\varepsilon > 0$ に対し，$N \in \mathbf{N}$ を十分大きくとり，

$$P(z) = \sum_{|(\alpha_j)| \leq N} \sum_{k_1,\ldots,k_n} \left(\frac{1}{2\pi i}\right)^n \int_{C_{1k_1}} d\zeta_1 \cdots$$
$$\cdots \int_{C_{nk_n}} d\zeta_n\, f(\zeta) \prod_{j=1}^n \frac{(z_j - \xi_{jk_j})^{\alpha_j}}{(\zeta_j - \xi_{jk_j})^{\alpha_j+1}}$$

とおけば, $P(z)$ は次数高々 N の多項式で

$$\|f(z) - P(z)\|_{\bar{\Omega}} < \varepsilon$$

を満たす. ∎

1.2.1 — クザン積分

$\mathbf{C}^n (\ni z = (z_1, \ldots, z_n))$ 内で境界の一部を含む直方体 F を考える:

$$F = F' \times \{z_n \in \mathbf{C} : a < \Re z_n < b, \ |\Im z_n| \leq c\},$$

$$F^\circ = F' \times \{z_n \in \mathbf{C} : a < \Re z_n < b, \ |\Im z_n| < c\}.$$

ここで, $c > 0$, F' は $\mathbf{C}^{n-1} (\ni z' = (z_1, \ldots, z_{n-1}))$ 内の開直方体とする. F° は, F の内点からなっている.

$\varphi(z)$ を F 上で連続, F° で正則な関数とする. $t = (a+b)/2$ とおいて $z_n = t - ic$ から $z_n = t + ic$ にいたる向き付けられた線分を ℓ とする. 次の線積分は, $\varphi(z)$ の**クザン積分**と呼ばれる.

$$(1.2.7) \qquad \Phi(z', z_n) = \frac{1}{2\pi i} \int_\ell \frac{\varphi(z', \zeta)}{\zeta - z_n} d\zeta.$$

まず初めに, $\Phi(z', z_n) \in \mathscr{O}(F' \times \{z_n : \Re z_n < t, \ |\Im z_n| < c\})$ と考える. $t < b' < b$, $0 < c' < c$ をとり領域 $\{z_n : t < \Re z_n < b', \ |\Im z_n| < c'\}$ の境界 (向き付けられた) で ℓ の一部になっている部分を $-\ell'$, それ以外を ℓ'' とすると (図 1.5 参照), コーシーの積分定理により, $\Re z_n < t$, $|\Im z_n| < c$, $z' \in F'$ ならば

$$\frac{1}{2\pi i} \int_{\ell'} \frac{\varphi(z', \zeta)}{\zeta - z_n} d\zeta = \frac{1}{2\pi i} \int_{\ell''} \frac{\varphi(z', \zeta)}{\zeta - z_n} d\zeta.$$

よって,

$$(1.2.8) \qquad \Phi(z', z_n) = \frac{1}{2\pi i} \int_{\ell \setminus \ell'} \frac{\varphi(z', \zeta)}{\zeta - z_n} d\zeta + \frac{1}{2\pi i} \int_{\ell''} \frac{\varphi(z', \zeta)}{\zeta - z_n} d\zeta.$$

上式の右辺は, $F' \times \{z_n : \Re z_n < b', \ |\Im z_n| < c'\}$ で正則であり, $\Phi(z', z_n)$ は $F' \times \{z_n : \Re z_n < b', \ |\Im z_n| < c'\}$ 上へ解析接続される. $b' \to b$, $c' \to c$

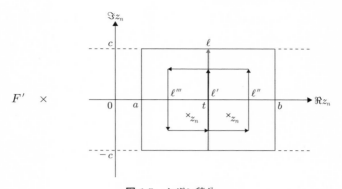

図 1.5 クザン積分

として，$\Phi(z', z_n)$ は

$$U_1 := F' \times \{z_n : \Re z_n < b, \ |\Im z_n| < c\}$$

上の正則関数に解析接続される．それを $\Phi_1(z', z_n) \in \mathcal{O}(U_1)$ と書く．

次に (1.2.7) を $F' \times \{z_n : \Re z_n > t, \ |\Im z_n| < c\}$ で考える．$a < a' < t$，$0 < c' < c$ をとり，領域 $\{z_n : a' < \Re z_n < t, \ |\Im z_n| < c'\}$ の境界（向き付けられた）で ℓ の一部になっている部分を ℓ'，それ以外を ℓ''' とすると（図 1.5 参照），Φ_1 の場合と同様にして，$\Re z_n > t, \ |\Im z_n| < c, \ z' \in F'$ ならば

$$\frac{1}{2\pi i} \int_{\ell'} \frac{\varphi(z', \zeta)}{\zeta - z_n} d\zeta = -\frac{1}{2\pi i} \int_{\ell'''} \frac{\varphi(z', \zeta)}{\zeta - z_n} d\zeta,$$

$$(1.2.9) \qquad \Phi(z', z_n) = \frac{1}{2\pi i} \int_{\ell \setminus \ell'} \frac{\varphi(z', \zeta)}{\zeta - z_n} d\zeta - \frac{1}{2\pi i} \int_{\ell'''} \frac{\varphi(z', \zeta)}{\zeta - z_n} d\zeta.$$

上式の右辺は，$F' \times \{z_n : \Re z_n > a', \ |\Im z_n| < c'\}$ で正則であり，$\Phi(z', z_n)$ は $F' \times \{z_n : \Re z_n > a', \ |\Im z_n| < c'\}$ 上へ解析接続される．$a' \to a, \ c' \to c$ として，$\Phi(z', z_n)$ は

$$U_2 := F' \times \{z_n : \Re z_n > a, \ |\Im z_n| < c\}$$

上の正則関数に解析接続される. それを $\Phi_2(z', z_n) \in \mathscr{O}(U_2)$ と書く.

補題 1.2.10（クザン分解） $\Phi_j(z', z_n) \in \mathscr{O}(U_j)$ $(j = 1, 2)$ は，次を満たす.

$(1.2.11)$ $\varphi(z', z_n) = \Phi_1(z', z_n) - \Phi_2(z', z_n), \quad (z', z_n) \in U_1 \cap U_2 \ (= F^\circ).$

証明 $(z', z_n) \in U_1 \cap U_2$ に対し，

$$a < a' < \min\{t, \Re z_n\}, \ \max\{t, \Re z_n\} < b' < b, \ |\Im z_n| < c' < c$$

と a', b', c' をとれば，コーシーの積分公式より，

$$\varphi(z', z_n) = \frac{1}{2\pi i} \int_{\ell''} \frac{\varphi(z', \zeta)}{\zeta - z_n} d\zeta + \frac{1}{2\pi i} \int_{\ell'''} \frac{\varphi(z', \zeta)}{\zeta - z_n} d\zeta.$$

これと，$(1.2.8)$ および $(1.2.9)$ より $(1.2.11)$ が従う. ∎

注意 1.2.12 二つの隣り合う開集合 U_1, U_2 の重なった部分 $U_1 \cap U_2 = F^\circ$ 上の正則関数 $\varphi(z)$ を $\mathscr{O}(U_1), \mathscr{O}(U_2)$ の元の差で表す補題 1.2.10 の方法は，クザンがその名が冠されたクザン問題を複素平面の領域の直積領域の場合に解いたときに用いたもので，岡理論の中で繰り返し使われる手法である. そのため，名前を付けておいた方が便利なので，等式 $(1.2.11)$ を $\varphi(z)$ の**クザン分解**と呼ぶこととする.

1.3 陰関数定理・逆関数定理

実変数実数値関数の場合の陰関数定理については適当なものを参照することとして，ここでは正則関数による連立方程式

$(1.3.1)$ $\qquad f_j(z_1, \ldots, z_n, w_1, \ldots, w_m) = 0, \quad 1 \leq j \leq m$

を考える. これに関する**複素ヤコビ行列**および**複素ヤコビ行列式**を次で定める.

$$(1.3.2) \qquad \left(\frac{\partial f_j}{\partial w_k} \right)_{1 \leq j,k \leq m}, \qquad \det \left(\frac{\partial f_j}{\partial w_k} \right)_{1 \leq j,k \leq m}.$$

f_j, w_k の実部・虚部を

$$f_j = f_{j1} + i f_{j2}, \quad w_k = w_{k1} + i w_{k2}$$

と表す. (1.3.1) は次と同値である:

$$(1.3.3) \qquad f_{j1}(z_1, \ldots, z_n, w_{11}, w_{12}, \ldots, w_{m1}, w_{m2}) = 0, \quad 1 \leq j \leq m,$$
$$f_{j2}(z_1, \ldots, z_n, w_{11}, w_{12}, \ldots, w_{m1}, w_{m2}) = 0, \quad 1 \leq j \leq m.$$

(1.3.3) の実ヤコビ行列式は,

$$(1.3.4) \qquad \frac{\partial(f_{j1}, f_{j2})}{\partial(w_{k1}, w_{k2})} = \begin{vmatrix} \dfrac{\partial f_{11}}{\partial w_{11}} & \dfrac{\partial f_{11}}{\partial w_{12}} & \dfrac{\partial f_{11}}{\partial w_{21}} & \dfrac{\partial f_{11}}{\partial w_{22}} & \cdots \\ \dfrac{\partial f_{12}}{\partial w_{11}} & \dfrac{\partial f_{12}}{\partial w_{12}} & \dfrac{\partial f_{12}}{\partial w_{21}} & \dfrac{\partial f_{12}}{\partial w_{22}} & \cdots \\ \vdots & \vdots & \vdots & \vdots & \end{vmatrix}.$$

補題 1.3.5　正則関数 $f_j(z, w)$, $1 \leq j \leq m$, $z = (z_1, \ldots, z_n)$, $w = (w_1, \ldots, w_m)$ の実ヤコビ行列式と複素ヤコビ行列式の間には次の関係式が成立する.

$$\frac{\partial(f_{j1}, f_{j2})}{\partial(w_{k1}, w_{k2})} = \left| \det \left(\frac{\partial f_j}{\partial w_k} \right) \right|^2.$$

証明　[23] 補題 1.2.42 参照. ∎

定理 1.3.6（陰関数定理）　点 $(a, b) \in \mathbf{C}^n \times \mathbf{C}^m$ の近傍で定義された正則関数の連立方程式 (1.3.1) を考え, $f_j(a, b) = 0$, $1 \leq j \leq m$ とする. このとき,

$$(1.3.7) \qquad \det \left(\frac{\partial f_j}{\partial w_k}(a, b) \right)_{1 \leq j,k \leq m} \neq 0$$

ならば, (a, b) の近傍で連立方程式 (1.3.1) の正則関数による解

$$(w_j) = (g_j(z_1, \ldots, z_n)), \quad b = (g_j(a)) \quad (1 \leq j \leq m)$$

が一意的に存在する.

証明 [23] 定理 1.2.44 参照. ∎

開集合 $U \subset \mathbf{C}^n$ から $\mathbf{C}^m$ への写像

$$f : z \in U \to (f_1(z), \dots, f_m(z)) \in \mathbf{C}^m$$

が**正則写像**であるとは, 各成分 $f_j(z)$ が正則関数であることをいう.

定理 1.3.8（**逆関数定理**） $\mathbf{C}^n$ の原点の近傍 U, V の間の正則写像

$$f : z = (z_k) \in U \to (f_j(z)) \in V, \quad f(0) = 0$$

の複素ヤコビ行列式 $\det \left(\frac{\partial f_j}{\partial z_k} \right) \neq 0$ ならば, U, V をさらに小さくとり換えることにより, f は正則な逆写像 $f^{-1} : V \to U$ をもつ.

証明 [23] 定理 1.2.46 参照. ∎

上述のように正則写像 $f : U \to V$ で逆写像 $f^{-1} : V \to U$ が存在して正則であるとき, f を**双正則写像**と呼ぶ. このとき, U と V は双正則あるいは**正則同型**であるといい, $U \cong V$ と書く.

$n = 1$ の場合の単連結領域を標準化する次の定理は, 有名である.

定理 1.3.9（**リーマンの写像定理**） $\Omega \subset \mathbf{C}$ を単連結領域とする. もし, $\partial\Omega \neq \emptyset$ ならば, 双正則写像 $f : \Omega \to \Delta := \{|w| < 1 : w \in \mathbf{C}\}$ （単位円板）が存在する. $a \in \Omega$ を一つとり, $f(a) = 0, \ f'(a) > 0$ とすることができ, その場合, f は一意的に定まる.

証明 [22] 定理 (6.4.4) 参照. ∎

1.4 解析的部分集合

解析的部分集合の定義と初歩的な性質を述べる. $U \subset \mathbf{C}^n$ を開集合とする.

定義 1.4.1 $A \subset U$ が**解析的部分集合**あるい単に**解析的集合**であるとは, 任意の点 $a \in U$ に近傍 $V \subset U$ と有限個の正則関数 $f_j \in \mathscr{O}(V)$, $1 \leq j \leq l$ が存在して

$$A \cap V = \{z \in V : f_1(z) = \cdots = f_l(z) = 0\}$$

と表されることである. 特に, 任意の $a \in A$ で常に $l = 1$ かつ連結近傍 $V \ (\ni a)$ に対し $A \cap V \neq V$ であるとき, A を**複素超曲面**と呼ぶ.

定義により, U の解析的部分集合は U の閉集合である (章末問題 10 参照).

定理 1.4.2 領域 Ω の解析的部分集合 $A \subset \Omega$ が内点をもてば, $A = \Omega$ である. したがって, $A \neq \Omega$ ならば, A は至る所疎 (非稠密) な閉部分集合である.

証明 A の内点集合を A° とする. 仮定から $A^\circ \neq \emptyset$ で Ω の開集合である. $a \in \bar{A}^\circ \cap \Omega$ をとる. a の Ω 内の連結近傍 V と有限個の正則関数 $f_j \in \mathscr{O}(V)$, $1 \leq j \leq l$ が存在して

$$A \cap V = \{f_1 = \cdots = f_l = 0\}.$$

$b \in V \cap A^\circ$ をとると, その近傍 $W \subset A \cap V$ があって $W \cap A = W$ となる. つまり, $f_j|_W(z) \equiv 0, 1 \leq j \leq l$. 一致の定理 1.1.43 より, $f_j(z) \equiv 0$, $1 \leq j \leq l$. よって $V \cap A = V$ となり $a \in A^\circ$ が従う. よって, $A^\circ (\subset \Omega)$ は開かつ閉であることがわかった. Ω は連結なので, $A^\circ = \Omega$. 包含関係 $A \supset A^\circ = \Omega \supset A$ より, $A = \Omega$ となる. ∎

注意 1.4.3 $n = 1$ ならば, U の内点を含まない解析的部分集合と U 内の離散的閉部分集合とは同じものである.

多重円板 $\mathrm{P}\Delta(a;(r_j))$ $(\subset \mathbf{C}^n)$ 上の正則関数 $f \in \mathscr{O}(\mathrm{P}\Delta(a;(r_j)))$ を考える. $f \neq 0$ $(f(z) \not\equiv 0)$ とすると $f(z)$ は次のように同次多項式展開される.

$$f(z) = \sum_{\lambda} c_{\lambda}(z-a)^{\lambda} = \sum_{\nu=\nu_0}^{\infty} P_{\nu}(z-a),$$
$$P_{\nu}(z-a) = \sum_{|\lambda|=\nu} c_{\lambda}(z-a)^{\lambda} \quad (\nu \text{ 同次多項式}),$$
$$P_{\nu_0}(z-a) \not\equiv 0.$$

この同次多項式展開の 0 でない初項の次数 $\nu_0 = \mathrm{ord}_a f$ を, f の a での**零の位数**と呼ぶ.

　記述の簡略化のため平行移動して, $a = 0$ で考える. $f(0) = 0$ $(\nu_0 \geq 1)$ とする. ベクトル $v \in \mathbf{C}^n \setminus \{0\}$ を $P_{\nu_0}(v) \neq 0$ ととる. $\zeta \in \mathbf{C}$ に対し

$$f(\zeta v) = \sum_{\nu=\nu_0}^{\infty} \zeta^{\nu} P_{\nu}(v) = \zeta^{\nu_0}(P_{\nu_0}(v) + \zeta P_{\nu_0+1}(v) + \cdots).$$

座標を線形変換して, 新しく座標 $z = (z_1, \ldots, z_n)$ を $v = (0, \ldots, 0, 1)$ となるようにする. 多重半径を $r = (r_1, \ldots, r_n)$ として,

(1.4.4)
$$\mathrm{P}\Delta(0;(r_j)) = \mathrm{P}\Delta_{n-1} \times \Delta(0;r_n) \subset \mathbf{C}^{n-1} \times \mathbf{C},$$
$$\mathrm{P}\Delta_{n-1} = \{z' = (z_1, \ldots, z_{n-1}) \in \mathbf{C}^{n-1} : |z_j| < r_j, \ 1 \leq j \leq n-1\}$$

と書き, 座標は

$$z = (z', z_n) \in \mathrm{P}\Delta_{n-1} \times \Delta(0;r_n),$$
$$0 = (0, 0)$$

等と書く. $f(0,0) = 0$, $f(0,z_n) \not\equiv 0$ であるから $r_n > 0$ を小さくとれば $\delta > 0$ が存在して

$$\{z_n : |z_n| \leq r_n, \ f(0,z_n) = 0\} = \{0\},$$

$$|f(0, z_n)| > \delta, \qquad |z_n| = r_n.$$

したがって，$r_j > 0$, $1 \leq j \leq n-1$ を十分小さくとれば

$$|f(z', z_n)| > \delta, \qquad z' \in \mathrm{P}\Delta_{n-1}, \ |z_n| = r_n.$$

ただし，$\mathrm{P}\Delta_{n-1} = \mathrm{P}\Delta(0; (r_1, \ldots, r_{n-1})) \subset \mathbf{C}^{n-1}$ である．以上より次がわかる．

補題 1.4.5 $0 \in \mathbf{C}^n$ の近傍上の正則関数 $f(z)$ に対し，座標 $z = (z_1, z_2, \ldots, z_n) = (z_1, z')$ とこの座標に関する多重円板 $\mathrm{P}\Delta(0; (r_j))$ が存在して次が満たされる．

(i) $f(z)$ は，閉多重円板 $\overline{\mathrm{P}\Delta}(0; (r_j))$ 上で正則で，同次多項式展開 $f(z) = \sum_{\nu=\nu_0}^{\infty} P_\nu(z)$ について，$P_{\nu_0}(0, 1) \neq 0$ かつ
$$f(0, z_n) = z_n^{\nu_0}(P_{\nu_0}(0, 1) + z_n P_{\nu_0+1}(0, 1) + \cdots).$$

(ii) $r_n > 0$ を十分小さくとり，$\{|z_n| \leq r_n : f(0, z_n) = 0\} = \{0\}$．

(iii) $r_1, \ldots, r_{n-1} > 0$ を r_n に従って小さくとれば，任意の $z' \in \overline{\mathrm{P}\Delta}_{n-1}$ に対して $f(z', z_n) = 0$ の根 z_n は円板 $\Delta(0; r_n)$ に含まれる．特に $(z', z_n) \in \overline{\mathrm{P}\Delta}_{n-1} \times \{|z_n| = r_n\}$ に対して常に $|f(z', z_n)| > 0$．

定理 1.4.6（リーマンの拡張定理） Ω を領域，$A \subsetneq \Omega$ を解析的部分集合とする．正則関数 $f \in \mathscr{O}(\Omega \setminus A)$ は，A の各点 a の周りで有界，つまり a のある近傍 V があって制限 $f|_{V \setminus A}$ が有界ならば，f は Ω 上に一意的に解析接続される．

証明 $n = 1$ のときは，注意 1.4.3 と一変数の場合のリーマンの拡張定理（[22] 定理 (5.1.1)）により成立している．

$n \geq 2$ とする．任意に $a \in A$ をとる．平行移動で $a = 0$ とする．仮定より 0 の近傍 V と $\phi \in \mathscr{O}(V) \setminus \{0\}$ があって

$$A \cap V \subset \{\phi = 0\}.$$

V として, ϕ に関して補題 1.4.5 にある多重円板 $\mathrm{P}\Delta = \mathrm{P}\Delta_{n-1} \times \Delta(0; r_n)$ をとる. $z' \in \mathrm{P}\Delta_{n-1}$, $|z_n| = r_n$ ならば $\phi(z', z_n) \neq 0$ である. つまり, $(\mathrm{P}\Delta_{n-1} \times \{|z_n| = r_n\}) \cap A = \emptyset$. $z' \in \mathrm{P}\Delta_{n-1}$ を止めれば, $\phi(z', z_n) = 0$ は $\Delta(0; r_n)$ 内で高々有限個の零点しかもたない. その零点の周りで $f(z', z_n)$ は有界であるから, 一変数の場合のリーマンの拡張定理により, $\Delta(0; r_n)$ 上で正則となる. したがって,

$$f(z', z_n) = \frac{1}{2\pi i} \int_{|\zeta_n| = r_n} \frac{f(z', \zeta_n)}{\zeta_n - z_n} d\zeta_n, \quad |z_n| < r_n$$

と表される. $f(z', \zeta_n)$, $|\zeta_n| = r_n$ は z' について正則であるから, この積分表示により $f(z', z_n)$ は $\mathrm{P}\Delta$ 上正則であることがわかる. ∎

定理 1.4.7 Ω を領域, $A \subsetneqq \Omega$ を解析的部分集合とすると, $\Omega \setminus A$ も領域である.

証明 もし $\Omega \setminus A$ が非連結であるとすると, 非空開集合 V_1, V_2 があって

$$\Omega \setminus A = V_1 \cup V_2, \qquad V_1 \cap V_2 = \emptyset.$$

$f \in \mathscr{O}(\Omega \setminus A)$ を次のように定める:

$$f(z) = \begin{cases} 0, & z \in V_1, \\ 1, & z \in V_2. \end{cases}$$

定理 1.4.6 により f は一意的に $\tilde{f} \in \mathscr{O}(\Omega)$ に解析接続される. $\tilde{f}|_{V_1} \equiv 0$ であるから, 一致の定理 1.1.43 より $\tilde{f}(z) \equiv 0$. これは矛盾である. ∎

$U \subset \mathbf{C}^n$ を開集合, $A \subset U$ を解析的部分集合とする.

定義 1.4.8 ((非) 特異点) $a \in A$ が A の **非特異点** または **通常点** であるとは, 次の性質が成立することである:a の近傍 V $(\subset U)$ と有限個の $f_j \in \mathscr{O}(V)$ $(1 \leq j \leq l)$ が存在して

(1.4.9) $$A \cap V = \{z \in V : f_j(z) = 0, \ 1 \leq j \leq l\},$$

かつ

$$(1.4.10) \qquad \operatorname{rank} \left(\frac{\partial f_j}{\partial z_k}(a) \right)_{1 \leq j \leq l, \ 1 \leq k \leq n} = l.$$

必然的に $l \leq n$ であり，(1.4.10) は任意の $z \in V$ で成立しているとしても条件としては同じである．非特異点でない A の点を A の**特異点**と呼ぶ．

A の特異点の全体 $\Sigma(A)$ は，定義により閉集合であるが，さらに解析的部分集合であることが知られている．詳細は略するが，例えば拙著 [23] 定理 6.5.9 を参照されたい．

定義 1.4.11（複素部分多様体）　特異点をもたない解析的部分集合を**複素部分多様体**と呼ぶ．

注意．ここの定義で，連結性は仮定しないことに注意しよう．

定理 1.4.12　$S \subset U$ を複素部分多様体とする．任意の点 $a \in S$ に近傍 V と $0 \in \mathbf{C}^n$ の近傍 W，および双正則写像 $\varphi : z \in V \to w = f(z) \in W$ が存在して
$$(1.4.13)$$
$$\varphi(S \cap V) = \{ w = (w_1, \ldots, w_l, w_{l+1}, \ldots, w_n) \in W : w_1 = \cdots = w_l = 0 \}$$

となる．

証明　平行移動により $a = 0$ としてよい．座標の順番を付け替えれば，(1.4.10) より

$$(1.4.14) \qquad \operatorname{rank} \left(\frac{\partial f_j}{\partial z_k}(z) \right)_{1 \leq j, k \leq l} = l, \quad z \in V$$

としてよい．次で定義される正則写像を考える：

$$(1.4.15) \qquad \varphi : z \in V \to (f_1(z), \ldots, f_l(z), z_{l+1}, \ldots, z_n) = w \in \mathbf{C}^n.$$

(1.4.14) より，(1.4.15) の複素ヤコビ行列式 $\frac{\partial \varphi}{\partial z}(0) \neq 0$．逆関数の定理 1.3.8

により，V と $w=0$ の近傍 W を適当にとれば

$$\varphi : V \to W$$

は双正則である．定義により，(1.4.13) が成立している． ∎

　(1.4.13) により $S \cap V$ と $\varphi(S \cap V)$ を同一視すれば，$S \cap V$ の点は $(w_{l+1}, \ldots, w_n)$ $((0, \ldots, 0, w_{l+1}, \ldots, w_n) \in W)$ で一意的に定まる．この意味で，$(w_{l+1}, \ldots, w_n)$ を $S \cap V$ での（S の）**正則局所座標**と呼ぶ．

　複素部分多様体 S $(\subset U)$ 上の関数 $g : S \to \mathbf{C}$ が各点 $a \in S$ の正則局所座標 $(w_{l+1}, \ldots, w_n)$ の正則関数になっているとき，g は S 上の正則関数であるという．この性質は，正則局所座標のとり方によらない．その全体を $\mathscr{O}(S)$ と書く．

注意 1.4.16　$g : S \to \mathbf{C}$ を複素部分多様体 S $(\subset U)$ 上の正則関数とする．任意の点 $a \in S$ に対しその近傍 V $(\subset U)$ と $\tilde{g} \in \mathscr{O}(V)$ が存在して，$\tilde{g}|_{S \cap V} = g|_{S \cap V}$ が成立する．$\tilde{g}$ を g の**局所拡大**と呼ぶ．もちろん局所拡大は一意的ではない．(1.4.9) の記号を用いると，$\tilde{g}$ が局所拡大ならば，$\tilde{g}(z) + \sum_{j=1}^{l} c_j(z) f_j(z)$ $(c_j(z) \in \mathscr{O}(V))$ も局所拡大である．

問　　題

1.　(1.1.7) を示せ．

2.　(i)　$e^{z_1} e^{z_2}$ の同次多項式展開を求めよ．

　　(ii)　$\sin z_1 \cos z_2$ の同次多項式展開を求めよ．

3.　図 1.2 で $n = 3$ の場合の図を描け．

4.　(a)　二変数巾級数 $f(z, w) = \sum_{\nu, \mu = 0}^{\infty} \binom{\nu + \mu}{\nu} z^\nu w^\mu$ の収束域 $\Omega(f)$ を求めよ．

　　(b)　$f(z, w)$ の同次多項式展開 $f(z, w) = \sum_{\nu = 0}^{\infty} (z + w)^\nu$ の収束域を求めよ．

5. 領域 $\Omega \subset \mathbf{C}^n$ が，多重回転 $(z_j) \mapsto (e^{i\theta} z_j)$ $(\theta_j \in \mathbf{R},\ 1 \le j \le n)$ で不変（つまり，$(z_j) \in \Omega$ ならば $(e^{i\theta} z_j) \in \Omega$）であるとき**ラインハルト領域** (Reinhardt domain) という．Ω が原点 0 を含むラインハルト領域であるとき，任意の $f \in \mathscr{O}(\Omega)$ は，$f(z) = \sum_{\alpha \in \mathbf{Z}_+^n} c_\alpha z^\alpha$ $(z \in \Omega)$ と巾級数展開されることを証明せよ．（例えば，[23] §5.2 を参照.）

6. 定理 1.1.57 を証明せよ．

7. $\Omega \subset \mathbf{C}^n$ を領域とし，$a = (a_j) \in \Omega$, $f \in \mathscr{O}(\Omega)$ とする．a の近傍 U があり

$$f(z) = 0, \quad \forall z \in U \cap \{(z_j) \in \mathbf{C}^n : \Im z_j = \Im a_j,\ 1 \le j \le n\}$$

とすると，Ω 上恒等的に $f(z) \equiv 0$ となることを示せ．

8. （多変数のシュヴァルツ補題）

   (a) $\|z\| = \left(\sum_{j=1}^n |z_j|^2 \right)^{1/2}$ $(z = (z_1, \ldots, z_n) \in \mathbf{C}^n)$ として，$f(z)$ は単位開球 $\mathrm{B} = \{\|z\| < 1\}$ で正則かつ有界 $|f(z)| \le M$ $(z \in \mathrm{B})$ とする．このとき $f(0) = 0$ ならば $|f(z)| \le M\|z\|$ $(z \in \mathrm{B})$ が成立することを証明せよ．

   (b) $|z|_{\max} = \max_{1 \le j \le n} |z_j|$ $(z = (z_1, \ldots, z_n) \in \mathbf{C}^n)$ として，$f(z)$ は単位多重円板 $\mathrm{P}\Delta = \{|z|_{\max} < 1\}$ で正則かつ有界 $|f(z)| \le M$ $(z \in \mathrm{P}\Delta)$ とする．このとき $f(0) = 0$ ならば $|f(z)| \le M|z|_{\max}$ $(z \in \mathrm{P}\Delta)$ が成立することを証明せよ．

9. $\Omega \subset \mathbf{C}^n$ を領域として $f_j \in \mathscr{O}(\Omega)$ $(1 \le j \le m)$ を有限個の正則関数とする．このとき，そのグラフ

$$\Sigma = \{(z, (w_j)) \in \Omega \times \mathbf{C}^m : w_j = f_j(z),\ 1 \le j \le m\}$$

は，$\Omega \times \mathbf{C}^m$ の複素部分多様体であることを証明せよ．

10. $\mathbf{C}^n$ の開集合 U 内の解析的部分集合は，U 内の閉集合であることを示せ．

第2章
解析層と連接性

解析層の導入から始めて，連接性の紹介をする．これをかなり制限した場合として，非特異幾何学的イデアル層について弱連接定理を証明する．続いてカルタンの融合補題，岡の上空移行を示す．ここは岡理論のキーポイントである．弱連接定理により，アイデアは同じなのであるが，岡による3大問題の解決の全体的骨格が大幅に簡短化した．

▎2.1　解析層の概念

2.1.1 — 環と加群の定義

代数的な用語である環と加群の定義から始めよう．用語として用いるということなので，定義を知っていればこの小節はとばしてかまわない．

R を集合とする．R の任意の2元 $a, b \in R$ に対し第3の元 $a + b \in R$ が定まり，次の条件 (i), (ii) を満たすとき，これを加法と呼び，さらに条件 (iii), (iv) を満たすとき，R を**加法（可換）群** (commutative group, abelian group) と呼ぶ．

- (i)　$c \in R$ を任意の元として，$(a+b)+c = a+(b+c)$（結合則）.
- (ii)　$a + b = b + a$ （可換）.
- (iii)　ある特別な元 $0 \in R$（ゼロ元）が存在して，$a + 0 = a \ (\forall a \in R)$ を満たす.
- (iv)　任意の $a \in R$ に対し一意的に逆元と呼ばれる元 $-a \in R$ が定まり，$a + (-a) = 0$ を満たす.

例えば，$\mathbf{Z}$ は，その加法により加法群になる．$\mathbf{N}$ には加法があるが，$\mathbf{N}$ は加法群にはならない．

R の任意の 2 元 $a, b \in R$ に対し第 3 の元 $a \cdot b \in R$ が定まり，次の条件を満たすとき，これを乗法と呼ぶ．

- $c \in R$ を任意の元として，$(a \cdot b) \cdot c = a \cdot (b \cdot c)$ （結合則）．

元 $1 \in R$ が存在して，$a \cdot 1 = 1 \cdot a = a \ (\forall a \in R)$ を満たすとき，1 を**単位元** (unit element) と呼ぶ．

定義 2.1.1（環）　集合 R に加法 "+" と乗法 "$\cdot$" が定まっていて，次の条件を満たすとき，これを**環** (ring) と呼ぶ．

(i)　R は，単位元 1 をもつ．

(ii)　任意の元 $a, b, c \in R$ に対し，次の分配則と呼ばれる等式が成立する：

$$a \cdot (b + c) = (a \cdot b) + (a \cdot c) \ (= a \cdot b + a \cdot c, \text{ と書く}),$$
$$(b + c) \cdot a = (b \cdot a) + (c \cdot a) \ (= b \cdot a + c \cdot a).$$

特に乗法が可換 $(a \cdot b = b \cdot a)$ であるとき，R を**可換環** (commutative ring) と呼ぶ．乗法 $a \cdot b$ の "$\cdot$" はしばしば略されて ab と書かれることが多い．

注意 2.1.2　本書では，環は可換環しか扱わないので，**環**といえば可換環のこととする．

環 R の部分集合 I が次の条件を満たすとき，I は**イデアル** (ideal) と呼ばれる．

$$a \cdot (b + c) \in I, \quad \forall a \in R, \ \forall b, \forall c \in I.$$

特に，$0 \in I$，任意の $a \in I$ に対し $-a \in I$ である．

定義 2.1.3（加群）　R を環，M を加法群とする．任意の元 $a \in R, x \in M$ に対し $a \cdot x \in M$ が定まり，次の条件を満たすとき，M を R（上の）**加群** (module) であるという．すなわち，$a, b \in R, x, y \in M$ に対し

(i)　$1 \cdot x = x$;

(ii)　$(ab) \cdot x = a \cdot (b \cdot x)$;

(iii)　$(a + b) \cdot x = a \cdot x + b \cdot x$;

(iv) $a \cdot (x + y) = a \cdot x + a \cdot y.$

部分集合 $M' \subset M$ が，上の演算でそれ自身が R 加群となっているとき，M' を**部分加群**（詳しくは，M の R 部分加群）と呼ぶ.

例 2.1.4   (i) $q \in \mathbf{N}$ に対し直積集合 $\mathbf{Z}^q$ を考えると，成分毎の加法により加法群になり，$a \in \mathbf{Z}$ と $x = (x_1, \ldots, x_q) \in \mathbf{Z}^q$ に対し成分毎の乗法

$$a \cdot x = (ax_1, \ldots, ax_q) \in \mathbf{Z}^q$$

をとれば，$\mathbf{Z}^q$ は $\mathbf{Z}$ 加群になる.

(ii) $p \in \mathbf{N}$ として，p の整数倍の全体 $p\mathbf{Z}$ は，環 $\mathbf{Z}$ のイデアルである.

(iii) 開集合 $U \subset \mathbf{C}^n$ 上の正則関数全体 $\mathcal{O}(U)$ は，自然な加法と乗法により環となる. (i) と同様に，$\mathcal{O}(U)^q$ は，$\mathcal{O}(U)$ 加群となる.

(iv) 開集合 $U \subset \mathbf{C}^n$ の部分集合 $X \subset U$ をとり，U 上の正則関数全体のなす環 $\mathcal{O}(U)$ の中で X 上恒等的に値 0 をとる関数の全体 $\mathscr{I}\langle X \rangle$ は，$\mathcal{O}(U)$ のイデアルをなす.

(v) 一般に，環 R と有限個の不定元 $X_1, \ldots, X_N$ が与えられたとき，R の元を係数とし $X_1, \ldots, X_N$ を変数とする多項式の全体を $R[X_1, \ldots, X_N]$ と書く. $R[X_1, \ldots, X_N]$ は，自然な演算で環をなし，R **多項式環**と呼ばれ，また R 加群ともなっている.

2.1.2 — 解 析 層

ここでは，一般の層の概念は他書に譲ることとして（例えば，拙著 [23] 第1章 §1.3 参照），必要な正則（解析）関数のみを対象とする.

$a \in \mathbf{C}^n$ の連結近傍 V 上の正則関数 $f(z)$ を考える. 座標 $z = (z_j)_{1 \leq j \leq n}$ を固定すれば，$f(z)$ は次の収束巾級数で一意的に表される.

$$(2.1.5) \qquad f(z) = \sum_{\nu \in \mathbf{Z}_+^n} c_\nu (z - a)^\nu.$$

a の周りで定義された正則関数で巾級数展開 (2.1.5) が同じものを同一視し，

その全体を $\mathscr{O}_a$ と表す. $\mathscr{O}_a$ の元を $\underline{f}_a \in \mathscr{O}_a$ と書くことにする. (2.1.5) の表示において, 全ての $\nu \in \mathbf{Z}_+^n$ について $c_\nu = 0$ であるものを $\underline{0}_a$ と書く (多く, 0 と略記する). $c_{(0,\ldots,0)} = 1$, $c_\nu = 0$ $(|\nu| > 0)$ であるものを $\underline{1}_a$ と書く (多く, 1 と略記する). $\mathscr{O}_a$ はその自然な加法と乗法により, 環をなす. $\mathscr{O}_a$ を**解析的局所環**と呼ぶ.

命題 2.1.6 $\mathscr{O}_a$ の 2 元 $\underline{f}_a, \underline{g}_a$ が $\underline{f}_a \cdot \underline{g}_a = 0$ を満たすならば, $\underline{f}_a = 0$ または $\underline{g}_a = 0$ である.

証明 $\underline{f}_a \neq 0$ かつ $\underline{g}_a \neq 0$ とする. f と g が共通に定義されている多重円板近傍 $\mathrm{P}\Delta(a; r)$ をとる. それぞれの同次多項式展開を

$$f(z) = \sum_{\mu=\mu_1}^{\infty} \sum_{|\nu|=\mu} c_\nu(z-a)^\nu = \sum_{\mu=\mu_1}^{\infty} P_\mu(z-a), \quad P_{\mu_1}(z-a) \neq 0,$$

$$g(z) = \sum_{\mu=\mu_2}^{\infty} \sum_{|\nu|=\mu} d_\nu(z-a)^\nu = \sum_{\mu=\mu_2}^{\infty} Q_\mu(z-a), \quad Q_{\mu_2}(z-a) \neq 0$$

とおくと, $f(z)g(z)$ の展開は

$$f(z)g(z) = P_{\mu_1}(z-a)Q_{\mu_2}(z-a) + (\mu_1 + \mu_2 + 1) \text{ 以上の高次の項},$$
$$P_{\mu_1}(z-a)Q_{\mu_2}(z-a) \neq 0$$

となり, $\underline{f}_a \cdot \underline{g}_a = \underline{f \cdot g}_a \neq 0$ である. ∎

注意 2.1.7 $\mathscr{O}_a$ の元は, その元をとる毎にその定義域は変化する. つまり, 考える関数毎に定義域が定まり, 決まった定義域上で定義された関数を考えるというわけではない. このように解析関数を不定域に考えるという考え方は 1948 年に書かれた岡潔の第 VII 論文 ([30]) で初めて導入された. そのようなものでイデアル構造をもつ対象が重要で, それを岡は**不定域イデアル** ("idéal de domaines indéterminés") と呼んだ.

開集合 $\Omega \subset \mathbf{C}^n$ に対し

$$(2.1.8) \qquad \mathscr{O}_\Omega = \bigsqcup_{a \in \Omega} \mathscr{O}_a$$

と書き（"$\sqcup$" は，互いに素な和を表す），これを Ω 上の解析関数または正則関数の**層**と呼ぶ．任意の開部分集合 $U \subset \Omega$ 上の正則関数 $f \in \mathscr{O}(U)$ は，写像

$$(2.1.9) \qquad \underline{f} : a \in U \longrightarrow \underline{f}_a \in \mathscr{O}_U$$

を誘導する．これを，$\mathscr{O}_\Omega$（または $\mathscr{O}_{\mathbf{C}^n}$）の U 上の**切断**と呼び，その全体を $\Gamma(U, \mathscr{O}_\Omega)$（または $\Gamma(U, \mathscr{O}_{\mathbf{C}^n})$）と表す．$\Gamma(U, \mathscr{O}_\Omega)$ は，自然に入る加法・乗法により環となる．

注意 2.1.10　定義から対応

$$f \in \mathscr{O}(U) \longrightarrow \underline{f} \in \Gamma(U, \mathscr{O}_U)$$

により，$\mathscr{O}(U)$ と $\Gamma(U, \mathscr{O}_U)$ は同一視できる．しかし，$a \in U$ に対し $f(a)$ は**値**（複素数）であり $\underline{f}_a$ は a でのある**収束冪級数**を表していることに留意されたい．

$q \in \mathbf{N}$ に対し，層 $\mathscr{O}_\Omega$ の q **直積層**を直積集合 $\mathscr{O}_a^q = \overbrace{\mathscr{O}_a \times \cdots \times \mathscr{O}_a}^{q}, a \in \Omega$ をとり，

$$(2.1.11) \qquad \mathscr{O}_\Omega^q = \bigsqcup_{a \in \Omega} \mathscr{O}_a^q$$

と定義する（単純に集合としての q 直積集合 $\overbrace{\mathscr{O}_\Omega \times \cdots \times \mathscr{O}_\Omega}^{q}$ をとったものとは異なることに注意）．$\underline{f}_a \in \mathscr{O}_a \ (a \in \Omega)$ と $(\underline{g_j}_a), (\underline{h_j}_a) \in \mathscr{O}_a^q \ (1 \le j \le q)$ の間には，自然に次の代数演算の構造が入る：

$$(2.1.12) \qquad \underline{f}_a \cdot (\underline{g_j}_a) = (\underline{f}_a \, \underline{g_j}_a) \in \mathscr{O}_a^q,$$
$$\underline{f}_a \cdot \left((\underline{g_j}_a) \pm (\underline{h_j}_a) \right) = \underline{f}_a \cdot (\underline{g_j}_a) \pm \underline{f}_a \cdot (\underline{h_j}_a).$$

この代数構造により,$\mathscr{O}_a^q$ は環 $\mathscr{O}_a$ 上の加群となる.

定義 2.1.13(解析層) 部分集合 $\mathscr{F} \subset \mathscr{O}_\Omega^q$ が次の構造をもつとき**解析層**であるという.

 (i) 任意の $a \in \Omega$ に対し $\mathscr{O}_a$ 部分加群 $\mathscr{F}_a \subset \mathscr{O}_a^q$ が対応している.

 (ii) $\mathscr{F} = \bigsqcup_{a \in \Omega} \mathscr{F}_a$ と書かれている.

 もちろん,$\mathscr{O}_\Omega^q$ 自身は解析層である.自明な例ではあるが,$\mathscr{F}_a = \{0\}$($\forall a \in \Omega$)である $\mathscr{F}$ も解析層であり,0(**ゼロ層**)と書く.また部分集合 $U \subset \Omega$ への $\mathscr{F}$ の制限を

$$\mathscr{F}|_U := \bigsqcup_{a \in U} \mathscr{F}_a$$

と定義する.

注意 2.1.14 一般的に多くの文献では,より抽象的な層の概念を用いて解析層を定義している(例えば [15], [13], [16], [23] など参照).ここでの「3 大問題を解く」という目的のためには,この単純な特別な場合だけで十分である.

 開部分集合 $U \subset \Omega$ 上の q ベクトル値正則関数 $g = (g_1, \ldots, g_q) : U \to \mathbf{C}^q$ は,写像

(2.1.15) $$\underline{g} = (\underline{g_j}) : a \in U \longrightarrow \underline{g}_a := (\underline{g_1}_a, \ldots, \underline{g_q}_a) \in \mathscr{O}_\Omega^q$$

を誘導する.これを,$\mathscr{O}_\Omega^q$(または,$\mathscr{O}_{\mathbf{C}^n}^q$)の U 上の**切断**と呼び,その全体を $\Gamma(U, \mathscr{O}_\Omega^q)$ と表す.$f \in \mathscr{O}(U)$($\underline{f} \in \Gamma(U, \mathscr{O}_\Omega)$)と $\underline{g} \in \Gamma(U, \mathscr{O}_\Omega^q)$ に対し

(2.1.16) $$\underline{f} \cdot \underline{g} : a \in U \longrightarrow \underline{f}_a \cdot \underline{g}_a \in \mathscr{O}_\Omega^q$$

とすることにより,$\Gamma(U, \mathscr{O}_\Omega^q)$ は,環 $\mathscr{O}(U)$(および $\Gamma(U, \mathscr{O}_\Omega)$)上の加群をなす.

 解析層 $\mathscr{F} \subset \mathscr{O}_\Omega^q$ の開部分集合 $U \subset \Omega$ 上の**切断**を

(2.1.17) $$\Gamma(U, \mathscr{F}) = \left\{ \underline{g} \in \Gamma(U, \mathscr{O}_\Omega^q) : \underline{g}_a \in \mathscr{F}_a, \ \forall a \in U \right\}$$

と定義する．(2.1.16) により，$\Gamma(U, \mathscr{F})$ は，環 $\mathscr{O}(U)$（および $\Gamma(U, \mathscr{O}_\Omega)$）上の加群となる．

閉集合 E に対しては，そのある近傍上の $\mathscr{F}$ の切断の全体（近傍も動かす）を $\Gamma(E, \mathscr{F})$ で表す．

注意 2.1.18　本書を通して，ある閉集合 E の近傍上で正則関数や解析層の切断を考えることが多く，近傍はそのたびに変化する場合が多い．そこで，解析関数や解析層 $\mathscr{F}$ およびその切断について "E 上" というときには，"E を含むある近傍上" の意味と解することとする．$\mathscr{O}(E)$（および $\Gamma(E, \mathscr{F})$）は，E の近傍で正則な関数（および $\mathscr{F}$ の切断）の全体（近傍も動かして）を表す．近傍を明確にする必要がある場合は，そのように述べる．

注意 2.1.19　一般位相の知識があれば，層には，上で定義した切断が連続となる位相を導入して位相空間として定義するのが数学的には一般的なスタイルである．すると，解析層の定義ももっと抽象化される．ここでは，層の一般論は必要としないので上のような記述をとった．詳しくは，例えば拙著 [23] §1.3 等を参照されたい．

2.2　連接性

2.2.1 — 定　義

局所有限性の定義から始めよう．$n, p \in \mathbf{N}$ とする．$\Omega \subset \mathbf{C}^n$ を開集合とし解析層 $\mathscr{F} \subset \mathscr{O}_\Omega^p$ を考える．

定義 2.2.1　(i)　$U \subset \Omega$ を開部分集合とするとき，有限族 $\{\underline{\sigma_j}\}_{j=1}^l \subset \Gamma(U, \mathscr{F})$ が $\mathscr{F}$ を U 上で生成するとは

$$\mathscr{F}|_U = \sum_{j=1}^l \mathscr{O}_U \cdot \underline{\sigma_j}.$$

つまり

$$\mathscr{F}_x = \sum_{j=1}^{l} \mathscr{O}_x \cdot \sigma_{j_x}, \qquad \forall x \in U$$

が成り立つこととする. このとき, $\{\sigma_j\}_{j=1}^{l}$ を $\mathscr{F}$ の U 上の**有限生成系**と呼ぶ.

(ii) $\mathscr{F}$ が $a \in \Omega$ で**局所有限**であるとは, a の近傍 U $(\subset \Omega)$ が存在して, $\mathscr{F}$ が U 上の有限生成系 $\{\sigma_j\}_{j=1}^{l}$ をもつこととする. このとき, $\{\sigma_j\}_{j=1}^{l}$ を $\mathscr{F}$ の a における**局所有限生成系**と呼ぶ.

(iii) 任意の $a \in \Omega$ で $\mathscr{F}$ が局所有限であるとき, $\mathscr{F}$ は (Ω 上で) **局所有限**であるという.

定義 2.2.2 $\mathscr{F}$ の**関係層**とは, 次のようにして定義される解析層 $\mathscr{R}((\tau_j)_{1 \leq j \leq q})$ のことをいう.

(i) $U \subset \Omega$ を開集合とする.

(ii) $\tau_j \in \Gamma(U, \mathscr{F})$, $1 \leq j \leq q$ $(< \infty)$ を有限個の切断とする.

(iii) 元 $(a_{1_x}, \ldots, a_{q_x}) \in \mathscr{O}_x^q$ $(x \in U)$ で, 一次関係式

(2.2.3) $$a_{1_x} \cdot \tau_{1_x} + \cdots + a_{q_x} \cdot \tau_{q_x} = 0$$

を満たすものの全体を $\mathscr{R}(\tau_1, \ldots, \tau_q)_x = \mathscr{R}((\tau_j)_{1 \leq j \leq q})_x$ と書き,

(2.2.4) $$\mathscr{R}(\tau_1, \ldots, \tau_q) = \mathscr{R}((\tau_j)_{1 \leq j \leq q}) = \bigsqcup_{x \in U} \mathscr{R}((\tau_j)_{1 \leq j \leq q})_x$$

とおく.

定義 2.2.5 (連接層) Ω 上の解析層 $\mathscr{F}$ が次の 2 条件を満たすとき, $\mathscr{F}$ を**連接的解析層**または単に**連接層**であるという.

(i) $\mathscr{F}$ は, 局所有限である.

(ii) $\mathscr{F}$ の任意の関係層も局所有限である.

さて, (2.2.3) および (2.2.4) において次で定義される T_{ij} は, 明らかに一次関係式の解であり, $\Gamma(U, \mathscr{R}(\tau_1, \ldots, \tau_q))$ の元を与える:

$$(2.2.6) \quad \underline{T_{ij}} = (0, \ldots, 0, \overset{i番目}{-\tau_j}, 0, \ldots 0, \overset{j番目}{\tau_i}, 0, \ldots, 0), \quad 1 \le i < j \le q.$$

これら $\underline{T_{ij}}$ $(1 \le i < j \le q)$ を (2.2.3) または (2.2.4) の**自明解**と呼ぶ. $q = 1$ の場合は便宜上，自明解は 0 とする.

例 2.2.7　局所有限でない，したがって連接でない解析層の簡単な例をあげよう. 一変数 $n = 1$ とする. $\Delta = \{|z| < 1\} \Subset \mathbf{C}$ を単位円板とする. $\mathbf{C}$ 上の解析層 $\mathscr{F}$ を次のようにおく：

$$\mathscr{F}_a = \begin{cases} 0, & a \in \mathbf{C} \setminus \Delta, \\ \mathscr{O}_a, & a \in \Delta. \end{cases}$$

ここで, 0 は $\mathscr{O}_a$ のゼロ元のみからなる部分加群を意味し, 集合としては $\{\underline{0}_a\}$ である[1]. $\mathscr{F}$ は, Δ 上では $\underline{1} \in \Gamma(\Delta, \mathscr{O}_{\mathbf{C}})$ が, $\mathbf{C} \setminus \bar{\Delta}$ 上では $\underline{0} \in \Gamma(\mathbf{C} \setminus \bar{\Delta}, \mathscr{O}_{\mathbf{C}})$ がそれぞれ有限生成系をなしている. しかし, $\mathscr{F}$ は $\Gamma := \partial\Delta$ の点では局所有限ではない. なぜならば, $a \in \Gamma$ を任意にとり, $\mathscr{F}$ が a で局所有限であるとすると, ある近傍 $U \ni a$ と有限個の $f_j \in \mathscr{O}(U)$ $(1 \le j \le N)$ が存在して,

$$\mathscr{F}_b = \sum_{j=1}^{N} \mathscr{O}_b \cdot \underline{f_{j_b}}, \qquad \forall\, b \in U.$$

U は連結であるとしてよい. $b \in U \setminus \Delta$ では $\mathscr{F}_b = 0$ であるから, 全ての j について $\underline{f_{j_b}} = 0$ でなければならない. つまり, b の十分小さい近傍上で恒等的に $f_j \equiv 0$ でなければならない. 一致の定理 1.1.43 により $f_j \equiv 0$ (U 上). したがって, $\mathscr{F}_b = 0$ $(\forall\, b \in U)$. 一方 $b \in U \cap \Delta\,(\ne \emptyset)$ ととれば $\mathscr{F}_b = \mathscr{O}_b$ であるから, 矛盾である.

　上述の例は, 容易に $n \ge 2$ の場合に拡張できる.

例 2.2.8　Oka VII [30] にある連接でない例を紹介しよう. 二変数 z, w の

---

[1]　ゼロ加群やゼロ元, 単位元などはしばしばこのような簡略化した記法で表される. 例えば, ゼロ元のみからなるベクトル空間 E を $E = 0$ と書くなども同様である.

空間 $\mathbf{C}^2$ で超平面 $X = \{z = w\}$ を考える. 二つの開球 $\mathrm{B}_i = \{|z|^2 + |w|^2 < r_i^2\}$ $(r_1 < r_2)$ をとり, $X_0 = X \cap \mathrm{B}_2 \setminus \mathrm{B}_1$ とおく. $\Gamma_1 = \partial \mathrm{B}_1$ を境界の超球面とする. 点 $a \in \mathrm{B}_2$ の近傍 U 上の正則関数 $f(z,w)$ で, $f(z,w)/(z-w)$ が $U \cap X_0$ の全ての点で正則である $f(z,w)$ の a での巾級数展開 $\underline{f}_a$ の全体 $\mathscr{B}_a$ を考え, $\mathscr{B} = \bigsqcup_{a \in \mathrm{B}_2} \mathscr{B}_a$ とおく. すると, $\mathscr{B}$ は $\mathscr{O}_{\mathrm{B}_2}$ の部分解析層である. 作り方から次が成り立つ.

$$(2.2.9) \qquad \mathscr{B}_a = \begin{cases} \mathscr{O}_a \cdot \underline{(z-w)}_a, & a \in X_0, \\ \mathscr{O}_a, & a \in \mathrm{B}_2 \setminus X_0. \end{cases}$$

$\mathscr{B}$ は任意の点 $a \in X_0 \cap \Gamma_1$ で局所有限でない. もし局所有限と仮定すると, a の多重円板近傍 U と有限個の正則関数 $f_j \in \mathscr{O}(U)$, $\underline{f_j} \in \Gamma(U, \mathscr{B})$, $1 \leq j \leq N$ が存在して

$$\mathscr{B}_b = \sum_{j=1}^{N} \mathscr{O}_b \cdot \underline{f_j}_b, \quad \forall\, b \in U.$$

しかし $f_j(z,z) \equiv 0$ であるから, $b \in U \cap X \setminus X_0$ では $\mathscr{B}_b \neq \mathscr{O}_b$ となり, (2.2.9) に矛盾する.

最後に, 自明な例ではあるが, ゼロ層 0 は連接層である.

2.2.2 — 岡の連接定理と弱連接定理

岡は三つの基本的な連接定理を証明した (岡の 3 連接定理, [30] Oka VII, VIII, 拙著 [23] を参照). 岡の一連の連接定理の含むところは大変広くかつ深く, その重要性を一言二言で説明するということは不可能であろう. その初めのものは, 次のように述べられる.

定理 2.2.10 (岡の第 1 連接定理 (1948)) $\quad \mathscr{O}_{\mathbf{C}^n}$ は, 連接層である.

$n = 1$ のときはやさしいので読者自ら証明されたい (章末問題 2).

次に, $\Omega \subset \mathbf{C}^n$ を開集合とし, $A \subset \Omega$ を解析的部分集合とする. $\underline{f}_a \in \mathscr{O}_a$ $(a \in \Omega)$ に対し f が正則である多重円板近傍 $\mathrm{P}\Delta$ をとり, 制

限 $f|_{\mathrm{P}\Delta \cap A} = 0$, つまり

$$f(z) = 0, \quad \forall z \in \mathrm{P}\Delta \cap A$$

を満たすとき，簡単に $f|_A = 0$ と書く．次のようにおく．

$$(2.2.11) \qquad \mathscr{I}\langle A\rangle_a = \{\underline{f}_a \in \mathscr{O}_a : f|_A = 0\},$$
$$\mathscr{I}\langle A\rangle = \bigsqcup_{a \in \Omega} \mathscr{I}\langle A\rangle_a.$$

$\mathscr{I}\langle A\rangle$ は解析層であり，$\mathscr{O}_\Omega$ のイデアル層をなす．$\mathscr{I}\langle A\rangle$ は，**幾何学的イデアル層**と呼ばれる．イデアル層 $\mathscr{I}\langle A\rangle$ の定義 (2.2.11) 自体では，A が解析的部分集合であることは必要としてなく，Ω の任意の部分集合として意味をもつので，そのように記号の定義を拡張しておく．特に，A が閉部分集合の場合を考える．

補題 2.2.12 $A \subset \Omega$ を閉部分集合とし，$\mathscr{I}\langle A\rangle$ の Ω 上の有限生成系 $\{\underline{\alpha}_j \in \Gamma(\Omega, \mathscr{I}\langle A\rangle) : 1 \leq j \leq L\}$ が存在すると仮定する．このとき，

$$(2.2.13) \qquad A = \{z \in \Omega : \alpha_j(z) = 0, \ 1 \leq j \leq L\}.$$

特に，A は解析的部分集合である．

証明 (2.2.13) の右辺を T とする．もちろん，T は解析的部分集合である．α_j の定義により $T \supset A$．$a \in \Omega \setminus A$ を任意にとる．A は閉集合であるから，ある近傍 $U \ni a$ があって，$A \cap U = \emptyset$．したがって，$\mathscr{I}\langle A\rangle_a = \mathscr{O}_a \ni \underline{1}_a$ であるから，ある $\underline{f_j}_a \in \mathscr{O}_a \ (1 \leq j \leq L)$ があって，

$$\underline{1}_a = \underline{f_1}_a \cdot \underline{\alpha_1}_a + \cdots + \underline{f_L}_a \cdot \underline{\alpha_L}_a.$$

つまり，a のある近傍 V があり，f_j, α_j は V 上正則であり，かつ V 上で恒等的に

$$1 = f_1(z) \cdot \alpha_1(z) + \cdots + f_L(z) \cdot \alpha_L(z), \quad z \in V.$$

$z = a$ とすれば，ある $\alpha_j(a) \neq 0$ でなければならない．よって，$a \in \Omega \setminus T$. 以上より，$A \supset T$ となり，$A = T$ が従う． ∎

次の定理は，$\mathscr{I}\langle A \rangle$ の局所有限性と A が解析的であることを関連付ける基本定理であり，より一般的に連接層の台定理（[23] 定理 6.9.10）の特別な場合と考えられる．

定理 2.2.14 閉集合 $A \subset \Omega$ に対して $\mathscr{I}\langle A \rangle$ が局所有限ならば A は解析的部分集合である．

証明 任意に点 $a \in \Omega$ をとる．仮定より，a のある近傍 $U \subset \Omega$ とその上の $\mathscr{I}\langle A \rangle$ の有限生成系 $\underline{\sigma_j} \in \Gamma(U, \mathscr{I}\langle A \rangle)$, $1 \leq j \leq l$ が存在する．補題 2.2.12 より

$$A \cap U = \{z \in U : \sigma_j(z) = 0, \ 1 \leq j \leq l\}.$$

したがって，A は解析的である． ∎

この定理の逆を主張するのが，連接性に関する 2 番目の定理である．

定理 2.2.15（岡の第 2 連接定理（1951）） 任意の幾何学的イデアル層は，連接層である．[2]

この定理の本質的な部分は，関係層の局所有限性は第 1 連接定理 2.2.10 で済んでいるので，局所有限性である．この第 2 連接定理と定理 2.2.14 より次が直ちに従う．

系 2.2.16 閉集合 A ($\subset \Omega$) が解析的であるためには，$\mathscr{I}\langle A \rangle$ が局所有限であることが必要十分である．

岡の**第 3 連接定理**（1951）である正規化層の連接性（正規化定理）につい

---

[2] この定理の証明の主要部は，岡の第 1 連接定理の論文（1948）の中でなされ，この定理も予告されていた．岡の結果（1948）を用いて，H. カルタン（Henri Cartan）も 1950 年にこの定理の別証明を与えている．

ては，述べるのにかなりの準備が必要なので割愛することにする（例えば [23] 定理 6.10.35 参照）．

　本書は複素解析の入門書であることに鑑み，これら定理の一般的な場合の証明は，例えば拙著 [23] に譲り，ここでは以降の議論で必要となる A が複素部分多様体である場合の $\mathscr{I}\langle A \rangle$ に限定し，上述の第 1・2 連接定理を次の形に集約して証明する．

定理 2.2.17（**弱連接定理**[3]）　$S \subset \Omega$ を複素部分多様体とする．

(i) $\mathscr{I}\langle S \rangle$ は局所有限である．

(ii) $\left\{ \sigma_j \in \Gamma(\Omega, \mathscr{I}\langle S \rangle) : 1 \le j \le N \right\}$ を $\mathscr{I}\langle S \rangle$ の Ω 上の有限生成系とすると，関係層 $\mathscr{R}(\underline{\sigma_1}, \dots, \underline{\sigma_N})$ は局所有限である．

証明　(i) $a \in \Omega$ を任意にとる．

　$a \notin S$ の場合：S は閉集合なので a のある近傍 $U \subset \Omega$ があって，$U \cap S = \emptyset$ となる．この場合は，

$$\mathscr{I}\langle S \rangle_x = \mathscr{O}_x = 1 \cdot \mathscr{O}_x, \quad \forall x \in U$$

であるから，$\{1\}$ が $\mathscr{I}\langle S \rangle$ の U 上の有限生成系となる．

　$a \in S$ の場合：a のある近傍 U とそこでの正則局所座標系 $z = (z_1, \dots, z_n)$ で

(2.2.18) $\qquad a = (0, \dots, 0) \in U = \mathrm{P}\Delta(0; (r_j)),$

$$S \cap U = \{ z = (z_j) \in U : z_1 = \dots = z_q = 0 \} \quad (1 \le \exists q \le n)$$

と表せるものをとる．$\underline{f}_b \in \mathscr{I}\langle S \rangle_b$ $(b \in U \cap S)$ を任意にとる．座標 (z_j) に関して $b = (b_j)$ とおくと $b = (0, \dots, 0, b_{q+1}, \dots, b_n)$ と表される．f は，

---

3) この定理の定式化は，[25] による．そこで示されているように，また以降の章で展開されるように，3 大問題，$\bar{\partial}$ 問題には，定義域が特異点をもたなければ，この形の弱連接定理で十分であることがわかる．この定理の証明には，以下で見るように，難しいところはない．むしろ，"連接性" という概念の発見がいかに重要なポイントであったかがわかる．

$$f(z) = \sum_{\nu=(\nu_1,\nu')\in\mathbf{Z}_+^n, |\nu|>0} c_\nu (z-b)^\nu$$

として一意的に巾級数展開される。これを次のように分解する。

$$f(z) = \sum_{\nu=(\nu_1,\nu')\in\mathbf{Z}_+^n, \nu_1>0} c_\nu (z-b)^\nu + \sum_{\nu=(\nu_1,\nu')\in\mathbf{Z}_+^n, \nu_1=0} c_\nu (z-b)^\nu$$

$$= \left(\sum_{\nu=(\nu_1,\nu')\in\mathbf{Z}_+^n, \nu_1>0} c_\nu z_1^{\nu_1-1}(z'-b')^{\nu'} \right) z_1 + \sum_{\nu'\in\mathbf{Z}_+^{n-1}} c_{0\nu'}(z'-b')^{\nu'}.$$

ここで，$\nu' = (\nu_2,\ldots,\nu_n)$, $z' = (z_2,\ldots,z_n)$, $b' = (b_2,\ldots,b_n)$ とおいた。

$$h_1(z_1,z') = \left(\sum_{\nu=(\nu_1,\nu')\in\mathbf{Z}_+^n, \nu_1>0} c_\nu z_1^{\nu_1-1}(z'-b')^{\nu'} \right),$$

$$g_1(z') = \sum_{\nu'\in\mathbf{Z}_+^{n-1}} c_{0\nu'}(z'-b')^{\nu'}$$

とおけば，

(2.2.19) $$f(z_1,z') = h_1(z_1,z') \cdot z_1 + g_1(z')$$

と表される。$g_1(z')$ に対し，変数 z_2 に関して同様な分解を考えれば，

$$g_1(z') = h_2 \cdot z_2 + g_2(z''), \quad z'' = (z_3,\ldots,z_n)$$

と表される。これを繰り返して

$$f(z) = \sum_{j=1}^q h_j(z) \cdot z_j + g_q(z_{q+1},\ldots,z_n).$$

$z_1 = \cdots = z_q = 0$ とおくと，常に $f(z) = 0$ であるから，$g_q(z_{q+1},\ldots,z_n) = 0$ でなければならない。よって，

$$f(z) = \sum_{j=1}^q h_j(z) \cdot z_j.$$

したがって,

$$(2.2.20) \qquad \mathscr{I}\langle S\rangle|_U = \sum_{j=1}^{q} \mathscr{O}_U \cdot \underline{z_j}$$

と有限生成される.

(ii) まず, 次の補題から始めよう.

補題 2.2.21　複素座標 $z = (z_1, \ldots, z_n) \in \mathbf{C}^n$ に関して次の関係層 $\mathscr{R}_{(p)}$ $(1 \le p \le n)$ を考える.

$$(2.2.22) \qquad \underline{f_1}_z \underline{z_1}_z + \cdots + \underline{f_p}_z \underline{z_p}_z = 0, \quad \underline{f_j}_z \in \mathscr{O}_z.$$

このとき, $\mathscr{R}_{(p)}$ は, その自明解 $\{\underline{T_{ij}}\}_{1 \le i < j \le p}$ （(2.2.6) 参照）で生成される.

補題 2.2.21 の証明　$p \ge 1$ に関する帰納法による. $p = 1$ の場合は, 明らかに成立している.

$p - 1 \,(p \ge 2)$ の場合は成立しているとして, p の場合:

$$X = \{(z_1, \ldots, z_n) : z_1 = \cdots = z_p = 0\}$$

とおく. $a \in \mathbf{C}^n$ を任意にとる. $a = (a_j) \notin X$ ならば, ある $a_j \neq 0$ $(1 \le j \le p)$. 例えば, $a_1 \neq 0$ とする. a のある近傍 V で $z_1 \neq 0$ となる. すると (2.2.22) は, $\underline{f_1}_z$ について解ける:

$$\underline{f_1}_z = -\underline{f_2}_z \frac{\underline{z_2}_z}{\underline{z_1}_z} - \cdots - \underline{f_p}_z \frac{\underline{z_p}_z}{\underline{z_1}_z}, \quad \forall \underline{f_j}_z \in \mathscr{O}_z \ (2 \le j \le p),\ z \in V.$$

したがって, $z \in V$ に対し

$$(2.2.23) \qquad \left(\underline{f_j}_z\right) = \left(-\sum_{j=2}^{p} \underline{f_j}_z \frac{\underline{z_j}_z}{\underline{z_1}_z}, \underline{f_2}_z, \ldots, \underline{f_p}_z\right)$$

$$= \sum_{j=2}^{p} \frac{\underline{f_j}_z}{\underline{z_1}_z} \cdot \left(-\underline{z_j}_z, 0, \ldots, 0, \overset{j\,番目}{\underline{z_1}_z}, 0, \ldots, 0\right)$$

$$= \sum_{j=2}^{p} \frac{f_{j_z}}{z_{1_z}} \cdot \underline{T_{1j}}_z \in \sum_{j=2}^{p} \mathscr{O}_z \cdot \underline{T_{1j}}_z.$$

よって，$\mathscr{R}_{(p)}$ は V 上で自明解 $\{\underline{T_{1j}}\}_{2 \leq j \leq p}$ によって生成されることがわかった．

$a \in X$ の場合，$(\underline{f_{j}}_a) \in \mathscr{R}_{(p)a}$ をとり a の多重円板近傍 U で (2.2.19) のように分解する：

$$f_j(z_1, z') = h_j(z_1, z')z_1 + g_j(z'), \quad z' = (z_2, \ldots, z_n), \, 1 \leq j \leq p.$$

計算により，$z \in U$ において

$$(2.2.24) \qquad \left(\underline{f_{j}}_z\right) - \sum_{j=2}^{p} \underline{h_{j}}_z \underline{T_{1j}}_z = \left(\underline{g_{1}}_z + \sum_{j=1}^{p} \underline{h_{j}}_z z_{j_z}, \ \underline{g_{2}}_z, \ldots, \underline{g_{p}}_z\right)$$

$$= \left(\underline{g'_{1}}_z, \underline{g_{2}}_z, \ldots, \underline{g_{p}}_z\right).$$

ここで，$\underline{g'_{1}}_z = \underline{g_{1}}_z + \sum_{j=1}^{p} \underline{h_{j}}_z z_{j_z}$ とおいた．$\left(\underline{g'_{1}}_z, \underline{g_{2}}_z, \ldots, \underline{g_{p}}_z\right) \in \mathscr{R}_{(p)z}$ であるから，

$$\underline{g'_{1}}_z z_{1_z} + \underline{g_{2}}_z z_{2_z} + \cdots + \underline{g_{p}}_z z_{p_z} = 0.$$

この式の第 2 項以降は変数 z_1 を含まないので，$\underline{g'_{1}}_z = 0$ でなければならない．したがって，

$$\underline{g_{2}}_z z_{2_z} + \cdots + \underline{g_{p}}_z z_{p_z} = 0.$$

これは，座標の番号を付け替えれば $p-1$ の場合となり，帰納法の仮定より $\left(0, \underline{g_{2}}_z, \ldots, \underline{g_{p}}_z\right)$ は，$\underline{T_{ij}}_z, \, 2 \leq i < j \leq p$ の $\mathscr{O}_z$ を係数とする線形和で表される．(2.2.24) と合わせると，$\left(\underline{f_{j}}_z\right)$ は，$\underline{T_{ij}}_z, \, 1 \leq i < j \leq p$ の $\mathscr{O}_z$ を係数とする線形和で表されることが示された． $\square$

(ii) の証明の続き： $\mathscr{R} = \mathscr{R}(\underline{\sigma_1}, \ldots, \underline{\sigma_N})$ とおく．考える関係式は，

$$(2.2.25) \qquad \underline{f_{1}}_z \underline{\sigma_{1}}_z + \cdots + \underline{f_{N}}_z \underline{\sigma_{N}}_z = 0, \quad \underline{f_{j}}_z \in \mathscr{O}_z.$$

この関係式の自明解を

$$\underline{\tau_{ij}} = (0, \ldots, 0, \overset{i\text{番目}}{\underline{-\sigma_j}}, 0, \ldots, 0, \overset{j\text{番目}}{\underline{\sigma_i}}, 0, \ldots, 0), \quad 1 \leq i < j \leq N$$

とおく.

$a \in \Omega$ を任意にとる. $a \notin S$ ならば, 命題 2.2.12 より, ある $\sigma_j(a) \neq 0$ である. 例えば, $\sigma_1(a) \neq 0$ とすれば, (2.2.23) と同様にして a の近傍で $\mathscr{R}$ は, $\{\underline{\tau_{1j}}\}_{j=2}^{N}$ で生成される.

$a \in S$ とする. (2.2.18) と同様に, a の近傍での正則局所座標 $z = (z_1, \ldots, z_n)$ と多重円板近傍 $\mathrm{P}\Delta$ が存在して

$$a = (0, \ldots, 0),$$

$$S \cap \mathrm{P}\Delta = \{(z_1, \ldots, z_n) \in \mathrm{P}\Delta : z_1 = \cdots = z_q = 0\} \quad (1 \leq \exists q \leq n).$$

仮定と (2.2.20) より

$$\mathscr{I}\langle S\rangle|_{\mathrm{P}\Delta} = \sum_{j=1}^{q} \mathscr{O}_{\mathrm{P}\Delta} \cdot \underline{z_j} = \sum_{j=1}^{N} \mathscr{O}_{\mathrm{P}\Delta} \cdot \underline{\sigma_j}|_{\mathrm{P}\Delta}.$$

必要ならば $\mathrm{P}\Delta$ をさらに小さくとることにより $z_j = \sum_{k=1}^{N} c_{jk}\sigma_k$ ($c_{jk} \in \mathscr{O}(\mathrm{P}\Delta)$, $1 \leq j \leq q$, $1 \leq k \leq N$) と書かれているとしてよい. 原点 0 でのヤコビ行列を計算すると,

$$\begin{pmatrix} 1 & \cdots & 0 \\ \vdots & \ddots & \vdots \\ 0 & \cdots & 1 \end{pmatrix} = \begin{pmatrix} c_{11}(0) & \cdots & c_{1N}(0) \\ \vdots & \cdots & \vdots \\ c_{q1}(0) & \cdots & c_{qN}(0) \end{pmatrix} \begin{pmatrix} \frac{\partial \sigma_1}{\partial z_1}(0) & \cdots & \frac{\partial \sigma_1}{\partial z_q}(0) \\ \vdots & \cdots & \vdots \\ \frac{\partial \sigma_N}{\partial z_1}(0) & \cdots & \frac{\partial \sigma_N}{\partial z_q}(0) \end{pmatrix}.$$

したがって, ヤコビ行列 $\left(\frac{\partial \sigma_k}{\partial z_j}(0)\right)$ の階数は, q である. 順序を付け替えて

$$\mathrm{rank}\left(\frac{\partial \sigma_k}{\partial z_j}(0)\right)_{1 \leq k, j \leq q} = q$$

であるとしてよい. すると, 定理 1.3.8 により原点の近傍で

$$(z_1, \ldots, z_q, z_{q+1}, \ldots, z_n) \mapsto (\sigma_1, \ldots, \sigma_q, z_{q+1}, \ldots, z_n)$$

は双正則となる. 部分多様体 $\{z_1 = \cdots = z_q = 0\}$ は, ちょうど $\{\sigma_1 = \cdots = \sigma_q = 0\}$ に写される. 以上より, 一般性を失うことなく次が成立しているとしてよい.

$$\sigma_j = z_j, \quad 1 \le j \le q \ (\mathrm{P}\Delta 上),$$

$$\sigma_i = \sum_{j=1}^{q} a_{ij} z_j, \quad a_{ij} \in \mathscr{O}(\mathrm{P}\Delta), \ q+1 \le i \le N \ (\mathrm{P}\Delta 上).$$

$$(2.2.26) \qquad \underline{\phi_i} = (-\underline{a_{i1}}, \ldots, -\underline{a_{iq}}, 0, \ldots, 0, \overset{i 番目}{\underline{1}}, 0, \ldots, 0) \in \Gamma(\mathrm{P}\Delta, \mathscr{R}),$$
$$q + 1 \le i \le N$$

とおく.

$z \in \mathrm{P}\Delta$ において (2.2.25) は次のようになる.

$$(2.2.27)$$

$$\left(\underline{f_1}_z + \sum_{i=q+1}^{N} \underline{f_i}_z \, \underline{a_{i1}}_z \right) \underline{z_1}_z + \cdots + \left(\underline{f_q}_z + \sum_{i=q+1}^{N} \underline{f_i}_z \, \underline{a_{iq}}_z \right) \underline{z_q}_z = 0.$$

補題 2.2.21 より,

$$\left(\underline{f_1}_z + \sum_{i=q+1}^{N} \underline{f_i}_z \, \underline{a_{i1}}_z, \ldots, \underline{f_q}_z + \sum_{i=q+1}^{N} \underline{f_i}_z \, \underline{a_{iq}}_z, 0, \ldots, 0 \right)$$

は, 自明解 $\{\underline{\tau_{jk}}_z\}_{1 \le j < k \le q}$ の $\mathscr{O}_z$ を係数とする線形和で表される. つまり, ある $\underline{b_{jk}}_z \in \mathscr{O}_z, 1 \le j < k \le q$ が存在して

$$(2.2.28)$$

$$\sum_{1 \le j < k \le q} \underline{b_{jk}}_z \underline{\tau_{jk}}_z$$

$$= \left(\underline{f_1}_z + \sum_{i=q+1}^{N} \underline{f_i}_z \, \underline{a_{i1}}_z, \ldots, \underline{f_q}_z + \sum_{i=q+1}^{N} \underline{f_i}_z \, \underline{a_{iq}}_z, 0, \ldots, 0 \right)$$

$$= \left(\underline{f_1}_z, \ldots, \underline{f_q}_z, 0, \ldots, 0 \right) + \sum_{i=q+1}^{N} \underline{f_i}_z \left(\underline{a_{i1}}_z, \ldots, \underline{a_{iq}}_z, 0, \ldots, 0 \right).$$

したがって，(2.2.26) を用いて表すと，

(2.2.29)

$$\left(\underline{f_1}_z, \ldots, \underline{f_q}_z, \underline{f_{q+1}}_z, \ldots, \underline{f_N}_z \right) = \sum_{1 \le j < k \le q} \underline{b_{jk}}_z \, \underline{\tau_{jk}}_z + \sum_{i=q+1}^{N} \underline{f_i}_z \, \underline{\phi_i}_z.$$

よって，$\mathscr{R}$ は PΔ 上

$$\underline{\tau_{jk}}, \ \underline{\phi_i}, \quad 1 \le j < k \le q, \ q+1 \le i \le N$$

で生成される. ∎

2.3　カルタンの融合補題

　領域 $\Omega \subset \mathbf{C}^n$ 上の局所有限な解析層 $\mathscr{F} \to \Omega$ を考える．$\mathscr{F}$ の局所有限生成系が隣接する閉部分領域 $E', E'' (\Subset \Omega)$ 上にあるとき，それらを融合して $E' \cup E''$ 上で $\mathscr{F}$ の有限生成系を作る必要がある．まずは，行列に関する基本的な事項から始めよう．

2.3.1 — 行列・行列値関数

　これからの議論で必要になる，行列・行列値関数の列，級数，無限乗積に関する事項を準備する．

　一般に $p (\in \mathbf{N})$ 次（複素）正方行列 $A = (a_{ij})$ に対し，二つのノルムが考えられる：

$$\|A\|_\infty = \max_{i,j} \{|a_{ij}|\},$$
$$\|A\| = \max\{\|A\xi\| : \xi \in \mathbf{C}^p, \|\xi\| = 1\}.$$

$\|A\|$ は**作用素ノルム**と呼ばれる．これらのノルムは，共に完備である．

$$\xi = {}^t(0,\ldots,0,1,0,\ldots,0)$$

を考えることにより，

$$\|A\|_\infty \le \|A\| \le p\,\|A\|_\infty$$

が成立するので，収束についてはどちらで考えても同じである．行列の積については，$\|A\|_\infty$ よりも $\|A\|$ の方が性質が良いので以降 $\|A\|$ を用いる．

$A = A(z)$ が，部分集合 $E \subset \mathbf{C}^n$ 上定義された p 次正方行列値関数であるとき，

$$\|A\|_E = \sup\{\|A(z)\| : z \in E\}$$

と書く．$\mathbf{1}_p$ で p 次単位行列を表す．

命題 2.3.1 A を p 次正方行列または p 次正方行列値関数 $A(z)$ $(z \in E)$ とする．B をもう一つの p 次正方行列とすると，次が成立する：

(i) $\|A + B\| \le \|A\| + \|B\|$.

(ii) $\|AB\| \le \|A\| \cdot \|B\|$. 特に，$\|A^k\| \le \|A\|^k$ $(k \in \mathbf{N})$.

(iii) $A = A(z)$ $(z \in E)$ に対し，$\|A\|_E \le \varepsilon < 1$ ならば，次式の右辺は作用素ノルムに関して優級数収束し，逆行列 $(\mathbf{1}_p - A(z))^{-1}$ を表す：

$$(\mathbf{1}_p - A(z))^{-1} = \mathbf{1}_p + A(z) + A(z)^2 + \cdots .$$

これより，$\|(\mathbf{1}_p - A)^{-1}\|_E \le \frac{1}{1-\varepsilon}$. 特に，$\varepsilon = \frac{1}{2}$ ならば，$\|(\mathbf{1}_p - A)^{-1}\|_E \le 2$.

(iv) $k = 0, 1, \ldots$ に対し，$0 < \varepsilon_k < 1$ と p 次正方行列値関数 $A_k(z), z \in E$ が与えられ，$\|A_k\|_E \le \varepsilon_k$, $\sum_{k=0}^{\infty} \varepsilon_k < \infty$ が満たされているとする．このとき，二つの無限乗積

$$\lim_{k \to \infty} (\mathbf{1}_p - A_0(z)) \cdots (\mathbf{1}_p - A_k(z)),$$
$$\lim_{k \to \infty} (\mathbf{1}_p - A_k(z)) \cdots (\mathbf{1}_p - A_0(z))$$

は E 上一様収束し，極限は共に可逆行列値関数である．

証明 (i), (ii) は定義より直ちに従う．(iii) は，次の恒等式と不等式で $k \to \infty$ とすればよい：

$$(\mathbf{1}_p - A(z))(\mathbf{1}_p + A(z) + A(z)^2 + \cdots + A(z)^k) = \mathbf{1}_p - A(z)^{k+1},$$

$$\|\mathbf{1}_p + A(z) + A(z)^2 + \cdots + A(z)^k\|_E \le \sum_{j=0}^k \|A\|_E^j \le \sum_{j=0}^k \varepsilon^j = \frac{1 - \varepsilon^{k+1}}{1 - \varepsilon}.$$

(iv) は，どちらも同じような証明であるので，1番目の式を示そう．

$$G_k(z) = (\mathbf{1}_p - A_0(z)) \cdots (\mathbf{1}_p - A_k(z)) = \prod_{j=0}^k (\mathbf{1}_p - A_j(z)),$$
$$k = 0, 1, \ldots$$

とおくとき，列 $\{G_k\}_{k=0}^\infty$ が一様コーシー列であることと，$\{G_k^{-1}\}_{k=0}^\infty$ も一様収束することを示せば十分である．$C_0 = \exp(\sum_{k=0}^\infty \varepsilon_k)$ とおくと，次が成立する：

$$\|G_k\|_E \le \prod_{j=0}^k \|\mathbf{1}_p - A_j\|_E \le \prod_{j=0}^k (1 + \|A_j\|_E) \le \prod_{j=0}^k (1 + \varepsilon_j)$$
$$= \exp\left(\sum_{j=0}^k \log(1 + \varepsilon_j)\right) < \exp\left(\sum_{j=0}^k \varepsilon_j\right) < C_0.$$

$l > k > 0$ に対し，上式を用いて，

$$\|G_l - G_k\|_E$$
$$\le \|G_k\|_E \cdot \|(\mathbf{1}_p - A_{k+1})(\mathbf{1}_p - A_{k+2}) \cdots (\mathbf{1}_p - A_l) - \mathbf{1}_p\|_E$$
$$\le C_0 \| - A_{k+1} - A_{k+2} - \cdots - A_l + A_{k+1}A_{k+2}$$
$$+ \cdots + (-1)^{l-k} A_{k+1} \cdots A_l\|_E$$
$$\le C_0 (\|A_{k+1}\|_E + \|A_{k+2}\|_E + \cdots + \|A_l\|_E + \|A_{k+1}\|_E \cdot \|A_{k+2}\|_E$$
$$+ \cdots + \|A_{k+1}\|_E \cdots \|A_l\|_E)$$

$$= C_0 \left(\prod_{j=k+1}^{l} (1 + \|A_j\|_E) - 1 \right) \leq C_0 \left(\prod_{j=k+1}^{l} (1 + \varepsilon_j) - 1 \right)$$

$$\leq C_0 \left(\exp \left(\sum_{j=k+1}^{l} \varepsilon_j \right) - 1 \right) \longrightarrow 0 \quad (l > k \to \infty).$$

$G_k^{-1} = \prod_{j=k}^{0} (\mathbf{1}_p - A_j)^{-1}$ については, $B_k = -A_k(\mathbf{1}_p - A_k)^{-1}$ とおくと,

$$(\mathbf{1}_p - A_k)^{-1} = \mathbf{1}_p - B_k$$

が成立し, (iii) の結果を用いると,

$$\|B_k\|_E \leq \|A_k\|_E \cdot \|(\mathbf{1}_p - A_k)^{-1}\|_E \leq \frac{\varepsilon_k}{1 - \varepsilon_k}.$$

$0 < \theta := \max_k \{\varepsilon_k\} < 1$ とおくと,

$$\|B_k\|_E \leq \frac{\varepsilon_k}{1 - \theta}.$$

したがって, $k_0 \in \mathbf{N}$ があって

$$\frac{\varepsilon_k}{1 - \theta} < 1, \quad \forall k \geq k_0$$

となる. 任意の $k \geq k_0$ に対し B_k も A_k が満たすべき条件を満たしているので, $\{G_k^{-1}\}_{k=0}^{\infty}$ は E 上一様収束する. ∎

p 次正方行列 S, T に対し, $(\mathbf{1}_p - S)^{-1}, (\mathbf{1}_p - T)^{-1}$ の存在を仮定して,

$$(2.3.2) \qquad M(S,T) = (\mathbf{1}_p - S)^{-1}(\mathbf{1}_p - S - T)(\mathbf{1}_p - T)^{-1},$$
$$N(S,T) = \mathbf{1}_p - M(S,T)$$

とおく. 次の補題が, 後出の収束の議論での鍵となる.

補題 2.3.3 S, T を p 次正方行列とし, $\max\{\|S\|, \|T\|\} \leq \frac{1}{2}$ とすると,

$$\|N(S,T)\| \leq 2^2 (\max\{\|S\|, \|T\|\})^2.$$

証明　$(\mathbf{1}_p - T)^{-1} = \mathbf{1}_p + T(\mathbf{1}_p - T)^{-1} = \mathbf{1}_p + T + T^2(\mathbf{1}_p - T)^{-1}$ に注意
して,

$$
\begin{aligned}
M(S,T) &= (\mathbf{1}_p - S)^{-1}(\mathbf{1}_p - S - T)(\mathbf{1}_p - T)^{-1} \\
&= (\mathbf{1}_p - (\mathbf{1}_p - S)^{-1}T)(\mathbf{1}_p - T)^{-1} \\
&= \mathbf{1}_p + T + T^2(\mathbf{1}_p - T)^{-1} \\
&\quad - (\mathbf{1}_p + S(\mathbf{1}_p - S)^{-1})T(\mathbf{1}_p + T(\mathbf{1}_p - T)^{-1}) \\
&= \mathbf{1}_p + T + T^2(\mathbf{1}_p - T)^{-1} \\
&\quad - T - T^2(\mathbf{1}_p - T)^{-1} - S(\mathbf{1}_p - S)^{-1}T(\mathbf{1}_p - T)^{-1} \\
&= \mathbf{1}_p - S(\mathbf{1}_p - S)^{-1}T(\mathbf{1}_p - T)^{-1}, \\
N(S,T) &= S(\mathbf{1}_p - S)^{-1}T(\mathbf{1}_p - T)^{-1}.
\end{aligned}
$$

条件より,

$$
\|N(S,T)\| \le \|S\| \cdot 2 \cdot \|T\| \cdot 2 \le 2^2(\max\{\|S\|, \|T\|\})^2.
$$　∎

2.3.2 — カルタンの行列分解

次の状況を設定する.

2.3.4（閉直方体）　ここでは，閉直方体や閉長方形といえば，もちろん有界
で，辺は座標（実・虚）軸に平行で，ある辺の幅が 0 に退化する場合も含
める.

$E', E'' \Subset \Omega$ は閉直方体で次のように表されるとする：$F \Subset \mathbf{C}^{n-1}$ を閉直
方体とし，一辺 ℓ を共有する二つの閉長方形 $E'_n, E''_n \Subset \mathbf{C}$ があり

$$
E' = F \times E'_n, \quad E'' = F \times E''_n, \quad \ell = E'_n \cap E''_n.
$$

p 次複素可逆行列の全体を $GL(p; \mathbf{C})$ とする.

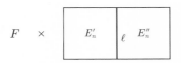

図 2.1 隣接閉直方体

補題 2.3.5（カルタンの行列分解） 記号は，上述のものとする．$\mathbf{1}_p$ の近傍 $V_0 \subset GL(p; \mathbf{C})$ が存在して，$F \times \ell$ の近傍 U 上正則な行列値関数 $A : U \to V_0$ に対し E'（および E''）の近傍 U'（および U''）上の行列値正則関数 $A' : U' \to GL(p; \mathbf{C})$（および $A'' : U'' \to GL(p; \mathbf{C})$）が存在して $F \times \ell$ のある近傍上 $A = A' \cdot A''$ が成立する．

　注意. この補題については，歴代種々の証明が与えられてきたが，以下に述べる簡略化された初等的なものは拙著 [23] 補題 4.2.5 の証明による．

証明 F, E'_n, E''_n を各辺同じ長さ $\delta > 0$ だけ外へ広げた閉長方形と閉直方体を $\tilde{F}, \tilde{E}'_{n(1)}, \tilde{E}''_{n(1)}$ とする．$\delta > 0$ を十分小さくとれば，

$$F \times \ell \subset \tilde{F} \times (\tilde{E}'_{n(1)} \cap \tilde{E}''_{n(1)}) \Subset U$$

が成立しているとしてよい．境界を向きも込めて図 2.2 のように

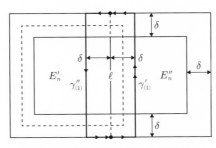

図 2.2 隣接閉長方形の δ 閉近傍

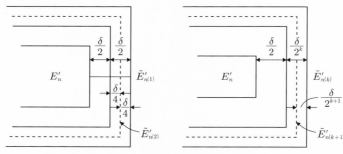

図 2.3　閉長方形の $\frac{\delta}{2^k}$ 閉近傍

$$(2.3.6) \qquad \partial\left(\tilde{E}'_{n(1)} \cap \tilde{E}''_{n(1)}\right) = \gamma_{(1)} = \gamma'_{(1)} + \gamma''_{(1)}$$

とおく．同様に，E'_n から $\tilde{E}'_{n(1)}$ へ広げた幅 δ を内側の $\frac{\delta}{2}$ を残し，外側の $\frac{\delta}{2}$ を 2 分割法で順次内側に小さく入れてゆく．つまり $\tilde{E}'_{n(1)}$ から $\frac{\delta}{4}$ だけ内側に入った閉長方形を $\tilde{E}'_{n(2)}$ とし，$\tilde{E}'_{n(k)}$ まで決まったとして，その内側に $\frac{\delta}{2^{k+1}}$ だけ内側に入った閉長方形を $\tilde{E}'_{n(k+1)}$ とする（図 2.3）．

$$\frac{\delta}{4} + \frac{\delta}{8} + \cdots = \frac{\delta}{2}$$

であるから，

$$\bigcap_{k=1}^{\infty} \tilde{E}'_{n(k)} = E'_n \ \text{を} \ \frac{\delta}{2} \ \text{だけ各辺を外側へ広げた閉長方形}$$

である．$\tilde{E}''_{n(k)}$ も同様に定める．(2.3.6) と同じように

$$(2.3.7) \qquad \partial\left(\tilde{E}'_{n(k)} \cap \tilde{E}''_{n(k)}\right) = \gamma_{(k)} = \gamma'_{(k)} + \gamma''_{(k)}$$

とおく．E', E'' の閉近傍直方体をそれぞれ次のように定める．

$$\tilde{E}'_{(k)} = \tilde{F} \times \tilde{E}'_{n(k)}, \qquad \tilde{E}''_{(k)} = \tilde{F} \times \tilde{E}''_{n(k)}.$$

$B_1(z) = \mathbf{1}_p - A(z)$ とおく．ここで，§1.2.1 で述べたクザン積分の考え方を応用する．$(z', z_n) \in \tilde{E}'_{(2)} \cap \tilde{E}''_{(2)}$ に対し，コーシーの積分表示を用いて次

のように表す.

$$(2.3.8) \qquad B_1(z', z_n) = \frac{1}{2\pi i} \int_{\gamma_{(1)}} \frac{B_1(z', \zeta)}{\zeta - z_n} d\zeta$$

$$= \frac{1}{2\pi i} \int_{\gamma'_{(1)}} \frac{B_1(z', \zeta)}{\zeta - z_n} d\zeta + \frac{1}{2\pi i} \int_{\gamma''_{(1)}} \frac{B_1(z', \zeta)}{\zeta - z_n} d\zeta$$

$$= B'_1(z', z_n) + B''_1(z', z_n).$$

$B'_1(z', z_n)$ は $(z', z_n) \in \tilde{E}'_{(2)}$ で正則, $B''_1(z', z_n)$ は $(z', z_n) \in \tilde{E}''_{(2)}$ で正則である.

$$(2.3.9) \qquad |z_n - \zeta| \geq \frac{\delta}{4}, \qquad \forall (z', z_n) \in \tilde{E}'_{(2)}, \quad \forall \zeta \in \gamma'_{(1)}$$

となっている. L を曲線 $\gamma'_{(1)}$ の長さとすれば,

$$L = \gamma''_{(1)} \text{の長さ} \geq \gamma'_{(k)}(\gamma''_{(k)}) \text{ の長さ} \quad (k = 1, 2, \ldots).$$

$(z', z_n) \in \tilde{E}'_{(2)}$ に対し $(2.3.8)$ と $(2.3.9)$ より

$$\|B'_1(z', z_n)\| \leq \frac{1}{2\pi} \cdot \frac{4}{\delta} L \cdot \max_{\gamma_{(1)}} \|B_1(z', \zeta)\|.$$

したがって,

$$\|B'_1\|_{\tilde{E}'_{(2)}} \leq \frac{2L}{\pi \delta} \|B_1\|_{\tilde{E}'_{(1)} \cap \tilde{E}''_{(1)}}.$$

同様にして,

$$\|B''_1\|_{\tilde{E}''_{(2)}} \leq \frac{2L}{\pi \delta} \|B_1\|_{\tilde{E}'_{(1)} \cap \tilde{E}''_{(1)}}.$$

$$(2.3.10) \qquad \varepsilon_1 = \max \left\{ \|B'_1\|_{\tilde{E}'_{(2)}}, \|B''_1\|_{\tilde{E}''_{(2)}} \right\} \left(\leq \frac{2L}{\pi \delta} \|B_1\|_{\tilde{E}'_{(1)} \cap \tilde{E}''_{(1)}} \right)$$

とおく. $\frac{\pi \delta}{2^5 L} \leq \frac{1}{2}$ が満たされるように, 必要ならば $\delta > 0$ を小さくとり直す. 次を仮定する.

$$\|B_1\|_{\tilde{E}'_{(1)} \cap \tilde{E}''_{(1)}} \leq \frac{\pi^2 \delta^2}{2^6 L^2}.$$

すると,

$$(2.3.11) \qquad \varepsilon_1 \leq \frac{\pi\delta}{2^5 L} \leq \frac{1}{2},$$

$$(2.3.12) \quad A(z) = (\mathbf{1}_p - B_1(z)) = (\mathbf{1}_p - B_1'(z))(\mathbf{1}_p - N(B_1'(z), B_1''(z)))$$
$$\cdot (\mathbf{1}_p - B_1''(z)), \qquad z \in \tilde{E}_{(2)}' \cap \tilde{E}_{(2)}''.$$

ここで, $N(B_1'(z), B_1''(z))$ の評価が補題 2.3.3 により

$$\|N(B_1'(z), B_1''(z))\|_{\tilde{E}_{(1)}' \cap \tilde{E}_{(1)}''} \leq 2^2 \varepsilon_1^2$$

と, "ε_1^2" となることがポイントである.

　以下, 帰納的に構成してゆく. $j = 1, \ldots, k \ (\in \mathbf{N})$ に対し p 次正方行列値正則関数

$$B_j'(z) \ (z \in \tilde{E}_{(j+1)}'), \quad B_j''(z) \ (z \in \tilde{E}_{(j+1)}'')$$

が次を満たすように決まったとする:

$$(2.3.13)$$
$$\varepsilon_j := \max\left\{ \|B_j'\|_{\tilde{E}_{(j+1)}'}, \|B_j''\|_{\tilde{E}_{(j+1)}''} \right\} \leq \frac{\pi\delta}{2^{j+4}L} \ \left(\leq \frac{1}{2^j} \right), \ 1 \leq j \leq k,$$

$$(2.3.14)$$
$$A(z) = (\mathbf{1}_p - B_1'(z)) \cdots (\mathbf{1}_p - B_k'(z)) \cdot (\mathbf{1}_p - N(B_k'(z), B_k''(z)))$$
$$\cdot (\mathbf{1}_p - B_k''(z)) \cdots (\mathbf{1}_p - B_1''(z)), \qquad z \in \tilde{E}_{(k+1)}' \cap \tilde{E}_{(k+1)}''.$$

$k = 1$ の場合は, (2.3.11), (2.3.12) により成立している.

　$z \in \tilde{E}_{(k+2)}' \cap \tilde{E}_{(k+2)}''$ に対し $B_{k+1}(z) = N(B_k'(z), B_k''(z))$ ((2.3.2) を参照) として, (2.3.7) で定義される $\gamma_{(k+1)}', \gamma_{(k+1)}''$ を用いて

$$B_{k+1}'(z', z_n) = \frac{1}{2\pi i} \int_{\gamma_{(k+1)}'} \frac{B_{k+1}(z', \zeta)}{\zeta - z_n} d\zeta, \quad (z', z_n) \in \tilde{E}_{(k+2)}',$$

$$B_{k+1}''(z', z_n) = \frac{1}{2\pi i} \int_{\gamma_{(k+1)}''} \frac{B_{k+1}(z', \zeta)}{\zeta - z_n} d\zeta, \quad (z', z_n) \in \tilde{E}_{(k+2)}''$$

とおく. 上記被積分関数内で, $|\zeta - z_n| \geq \frac{\delta}{2^{k+2}}$ であることに注意すると, (2.3.13) と補題 2.3.3 より,

$$\varepsilon_{k+1} \leq \frac{L}{2\pi} \frac{2^{k+2}}{\delta} \|N(B'_k, B''_k)\|_{\tilde{E}'_{(k+1)} \cap \tilde{E}''_{(k+1)}}$$

$$\leq \frac{L}{2\pi} \frac{2^{k+2}}{\delta} 2^2 \varepsilon_k^2 \leq \frac{1}{2} \varepsilon_k \leq \frac{\pi\delta}{2^{k+5}L},$$

$$\mathbf{1}_p - N(B'_k(z), B''_k(z)) = (\mathbf{1}_p - B'_{k+1}(z))(\mathbf{1}_p - N(B'_{k+1}(z), B''_{k+1}(z)))$$

$$\cdot (\mathbf{1}_p - B''_{k+1}(z)), \qquad z \in \tilde{E}'_{(k+2)} \cap \tilde{E}''_{(k+2)}.$$

よって, (2.3.13) および (2.3.14) は, $k+1$ で成立する.

(2.3.13) と命題 2.3.1 (iv) より, 無限乗積

$$A'(z) = \lim_{k \to \infty} (\mathbf{1}_p - B'_1(z)) \cdots (\mathbf{1}_p - B'_k(z)), \quad z \in \tilde{E}' := \bigcap_{k=1}^{\infty} \tilde{E}'_{(k)},$$

$$A''(z) = \lim_{k \to \infty} (\mathbf{1}_p - B''_k(z)) \cdots (\mathbf{1}_p - B''_1(z)), \quad z \in \tilde{E}'' := \bigcap_{k=1}^{\infty} \tilde{E}''_{(k)}$$

はそれぞれの定義域で一様収束し, その内部で可逆な p 次正方行列値正則関数となる. $z \in \tilde{E}' \cap \tilde{E}''$ に対し, (2.3.13) と補題 2.3.3 より

$$\|N(B'_k(z), B''_k(z))\| \leq 2^2 \varepsilon_k^2 \leq \frac{1}{2^{2k-2}} \longrightarrow 0 \qquad (k \to \infty)$$

であるから, (2.3.14) より $A(z) = A'(z)A''(z)$ を得る. ∎

2.3.3 — 融 合 補 題

次が, 本節の目的の補題である.

補題 2.3.15（カルタンの融合補題） $E', E'' \Subset \Omega$ を補題 2.3.5 のものとし, $\mathscr{F}$ を Ω 上の解析層とする. $\{\sigma'_j \in \Gamma(E', \mathscr{F}) : 1 \leq j \leq p'\}$ を E' 上の $\mathscr{F}$ の有限生成系とする. 同様に, $\{\sigma''_k \in \Gamma(E'', \mathscr{F}) : 1 \leq k \leq p''\}$ は E'' 上の $\mathscr{F}$ の有限生成系とする. さらに $a_{jk}, b_{kj} \in \mathscr{O}(E' \cap E'')$, $1 \leq j \leq p'$, $1 \leq k \leq p''$ が存在して

$$\underline{\sigma'_j} = \sum_{k=1}^{p''} a_{jk} \cdot \underline{\sigma''_k}, \quad \underline{\sigma''_k} = \sum_{j=1}^{p'} b_{kj} \cdot \underline{\sigma'_j} \quad (E' \cap E'' 上)$$

と表されていると仮定する.

このとき，$E' \cup E''$ 上の $\mathscr{F}$ の有限生成系 $\{\underline{\sigma_l} \in \Gamma(E' \cup E'', \mathscr{F}) : 1 \le l \le p' + p''\}$ が存在する.

証明 列ベクトルと行列を $\sigma' = {}^t(\underline{\sigma'_1}, \ldots, \underline{\sigma'_{p'}})$, $\sigma'' = {}^t(\underline{\sigma''_1}, \ldots, \underline{\sigma''_{p''}})$, $A = (a_{jk})$, $B = (b_{kj})$ とおく．以下，記号の簡略化のため，混乱のない限り同じ A（および B）で $(\underline{a_{jk}})$（および $(\underline{b_{kj}})$）も表すことにする.

$$(2.3.16) \qquad \sigma' = A\sigma'', \qquad \sigma'' = B\sigma'.$$

σ', σ'' に 0 を加えて次数を合わせ，$p(= p' + p'')$ 次列ベクトルを次のようにおく.

$$\tilde{\sigma}' = \begin{pmatrix} \sigma'_1 \\ \vdots \\ \sigma'_{p'} \\ \hline 0 \\ \vdots \\ 0 \end{pmatrix}, \quad \tilde{\sigma}'' = \begin{pmatrix} 0 \\ \vdots \\ 0 \\ \hline \sigma''_1 \\ \vdots \\ \sigma''_{p''} \end{pmatrix}.$$

また，

$$\tilde{A} = \left(\begin{array}{c|c} \mathbf{1}_{p'} & A \\ \hline -B & \mathbf{1}_{p''} - BA \end{array} \right)$$

とおく．$(2.3.16)$ より，$BA\sigma'' = \sigma''$ であることを使うと

$$(2.3.17) \qquad \tilde{\sigma}' = \tilde{A}\,\tilde{\sigma}''$$

となる．基本変形の繰り返しからなる行列

$$P = \left(\begin{array}{c|c} \mathbf{1}_{p'} & A \\ \hline 0 & \mathbf{1}_{p''} \end{array} \right), \quad P^{-1} = \left(\begin{array}{c|c} \mathbf{1}_{p'} & -A \\ \hline 0 & \mathbf{1}_{p''} \end{array} \right),$$

(2.3.18)

$$Q = \left(\begin{array}{c|c} \mathbf{1}_{p'} & 0 \\ \hline B & \mathbf{1}_{p''} \end{array} \right), \quad Q^{-1} = \left(\begin{array}{c|c} \mathbf{1}_{p'} & 0 \\ \hline -B & \mathbf{1}_{p''} \end{array} \right)$$

をとり,$\tilde{A}$ を右と左から変形すると $Q\tilde{A}P^{-1} = \mathbf{1}_p$ を得る.$\tilde{A} = Q^{-1}P$ であるから $R = P^{-1}Q$ とおけば,

(2.3.19)
$$R = \left(\begin{array}{c|c} \mathbf{1}_{p'} & -A \\ \hline 0 & \mathbf{1}_{p''} \end{array} \right) \left(\begin{array}{c|c} \mathbf{1}_{p'} & 0 \\ \hline B & \mathbf{1}_{p''} \end{array} \right),$$

$$\tilde{A}R = \mathbf{1}_p.$$

R は,その形から A, B をどのようにとっても可逆であることに注意する.A, B の成分 a_{jk}, b_{kj} は,閉直方体 $E' \cap E'' = F \times \ell$ の近傍上正則であるから,定理 1.2.2 により,その適当な近傍 $W_0 \ (\Subset U' \cap U'')$ 上多項式 $\tilde{a}_{jk}, \tilde{b}_{kj}$ で一様近似できる.それらを用いて (2.3.19) により作られる行列を $\tilde{R}$ とする.それら一様近似を十分小さくすれば補題 2.3.5 の $\mathbf{1}_p$ の近傍 V_0 に対し

(2.3.20)
$$\hat{A}(z) = \tilde{A}(z)\,\tilde{R}(z) \in V_0, \qquad z \in W_0$$

が成り立つ.すると補題 2.3.5 により,E'(および E'')上で正則な関数を成分とする p 次可逆行列 $\hat{A}'$(および $\hat{A}''$)が存在して,$E' \cap E''$ 上

(2.3.21)
$$\hat{A} = \hat{A}'\,\hat{A}''$$

と書ける.これと (2.3.20) より $\tilde{A} = \hat{A}'\hat{A}''\tilde{R}^{-1}$ となり,(2.3.17) より $E' \cap E''$ 上

(2.3.22)
$$\hat{A}'^{-1}\,\tilde{\sigma}' = \hat{A}''\,\tilde{R}^{-1}\,\tilde{\sigma}''$$

が成立する.したがって,$\underline{\tau_h} \in \Gamma(E' \cup E'', \mathscr{F}), 1 \le h \le p$ を

$$\begin{pmatrix} \tau_1 \\ \vdots \\ \tau_p \end{pmatrix} = \begin{cases} \hat{A}'^{-1}\,\tilde{\sigma}', & E'\text{上}, \\ \hat{A}''\,\tilde{R}^{-1}\,\tilde{\sigma}'', & E''\text{上} \end{cases}$$

と定義することができる. $\hat{A}'^{-1}$ と $\hat{A}''\tilde{R}^{-1}$ は可逆行列であるから, $\{\tau_h : 1 \le h \le p\}$ は $E' \cup E''$ 上で $\mathscr{F}$ を生成する. ∎

上で得た $\{\tau_h\}$ を $\{\sigma'_j\}$ と $\{\sigma''_k\}$ を**融合**して作られた $\mathscr{F}$ の有限生成系と呼ぶ.

2.4　岡の上空移行

$S \subset \mathrm{P}\Delta$ を多重円板 $\mathrm{P}\Delta \subset \mathbf{C}^N$ 内の複素部分多様体とする. $\mathscr{O}(S)$ は S 上の正則関数の全体を表す. **岡の上空移行の原理**とは, ある多変数の領域上の問題を, 空間の次元を上げてその中の多重円板 $\mathrm{P}\Delta$ の複素部分多様体 S 上の問題とし, さらにその問題を $\mathrm{P}\Delta$ へ拡張して, $\mathrm{P}\Delta$ は形が簡単であるので可解となり, その解を S に制限してもとの問題の解を求めるという方法論的原理である. 変数の数が増えたことによって生じた問題を, さらに変数を増やして解こうという発想が興味深い.

2.4.1 — 岡シジジー

$E \Subset \mathbf{C}^n$ を閉直方体とする (2.3.4 を参照). E の長さが正の辺の個数を E の次元と呼ぶことにし, $\dim E$ と書く. $0 \le \dim E \le 2n$ である.

E の近傍 U 上で定義された解析層 $\mathscr{F} \subset \mathscr{O}_U^q$ を考える. 次の補題中の二つの主張は, 連接的解析層に関する最も基本的な性質である. ここでは, 後の使用を考慮して少し詳しく述べる.

補題 2.4.1（岡シジジー[4]）　$E \Subset \mathbf{C}^n$ を任意の閉直方体とする.

---

4)　syzygy, 朔望（サクボウ, 天文学）. 語源はギリシャ語. 注意 2.4.12 (iii) も参照.

(i) E 上で定義された任意の局所有限な解析層 $\mathscr{F}$ は，E 上で有限生成系をもつ.

(ii) $\mathscr{F}$ は E 上で定義された解析層，$\{\sigma_j\}_{1 \leq j \leq N}$ を E 上の $\mathscr{F}$ の有限生成系とする．関係層 $\mathscr{R}(\underline{\sigma_1}, \ldots, \underline{\sigma_N})$ は局所有限であると仮定する[5]. このとき，任意の $\underline{\sigma} \in \Gamma(E, \mathscr{F})$ に対し E 上の正則関数 $a_j \in \mathscr{O}(E)$，$1 \leq j \leq N$ があって

$$(2.4.2) \qquad \underline{\sigma} = \sum_{j=1}^{N} a_j \cdot \underline{\sigma_j} \quad (E \text{ 上})$$

と表される.

証明 (i), (ii) を同時に，次元 $\nu := \dim E$ に関する二重帰納法で証明する. $\dim E = \nu$ の場合の (i), (ii) をそれぞれ $(\mathrm{i})_\nu$, $(\mathrm{ii})_\nu$ と記せば，帰納法の進め方は

$$[(\mathrm{i})_{\nu-1} + (\mathrm{ii})_{\nu-1}] \Longrightarrow (\mathrm{i})_\nu \Longrightarrow (\mathrm{ii})_\nu$$

となされる.

（イ）$\nu = 0$ の場合：これは共に仮定から直ちに従う.

（ロ）$\nu \geq 1$ として，(i), (ii) は次元 $\nu - 1$ の任意の閉直方体の近傍で定義された解析層についてそれぞれ成立しているとする[6].

(i) 次元 ν の任意の閉直方体 E とその近傍上の局所有限な解析層 $\mathscr{F}$ をとる．座標を $z = (z_j) \in \mathbf{C}^n$ と書く．平行移動と座標の順序変更および i 倍で E は，次のように書けているとして一般性を失わない.

$$(2.4.3) \qquad E = F \times \{z_n : 0 \leq \Re z_n \leq T, \ |\Im z_n| \leq \theta\},$$
$$T > 0, \ \theta \geq 0.$$

---

5) $\mathscr{F}$ を連接層とすれば，定義により $\mathscr{R}(\underline{\sigma_1}, \ldots, \underline{\sigma_N})$ が局所有限という仮定は不要となる.

6) 同じ解析層について (i), (ii) が成立しているという仮定ではなく，それぞれが条件を満たす任意の解析層に対し成立すると仮定していることに注意.

ここで，$\theta = 0$ のときは F は次元 $\nu - 1$ の閉直方体であり，$\theta > 0$ のときは，F は次元 $\nu - 2$ の閉直方体である．

　任意に 1 点 $t \in [0, T]$ をとり $E_t := F \times \{z_n : \Re z_n = t, \ |\Im z_n| \leq \theta\}$ をとると，E_t は次元 $\nu - 1$ の閉直方体であるから (i) についての帰納法の仮定より $\mathscr{F}$ は E_t の近傍上で有限生成系をもつ．ハイネ–ボレルの定理により，ある有限分割

$$(2.4.4) \qquad\qquad 0 = t_0 < t_1 < \cdots < t_L = T$$

が存在して $E_\alpha = F \times \{z_n : t_{\alpha-1} \leq \Re z_n \leq t_\alpha, \ |\Im z_n| \leq \theta\} \ (1 \leq \alpha \leq L)$ 上の $\mathscr{F}$ の有限生成系 $\{\underline{\sigma_{\alpha j}}\}_{j=1}^{N_\alpha}$ が存在する．$E_\alpha \cap E_{\alpha+1} = E_{t_\alpha}$ は次元 $\nu - 1$ の閉直方体であるから (ii) についての帰納法の仮定より，$E_\alpha \cap E_{\alpha+1}$ 上で正則関数 a_{jk}, b_{kj} が存在して

$$\underline{\sigma_{\alpha j}} = \sum_k \underline{a_{jk}} \cdot \underline{\sigma_{\alpha+1 k}}, \quad \underline{\sigma_{\alpha+1 k}} = \sum_j \underline{b_{kj}} \cdot \underline{\sigma_{\alpha j}}$$

と書かれる．これに融合補題 2.3.15 を使うと，$E_\alpha \cup E_{\alpha+1}$ の近傍上の有限生成系を得る．

　初めに E_1 上と E_2 上の有限生成系を融合させて $E_1 \cup E_2$ 上の $\mathscr{F}$ の有限生成系を作る（図 2.4）．同じ方法でそれと E_3 上の有限生成系を融合させて $\bigcup_{\alpha=1}^{3} E_\alpha$ 上の $\mathscr{F}$ の有限生成系を作る．これを繰り返せば，$\bigcup_{\alpha=1}^{L} E_\alpha = E$

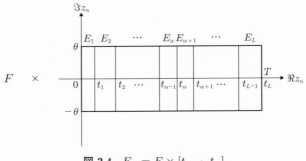

図 2.4　$E_\alpha = F \times [t_{\alpha-1}, t_\alpha]$

上の有限生成系を作ることができる.

(ii) $\mathscr{F}$ と $\{\sigma_j\}_{1 \leq j \leq N}$, $\underline{\sigma}$ を与えられたものとする. 閉直方体 E を (2.4.3) のようにとり, 同じ記号を用いる.

任意の $t \in [0, T]$ に対して E_t は次元 $\nu - 1$ の閉直方体であるから, (ii) についての帰納法の仮定より, 正則関数 $a_{tj} \in \mathscr{O}(E_t)$ が存在して,

$$\underline{\sigma} = \sum_{j=1}^{N} a_{tj} \cdot \sigma_j \quad (E_t \text{ 上})$$

と書かれる. (i) での議論と同様にして, 有限分割 (2.4.4) (図 2.4 を参照) が存在して各 E_α 上に正則関数 $a_{\alpha j}$ があって

$$(2.4.5) \qquad \underline{\sigma} = \sum_{j} a_{\alpha j} \cdot \sigma_j \quad (E_\alpha \text{上})$$

と表される. $\mathscr{R} := \mathscr{R}((\sigma_j)_j)$ を $(\sigma_j)_j$ による関係層とすると, 仮定より $\mathscr{R}$ は局所有限である. E_α と隣り合う $E_{\alpha+1}$ をとると $E_\alpha \cap E_{\alpha+1}$ 上で

$$(2.4.6) \qquad \sum_{j} (a_{\alpha j} - a_{\alpha+1 j}) \cdot \sigma_j = 0$$

である. したがって,

$$(2.4.7) \qquad (b_{\alpha j})_j := (a_{\alpha j} - a_{\alpha+1 j})_j \in \Gamma(E_\alpha \cap E_{\alpha+1}, \mathscr{R}).$$

$\mathscr{R}$ は局所有限であるから, $\dim E = \nu$ の場合の上の (i) の結果より $\mathscr{R}$ は E の近傍上で有限生成系 $\{\tau_h\}$ をもつ. 再び $E_\alpha \cap E_{\alpha+1}$ は次元 $\nu - 1$ の閉直方体であるから, (ii) についての帰納法の仮定より $c_{\alpha h} \in \mathscr{O}(E_\alpha \cap E_{\alpha+1})$ が存在して

$$(2.4.8) \qquad (b_{\alpha j})_j = \sum_{h} c_{\alpha h} \cdot \tau_h \quad (E_\alpha \cap E_{\alpha+1} \text{上}).$$

$E_\alpha \cap E_{\alpha+1} = F \times \{z_n : \Re z_n = t_\alpha, |\Im z_n| \leq \theta\}$ であるが, $\delta > 0$ を十分小さくとれば

$$F \times \{z_n : \Re z_n = t_\alpha, \ |\Im z_n| \le \theta + \delta\}$$

上で (2.4.8) は成立している．z_n 平面上の線分 $\ell_\alpha = \{z_n : \Re z_n = t_\alpha,$ $|\Im z_n| \le \theta + \delta\}$（向きは，$\Im z_n$ が増加する向き）に関する $c_{\alpha h}$ のクザン積分 (1.2.7) を考える．そのクザン分解を

$$d_{\alpha h} \in \mathscr{O}(E_\alpha), \quad d_{\alpha+1 h} \in \mathscr{O}(E_{\alpha+1}),$$

(2.4.9) $\qquad c_{\alpha h} = d_{\alpha h} - d_{\alpha+1 h} \quad (E_\alpha \cap E_{\alpha+1} \ 上)$

とする（補題 1.2.10 を参照）．以上，(2.4.7)〜(2.4.9) より，

$$(\underline{a_{\alpha j}} - \underline{a_{\alpha+1 j}})_j = \sum_h (\underline{d_{\alpha h}} - \underline{d_{\alpha+1 h}}) \underline{\tau_h}$$

となる．$\underline{\tau_h} = (\underline{\tau_{hj}})\ (\tau_{hj} \in \mathscr{O}(E))$ と成分で書けば，$E_\alpha \cap E_{\alpha+1}$ 上で

$$a_{\alpha j} - \sum_h d_{\alpha h} \tau_{hj} = a_{\alpha+1 j} - \sum_h d_{\alpha+1 h} \tau_{hj}$$

が成立している．この左辺は $\mathscr{O}(E_\alpha)$ の元であり右辺は $\mathscr{O}(E_{\alpha+1})$ の元であるから，これは元 $\tilde{a}_{\alpha j} \in \mathscr{O}(E_\alpha \cup E_{\alpha+1})$ を定める．$\underline{\tau_h}$ は $\mathscr{R}$ の切断であったから

$$\underline{\sigma} = \sum_j \tilde{a}_{\alpha j} \, \underline{\sigma_j} \quad (E_\alpha \cup E_{\alpha+1} 上)$$

を得る．これを E_α 上の $\underline{\sigma}$ の表示式 (2.4.5) と $E_{\alpha+1}$ 上の $\underline{\sigma}$ の表示式 ((2.4.5) で $\alpha+1$ としたもの）を貼り合わせた $E_\alpha \cup E_{\alpha+1}$ 上の $\underline{\sigma}$ の表示式と呼ぶことにする．

　まず，$\alpha = 1$ で，E_1 上の $\underline{\sigma}$ の表示式と E_2 上の $\underline{\sigma}$ の表示式を貼り合わせて，$E_1 \cup E_2$ 上の $\underline{\sigma}$ の表示式を作る．それと，E_3 上の $\underline{\sigma}$ の表示式を貼り合わせて，$E_1 \cup E_2 \cup E_3$ 上の $\underline{\sigma}$ の表示式を作る．これを $\alpha = L - 1$ まで繰り返せば，$E = E_1 \cup \cdots \cup E_L$ 上の $\underline{\sigma}$ の表示式 (2.4.2) を得る．

　これで，帰納法の証明が完了した． ∎

定理 2.4.10（幾何学的シジジー）　S を閉直方体 $E \subset \mathbf{C}^n$ の近傍の複素部

分多様体とする.

(i) $\mathscr{I}\langle S \rangle$ は，E 上で有限生成系をもつ.

(ii) $\{\sigma_j\}_{1 \leq j \leq N}$ $(\sigma_j \in \mathscr{O}(E))$ を E 上の $\mathscr{I}\langle S \rangle$ の有限生成系とする．このとき，任意の $\underline{\sigma} \in \Gamma(E, \mathscr{I}\langle S \rangle)$ $(\sigma \in \mathscr{O}(E))$ に対し E 上の正則関数 $a_j \in \mathscr{O}(E), 1 \leq j \leq N$ があって

(2.4.11)
$$\sigma = \sum_{j=1}^{N} a_j \cdot \sigma_j \quad (E \text{ 上})$$

と表される.

証明 弱連接定理 2.2.17 と岡シジジー補題 2.4.1 による. ∎

注意 2.4.12 (i) 岡シジジー補題 2.4.1 の証明では，クザン分解（クザン積分）を用いた閉直方体の次元に関する帰納法が大変有効であった．この帰納法は，今後要所で繰り返し使われるので名前を付けておくと便利である．ここでは，**直方体次元帰納法**と呼ぶことにする.

(ii) 岡シジジー補題 2.4.1 は，実は連接層に対して成立するもので，その方が命題文もスッキリする（[23] 補題 4.3.6 参照）.

(iii) 岡シジジー補題 2.4.1 の初めの主張 (i) で示された有限生成系を $\{\underline{\sigma_j}\}_{j=1}^{l}$ とする．写像

$$\phi : (\underline{a_j}_x) \in \mathscr{O}_x^l \longrightarrow \sum_{j=1}^{l} \underline{a_j}_x \cdot \underline{\sigma_j}_x \in \mathscr{F}_x$$

は全射となり，像がゼロ元となる条件

$$\sum_{j=1}^{l} \underline{a_j}_x \cdot \underline{\sigma_j}_x = 0$$

で決まる．E のある近傍 V 上の関係層 $\mathscr{R}_V$ ができる．$\iota : \mathscr{R}_V \hookrightarrow \mathscr{O}_V^l$ を集合の包含写像とすると，$\iota(\mathscr{R}_V) = \operatorname{Ker}\phi := \phi^{-1}0$ （核と呼ばれる）が成立する．このことを，写像列

$$\mathscr{R}_V \overset{\iota}{\longrightarrow} \mathscr{O}_V^l \overset{\phi}{\longrightarrow} \mathscr{F}|_V$$

は，**完全列**であるという．$\mathscr{F}|_V \to 0$ を零写像とすると，ϕ は全射で
あるから，写像列

$$\mathscr{O}_V^l \overset{\phi}{\longrightarrow} \mathscr{F}|_V \longrightarrow 0$$

は完全列であることになる．したがって，二つの完全列を合わせた次
の写像列（これも完全列と呼ばれる）を得る：

$$\mathscr{R}_V \overset{\iota}{\longrightarrow} \mathscr{O}_V^l \overset{\phi}{\longrightarrow} \mathscr{F}|_V \longrightarrow 0.$$

この完全列が $\mathscr{F}|_V$ の**シジジー**（syzyzy，朔望（天文））と呼ばれる
ものである（"syzyzy" という用語は，D. ヒルベルト（Hilbert）に
よる）．

2.4.2 — 岡の上空移行

岡の上空移行の原理の鍵となるのが次の定理である．

定理 2.4.13（上空移行定理） $S \subset \mathrm{P}\Delta$ を複素部分多様体とする．任意の
$f \in \mathscr{O}(S)$ に対してある $F \in \mathscr{O}(\mathrm{P}\Delta), F|_E = f$ が存在する．つまり，次は
完全列である．

$$\mathscr{O}(\mathrm{P}\Delta) \ni F \longmapsto F|_S \in \mathscr{O}(S) \longrightarrow 0.$$

証明 リーマンの写像定理 1.3.9 により，$\mathrm{P}\Delta$ は開直方体 P であるとしてよ
い．ここでは，直方体といえば，その辺は座標（実・虚）軸に平行であるも
のとする．

（イ）初めに，問題を準大域的，つまり任意のコンパクト部分集合の近傍
で解くことを考える．証明法は，"直方体次元帰納法" による．

補題 2.4.14（上空移行補題） $E \Subset \mathrm{P}$ を任意の閉直方体とする．E の近傍
W が存在して任意の $g \in \mathscr{O}(W \cap S)$ に対し，ある $G \in \mathscr{O}(E)$ が存在して，
$E \cap S \, (\Subset S)$ 上への制限について

$$G|_{E \cap S} = g|_{E \cap S}$$

が成立する（等号は, $E \cap S$ の複素部分多様体 S 内におけるある近傍上成立することを意味する）. G を E 上の "**解**" と呼ぶ.

∵） 直方体次元帰納法による.

(a) $\dim E = 0$ の場合. E は 1 点 $a \in \mathrm{P}$ からなる. a において近傍 $W \ni a$ と局所座標を (2.2.18) のようにとる. 任意の $g(w_{k+1}, \ldots, w_n) \in \mathscr{O}(W \cap S)$ に対し

$$G(w_1, \ldots, w_{k+1}, \ldots, w_n) = g(w_{k+1}, \ldots, w_n) \in \mathscr{O}(W)$$

とおけば, 求めるものになっている.

(b) $\dim E = \nu - 1$ $(\nu \geq 1)$ で成立しているとして $\dim E = \nu$ の場合. 幾何学的シジジー定理 2.4.10 (i) により, E の近傍 W があって, $\mathscr{I}\langle S \rangle$ は W 上有限生成系 $\{\sigma_j\}_{j=1}^N$ をもつ.

E は, (2.4.3) のようにとれているとして一般性を失わない. 以下, E_t, E_α 等の記号も (2.4.3) 以降に使われたものと同じとする. $\dim E_t = \nu - 1$ であるから, 帰納法の仮定より E_t 上の解 G_t が存在する（$G_t|_{S \cap E_t} = g|_{S \cap E_t}$ が成立）. ハイネ–ボレルの定理よりある分割 (2.4.4) と各 E_α の近傍上の正則関数 $G_\alpha \in \mathscr{O}(E_\alpha)$ が存在して

$$G_\alpha|_{S \cap E_\alpha} = g|_{S \cap E_\alpha}.$$

したがって, $G_{\alpha+1} - G_\alpha \in \Gamma(E_\alpha \cap E_{\alpha+1}, \mathscr{I}\langle S \rangle)$ を得る. 幾何学的シジジー定理 2.4.10 (ii) により, $a_{\alpha j} \in \mathscr{O}(E_\alpha \cap E_{\alpha+1})$ $(1 \leq j \leq N)$ が存在して

$$(2.4.15) \qquad G_{\alpha+1} - G_\alpha = \sum_{j=1}^N a_{\alpha j} \sigma_j \quad (E_\alpha \cap E_{\alpha+1} \text{ 上}).$$

$a_{\alpha j}$ をクザン分解 (1.2.11) して,

$$(2.4.16) \qquad a_{\alpha j} = b_{\alpha j} - b_{\alpha+1 j}, \quad b_{\alpha j} \in \mathscr{O}(E_\alpha),\ b_{\alpha+1 j} \in \mathscr{O}(E_{\alpha+1})$$

と表す. すると

$$(2.4.17) \qquad G_\alpha + \sum_{j=1}^{N} b_{\alpha j}\sigma_j = G_{\alpha+1} + \sum_{j=1}^{N} b_{\alpha+1 j}\sigma_j \quad (E_\alpha \cap E_{\alpha+1} \text{ 上}).$$

この左辺は $\mathscr{O}(E_\alpha)$ の元であり右辺は $\mathscr{O}(E_{\alpha+1})$ の元であるから $E_\alpha \cup E_{\alpha+1}$ 上の解が得られた. これを E_α 上の解 G_α と $E_{\alpha+1}$ 上の解 $G_{\alpha+1}$ を貼り合わせた解と呼ぶ.

$\alpha = 1$ より順に, G_1 と G_2 を貼り合わせて $E_1 \cup E_2$ 上の解 H_2 を得る. H_2 と G_3 を貼り合わせて $E_1 \cup E_2 \cup E_3$ 上の解 H_3 を作る. これを $\alpha = L-1$ まで繰り返せば, $E = \bigcup_{\alpha=1}^{L} E_\alpha$ 上の解 H_L を得る. $G = H_L$ とおけばよい. $\qquad\qquad\qquad\qquad\qquad\qquad\qquad\qquad\qquad\qquad\qquad\qquad\square$

(ロ) P の開直方体による増大被覆

$$\mathrm{P}_1 \Subset \mathrm{P}_2 \Subset \cdots \Subset \mathrm{P}_\mu \Subset \cdots, \qquad \bigcup_{\mu=1}^{\infty} \mathrm{P}_\mu = \mathrm{P}$$

をとる. 幾何学的シジジー定理 2.4.10 (i) により, 閉直方体 $\overline{\mathrm{P}}_\mu$ 上の $\mathscr{I}\langle S \rangle$ の有限生成系 $\{\sigma_{\mu j}\}_{j=1}^{N_\mu}$ がある.

与えられた $f \in \mathscr{O}(S)$ に対し, 補題 2.4.14 により, 各 $\overline{\mathrm{P}}_\mu$ 上の解 G_μ が存在する.

$F_1 = G_1$ $(\in \mathscr{O}(\overline{\mathrm{P}}_1))$ とし, 解 $F_j \in \mathscr{O}(\overline{\mathrm{P}}_j), 1 \le j \le \mu$ までが

$$(2.4.18) \qquad \|F_{j-1} - F_j\|_{\overline{\mathrm{P}}_{j-1}} < \frac{1}{2^{j-1}}, \quad 2 \le j \le \mu$$

を満たすように決まったとする. $G_{\mu+1} - F_\mu \in \Gamma(\overline{\mathrm{P}}_\mu, \mathscr{I}\langle S \rangle)$ であるから, 幾何学的シジジー定理 2.4.10 (ii) により $h_j \in \mathscr{O}(\overline{\mathrm{P}}_\mu)$ $(1 \le j \le N_{\mu+1})$ が存在して

$$G_{\mu+1} - F_\mu = \sum_{j=1}^{N_{\mu+1}} h_j \sigma_{\mu+1 j} \quad (\overline{\mathrm{P}}_\mu \text{上}).$$

近似定理 1.2.2 により h_j を $\overline{\mathrm{P}}_\mu$ 上多項式 $\tilde{h}_j$ で十分近似すれば,

$$\left\| \sum_{j=1}^{N_{\mu+1}} (h_j - \tilde{h}_j)\sigma_{\mu+1 j} \right\|_{\overline{\mathrm{P}}_\mu} < \frac{1}{2^\mu}$$

とできる.

$$F_{\mu+1} = G_{\mu+1} - \sum_{j=1}^{N_{\mu+1}} \tilde{h}_j \sigma_{\mu+1j} \in \mathscr{O}(\overline{\mathrm{P}}_{\mu+1})$$

とおく. $\sigma_{\mu+1j}$ は S 上に制限すると 0 であるから, $F_{\mu+1}$ は $\overline{\mathrm{P}}_{\mu+1}$ 上の解であり, $j = \mu+1$ とした $(2.4.18)$ を満たす.

極限

$$F = \lim_{\mu \to \infty} F_\mu = F_1 + \sum_{j=1}^{\infty} (F_{j+1} - F_j)$$

$$= F_\mu + \sum_{j=\mu}^{\infty} (F_{j+1} - F_j), \qquad \forall \mu \geq 1$$

は広義一様収束し $F \in \mathscr{O}(\mathrm{P})$ となり, $F|_S = f$ を満たす. ∎

【ノート】　§2.3 の H. カルタンの結果は, [6] (1940) による. その頃, 第 2 次世界大戦・大東亜戦争が始まり, 国内・外の情報交換はしばらく途絶える. その間, 岡の研究は, 3 大問題の解決（未発表論文, 1943）やその後の連接層（不定域イデアル）の概念の発見と証明 (1948; [30], [31], [32] VII, VIII) など, 長足の進展をみた.

問　題

1. 補題 2.3.5 において E', E'', U で決まる正定数 η, C と, E' を内部に含む閉直方体近傍 $\tilde{E}'$, および E'' を内部に含む閉直方体近傍 $\tilde{E}''$ が $\tilde{E}' \cap \tilde{E}'' \subset U$ を満たすように存在して, $A = \mathbf{1}_p - B$ と書くとき, $\|B\|_U \leq \eta$ ならば $A' = \mathbf{1}_p - B', A'' = \mathbf{1}_p - B''$ を

$$A(z) = A'(z)A''(z), \quad z \in \tilde{E}' \cap \tilde{E}'',$$

$$\max\{\|B'\|_{\tilde{E}'}, \|B''\|_{\tilde{E}''}\} \leq C\|B\|_U$$

を満たすようにとることができることを示せ.

2. 1 次元の場合の $\mathscr{O}_{\mathbf{C}}$ は連接層であることを示せ.

3. $z \in \mathbf{C}$ のベクトル値正則関数 $(f_1(z), f_2(z))$ が

$$f_1(z) \sin z + f_2(z) \cos z = 1$$

を満たすならば, ある整関数 $g(z) \in \mathscr{O}(\mathbf{C})$ があって,

$$(f_1(z), f_2(z)) = (\sin z, \cos z) + g(z)(\cos z, -\sin z)$$

と表されることを示せ.

4. 原点を中心とする多重半径 $r = (r_1, \ldots, r_n)$ の多重円板 $\mathrm{P}\Delta(0; r)$ 上の有界正則関数 $f \in \mathscr{O}(\mathrm{P}\Delta(0; r))$, $|f| \leq M$ を考える ($M \in \mathbf{R}_+$ は定数). $f(0) = 0$ ならばある $g_j \in \mathscr{O}(\mathrm{P}\Delta(0; r))$ $(1 \leq j \leq n)$ が存在して, $|g_j| \leq 2M/r_j$ かつ

$$f(z) = \sum_{j=1}^{n} z_j g_j(z)$$

と表されることを証明せよ.

5. 領域 $\Omega \subset \mathbf{C}^n$ 上の有限個の正則関数 f_j, $1 \leq j \leq q$ が与えられ, 任意の $z \in \Omega$ に対し必ずある f_j が存在して $f_j(z) \neq 0$ であるとする. このとき, 関係層 $\mathscr{R}(\underline{f_1}, \ldots, \underline{f_q})$ は, 局所有限で自明解

$$\underline{T_{ij}} = (0, \ldots, 0, \overset{i\text{番目}}{-\underline{f_j}}, 0, \ldots, 0, \overset{j\text{番目}}{\underline{f_i}}, 0, \ldots, 0), \quad 1 \leq i < j \leq q$$

によって生成されることを示せ.

6. 前問の状況で, 閉直方体 $E \subset \Omega$ が与えられているとする. このとき, 正則関数 $c_j \in \mathscr{O}(E)$, $1 \leq j \leq q$ が存在して

$$c_1(z) f_1(z) + \cdots + c_q(z) f_q(z) = 1, \qquad z \in E$$

が成立することを示せ.

7. (a) 記号は前問と同じとして, さらに Ω を多重円板 $\mathrm{P}\Delta$ とすると, 正

則関数 $b_j \in \mathscr{O}(\mathrm{P}\Delta),\ 1 \le j \le q$ が存在して

$$b_1(z)f_1(z) + \cdots + b_q(z)f_q(z) = 1, \qquad z \in \mathrm{P}\Delta$$

が成立することを示せ（H. カルタン [6] §7）.

(b)　前問 (a) を正則領域 Ω に対して証明せよ.

第3章

正則(凸)領域とクザン問題

本章の目的は 3 大問題の内の初めの二つを解決することである.
まず問題の土台となる正則領域を定義する. つぎに正則凸領域の
概念を導入し, それらの間の同値性を証明する（カルタン–トゥー
レン）. 上空移行を用いて, まず近似の問題を解決する. 次に連続
クザン問題を定式化し, 正則領域上でそれが解決可能であることを
証明する. それを用いてクザン I・II 問題を解く. 同じ方法で $\bar{\partial}$ 方
程式と補間問題の解の存在を示す. 最後に, それらの結果が不分岐
リーマン領域上で成立することを示す.

3.1　定義と基本的性質

§1.1.6 において, $n \geq 2$ ならば $\mathbf{C}^n$ の領域 Ω の形状により, ハルトークス
現象が起こることを見た. 解析接続の観点から極大な領域を考えるのは必然
である.

定義 3.1.1（正則領域）　Ω が**正則領域**であるとは, ハルトークス現象が起こ
らない領域のことである. つまり, 定義 1.1.48 にあるような V と $g \in \mathscr{O}(V)$
が存在しない領域をいう.

注意 3.1.2　$n = 1$ の場合には, 注意 1.1.50 より $\mathbf{C}$ の任意の領域は, 正則
領域である. したがって, $\mathbf{C}^n$ の柱状領域 $\Omega = \prod \Omega_j$ $(\Omega_j \subset \mathbf{C})$ は正則領域
である.

正則領域の概念は, 全ての $f \in \mathscr{O}(\Omega)$ を考慮するが, 一つの $f \in \mathscr{O}(\Omega)$ に
ついて, Ω が解析接続に関する極大領域になっている場合もある. その場
合, Ω を正則（解析）関数 $f(z)$ の**存在域**と呼ぶ（多価関数を扱う一般の場

合は §3.6 を参照).

一般に,与えられた領域が正則領域かどうかを判定することは,その定義からして難しい.これを内部からの性質で特徴付けようとするのが次の正則凸性の概念である.

$\Omega \subset \mathbf{C}^n$ を領域とする.部分集合 $A \subset \Omega$ に対し Ω での(または,$\mathscr{O}(\Omega)$ に関する)**正則凸包** $\hat{A}_\Omega$ を次で定義する.

$$(3.1.3) \qquad \hat{A}_\Omega = \{z \in \Omega : |f(z)| \leq \|f\|_A, \ \forall f \in \mathscr{O}(\Omega)\}.$$

$A = \hat{A}_\Omega$ のとき,A は(Ω 内の)**正則凸集合**であるという.

$z = (z_1, \ldots, z_n)$ を $\mathbf{C}^n$ の自然な座標とし,その多項式全体を $\mathbf{C}[z_1, \ldots, z_n]$ とする.部分集合 $A \subset \mathbf{C}^n$ の**多項式凸包**を次のように定義する.

$$(3.1.4) \qquad \hat{A}_{\mathrm{poly}} = \{z \in \mathbf{C}^n : |P(z)| \leq \|P\|_A, \ \forall P \in \mathbf{C}[z_1, \ldots, z_n]\}.$$

もちろん,$A \subset \hat{A}_\Omega \subset \hat{A}_{\mathrm{poly}}$ である.$A = \hat{A}_{\mathrm{poly}}$ のとき,A は**多項式凸集合**であるという.

定義 3.1.5 (i) Ω が**多項式凸領域**であるとは,任意の $K \Subset \Omega$ に対し $\hat{K}_{\mathrm{poly}} \Subset \Omega$ となることである.

(ii) $\Omega \subset \mathbf{C}^n$ が**正則凸領域**であるとは,任意の $K \Subset \Omega$ に対し $\hat{K}_\Omega \Subset \Omega$ となることである.

例 3.1.6 以下は,最大値原理(定理 1.1.45)より容易にわかる.

(i) $\mathbf{C}^n$ 自身や多重円板 $\mathrm{P}\Delta(a; (r_j))$ は,多項式凸領域であり,正則凸領域の代表的例である.また,$A \subset \mathbf{C}^n$ が有界ならば,常に $\hat{A}_{\mathrm{poly}}$ も有界である.

(ii) ハルトークス領域 Ω_{H}((1.1.58) を参照)は,正則凸ではない(定理 1.1.59).

(iii) $\mathbf{R}^n = \{(z_j) \in \mathbf{C}^n : \Im z_j = 0, \ 1 \leq j \leq n\}$ とおくとき,$\mathbf{C}^n \setminus \mathbf{R}^n$ や $\mathrm{P}\Delta(0; (r_j)) \setminus \mathbf{R}^n$ は正則凸ではない(定理 1.1.51).

(iv) 定理 1.1.57 の記号の下で,$\mathbf{C}^n \setminus S$ や $\mathrm{P}\Delta(0; (r_j)) \setminus S$ は正則凸でない.

命題 3.1.7　　(i)　コンパクト部分集合 $K \Subset \mathbf{C}^n$ に対し, $\hat{K}_{\mathrm{poly}} = \hat{K}_{\mathbf{C}^n}$.

(ii)　コンパクト凸集合は, 多項式凸集合である.

(iii)　領域 Ω が凸ならば, 多項式凸領域である.

(iv)　領域 $\Omega_j \subset \mathbf{C}^{n_j}$ $(1 \leq j \leq l)$ が凸, または多項式凸領域, または正則凸領域ならば, それに応じて直積領域 $\prod_{j=1}^{l} \Omega_j$ も同じ凸性を満たす.

(v)　任意の平面領域 $\Omega \subset \mathbf{C}$ は, 正則凸領域である. したがって, 任意の柱状領域 $\prod_{i=1}^{n} \Omega_i$ $(\Omega_i \subset \mathbf{C})$ は正則凸領域である.

(vi)　Ω を領域, $K \Subset \Omega$ をコンパクト部分集合とする. $\Omega \setminus K$ の Ω 内相対コンパクトな連結成分の全てと K の和集合を $\widetilde{K}$ とすると,

$$(3.1.8) \qquad\qquad \widetilde{K} \subset \hat{K}_\Omega.$$

特に, Ω が正則凸領域ならば $\Omega \setminus \hat{K}_\Omega$ に Ω 内相対コンパクトな連結成分は存在しない.

証明　(i) 定義より $\hat{K}_{\mathrm{poly}} \supset \hat{K}_{\mathbf{C}^n}$. 任意の $f \in \mathscr{O}(\mathbf{C}^n)$ は, $\mathbf{C}^n$ で広義一様絶対収束する巾級数に展開される:

$$f(z) = \sum_{\alpha \in \mathbf{Z}_+^n} c_\alpha z^\alpha.$$

したがって, $\mathbf{C}^n$ の任意のコンパクト集合上 $f(z)$ は, 多項式で一様近似されるので, $\hat{K}_{\mathrm{poly}} \subset \hat{K}_{\mathbf{C}^n}$ がわかる.

(ii) $A \Subset \mathbf{C}^n$ をコンパクト凸集合とする. 任意に $b \in \mathbf{C}^n \setminus A$ をとる. (i) より $f \in \mathscr{O}(\mathbf{C}^n)$ で $|f(b)| > \|f\|_A$ を満たすものが存在することを示せばよい. 座標を $z_j = x_j + iy_j$ $(1 \leq j \leq n)$ とすると, 凸性の条件より

$$L(z) = L(x_1, y_1, \ldots, x_n, y_n) = \sum_{j=1}^{n} (a_j x_j + b_j y_j), \quad a_j, b_j \in \mathbf{R},$$

$$(3.1.9) \quad L(b) > \max\{L(z) : z \in A\}$$

を満たす実線形汎関数 $L(z)$ をとることができる. $L_0(z) = \sum_{j=1}^{n} (a_j - ib_j)z_j$ とおくと, これは正則で

$$L(z) = \Re L_0(z)$$

となる．$|e^{L_0(z)}| = e^{L(z)}$ である．$f(z) = e^{L_0(z)} \in \mathscr{O}(\mathbf{C}^n)$ とおくと (3.1.9) より

$$|f(b)| > \|f\|_A.$$

(iii) これは，(ii) より直ちに従う．

(iv) これも明らかであろう．

(v) 領域 $\Omega \subset \mathbf{C}$ をとる．$\Omega = \mathbf{C}$ ならば，正則凸領域である（例 3.1.6）．$\Omega \neq \mathbf{C}$ として，任意にコンパクト部分集合 $K \Subset \Omega$ をとる．$b \in \partial\Omega$ をとり，$f(z) = 1/(z-b) \in \mathscr{O}(\Omega)$ を考えると，

$$|f(z)| \leq \|f\|_K, \quad \forall z \in \hat{K}_\Omega,$$
$$|z - b| \geq \min\{|a - b| : a \in K\}, \ \forall z \in \hat{K}_\Omega.$$

したがって，

$$\min\{|z - b| : z \in \hat{K}_\Omega, \ b \in \partial\Omega\} = \min\{|z - b| : z \in K, \ b \in \partial\Omega\} > 0.$$

よって，$\hat{K}_\Omega \Subset \Omega$ となる．

(vi) 任意の連結成分 $U \subset \Omega \setminus K$ をとる．$U \Subset \Omega$ であったとすると，$\partial U \subset K$．最大値原理（定理 1.1.45）により，任意の $a \in U$ と $f \in \mathscr{O}(\Omega)$ に対して

$$|f(a)| \leq \|f\|_{\partial U} \leq \|f\|_K.$$

よって，$a \in \hat{K}_\Omega$．したがって，$U \subset \hat{K}_\Omega$，$\widetilde{K} \subset \hat{K}_\Omega$ となる． ∎

系 3.1.10 K を領域 $\Omega \subset \mathbf{C}$ のコンパクト部分集合とすると，$\Omega \setminus \hat{K}_\Omega$ の任意の連結成分は Ω 内相対コンパクトではない．

注意 3.1.11 一変数の場合，(3.1.8) において，実は等号

$$\widetilde{K} = \hat{K}_\Omega$$

が成立する．関心を持たれた読者は，例えば [22] 第 7 章 §1 などを参照されたい．

例 3.1.12　開球 B$(a; r)$ は多項式凸領域である（命題 3.1.7 (iii) より）．

3.2　カルタン–トゥーレンの定理

　本節では，正則領域と正則凸領域が同じものであることを示す．この結果は，H. カルタンと P. トゥーレンによる 1932 年の共著論文で示されたもので，岡が 3 大問題[1]に取り組む前に得られていた．近似（関数の展開）問題とクザン問題は正則領域に対し設定された問題であるが，岡が解決したのは実質上，正則凸領域に対してである．したがって，それらを正則凸領域に対して述べることにすれば，本節の結果は特に必要とはしない．それが有効的に使われるのは，次章の擬凸問題の解決の中であることは注意しておこう．

　$r = (r_j) = (r_1, \ldots, r_n), r_j > 0$ とし，原点 0 を中心とし多重半径 $r = (r_j)$ の多重円板 $\mathrm{P}\Delta = \mathrm{P}\Delta(0; (r_j))$ を一つ固定する．$s > 0$ に対し

$$sP\Delta = s \cdot P\Delta = P\Delta(0; (sr_j))$$

とおく．$\Omega \subset \mathbf{C}^n$ を領域とし

(3.2.1)　　　$\delta_{\mathrm{P}\Delta}(z, \partial\Omega) = \sup\{s > 0 : z + s\mathrm{P}\Delta \subset \Omega\} (> 0), \quad z \in \Omega,$

　　　　　　　$\|z\|_{\mathrm{P}\Delta} = \inf\{s > 0 : z \in s\mathrm{P}\Delta\} \geq 0, \quad z \in \mathbf{C}^n$

とおく．$\delta_{\mathrm{P}\Delta}(z, \partial\Omega)$ を $\mathrm{P}\Delta$ に関する Ω の**境界距離関数**と呼ぶ．簡単な計算により，$\|z\|_{\mathrm{P}\Delta}$ はノルムの公理を満たし，

(3.2.2)　　　$|\delta_{\mathrm{P}\Delta}(z, \partial\Omega) - \delta_{\mathrm{P}\Delta}(z', \partial\Omega)| \leq \|z - z'\|_{\mathrm{P}\Delta}, \quad z, z' \in \Omega.$

　$\|z\|$ を (1.1.1) で定義されたユークリッドノルムとすると，ある定数 $C > 0$

---

1)　"まえがき" の初めの部分を参照．

があって

$$C^{-1}\|z\| \leq \|z\|_{\mathrm{P\Delta}} \leq C\|z\|$$

が成立するから，(3.2.2) により $\delta_{\mathrm{P\Delta}}(z, \partial\Omega)$ は連続関数である．

以上の記号 $\delta_{\mathrm{P\Delta}}(\star, \dagger)$ の定義において，多重円板 $\mathrm{P\Delta}$ を原点中心の球 $\mathrm{B}(R)$ に置き換えて同様に定義したものを $\delta_{\mathrm{B}(R)}(\star, \dagger)$ で表す．$R = 1$ の場合の $\delta_{\mathrm{B}}(\star, \dagger)$ はユークリッドノルム $\|\cdot\|$ に関する境界距離関数（(3.3.19) 参照）に他ならない．

部分集合 $A \subset \Omega$ に対して次のようにおく．

$$(3.2.3) \qquad \delta_{\mathrm{P\Delta}}(A, \partial\Omega) = \inf\{\delta_{\mathrm{P\Delta}}(z, \partial\Omega) : z \in A\}.$$

$A \Subset \Omega$ ならば，$\delta_{\mathrm{P\Delta}}(A, \partial\Omega) > 0$ である．

補題 3.2.4 $f \in \mathscr{O}(\Omega)$ とコンパクト部分集合 $K \Subset \Omega$ に対し

$$(3.2.5) \qquad |f(z)| \leq \delta_{\mathrm{P\Delta}}(z, \partial\Omega), \quad z \in K$$

と仮定する．任意の $\xi \in \widehat{K}_\Omega$ で任意の $u \in \mathscr{O}(\Omega)$ を巾級数展開する：

$$(3.2.6) \qquad u(z) = \sum_\alpha \frac{\partial^\alpha u(\xi)}{\alpha!}(z - \xi)^\alpha.$$

すると，これは $z \in \xi + |f(\xi)| \cdot \mathrm{P\Delta}$ で収束する．

証明 $0 < t < 1$ を任意に止め

$$\begin{aligned}
\Omega_t &= \{(z_j) : \exists\, w \in K,\ |z_j - w_j| \leq tr_j|f(w)|,\ 1 \leq j \leq n\} \\
&\subset \bigcup_{w \in K} \{(z_j) : (z_j) \in (w_j) + t\delta_{\mathrm{P\Delta}}(w, \partial\Omega) \cdot \overline{\mathrm{P\Delta}}\}
\end{aligned}$$

とおくと，これは Ω 内でコンパクトである．したがって，ある $M > 0$ があって $|u(z)| \leq M,\ z \in \Omega_t$ が成立する．これより偏導関数の評価をする．$\alpha = (\alpha_j) \in \mathbf{Z}_+^n$ とする．$w \in K$ として，$\rho_j > 0$ は現れる変数が Ω 内に収まるように小さくとることとして，次が成立する．

$$u(z) = \left(\frac{1}{2\pi i}\right)^n \int \cdots \int_{|\xi_j - w_j| = \rho_j} \frac{u(\xi)}{\prod_j (\xi_j - z_j)} \, d\xi_1 \cdots d\xi_n,$$

$$\partial^\alpha u(z)$$
$$= \left(\frac{1}{2\pi i}\right)^n \alpha! \int \cdots \int_{|\xi_j - w_j| = \rho_j} \frac{u(\xi)}{(\xi_1 - z_1)^{\alpha_1 + 1} \cdots (\xi_n - z_n)^{\alpha_n + 1}} \, d\xi_1 \cdots d\xi_n.$$

$f(w) \neq 0$ とする. $z = w,\ \rho_j = t r_j |f(w)|$ とおく. $\rho = (\rho_j)$ として

$$|\partial^\alpha u(w)| \leq \frac{\alpha! M}{\rho^\alpha} = \frac{\alpha! M}{t^{|\alpha|} |f(w)|^{|\alpha|} r^\alpha},$$

$$\frac{|\partial^\alpha u(w)| t^{|\alpha|} |f(w)|^{|\alpha|} r^\alpha}{\alpha!} \leq M, \quad w \in K.$$

最後の式は, $f(w) = 0$ のときは, 自明に成立している. 変形して, 次を得る.

$$\left| f(w)^{|\alpha|} \partial^\alpha u(w) \right| \leq \frac{\alpha! \cdot M}{t^{|\alpha|} r^\alpha}, \quad w \in K.$$

$f(w)^{|\alpha|} \partial^\alpha u(w) \in \mathscr{O}(\Omega)$ なので $\widehat{K}_\Omega$ の定義より

$$\left| f(w)^{|\alpha|} \partial^\alpha u(w) \right| \leq \frac{\alpha! M}{t^{|\alpha|} r^\alpha}, \quad w \in \widehat{K}_\Omega.$$

$w = \xi \in \widehat{K}_\Omega$ として (3.2.6) は $z \in \xi + |f(\xi)| t \cdot \mathrm{P}\Delta$ について収束する. $t \nearrow 1$ として (3.2.6) は $z \in \xi + |f(\xi)| \cdot \mathrm{P}\Delta$ で収束する. ∎

補題 3.2.7 (カルタン–トゥーレン) $\Omega \subset \mathbf{C}^n$ を正則領域とする. $f \in \mathscr{O}(\Omega)$, $K \Subset \Omega$ をコンパクトとする. $\delta(z, \partial\Omega)$ で $\delta_{\mathrm{P}\Delta}(z, \partial\Omega)$ または $\delta_{\mathrm{B}(R)}(z, \partial\Omega)$ のどちらかを表すものとする.

$$(3.2.8) \qquad |f(z)| \leq \delta(z, \partial\Omega), \quad z \in K$$

ならば

$$(3.2.9) \qquad |f(z)| \leq \delta(z, \partial\Omega), \quad z \in \widehat{K}_\Omega.$$

特に, $f \equiv \delta(K, \partial\Omega)$ （定数）とすると

$$(3.2.10) \qquad \delta(K, \partial\Omega) = \delta\left(\widehat{K}_\Omega, \partial\Omega\right).$$

証明 （イ）$\delta_{\mathrm{P}\Delta}(z, \partial\Omega)$ の場合. 補題 3.2.4 により, 任意の $u \in \mathscr{O}(\Omega)$ と $z \in \widehat{K}_\Omega$ に対し u は $z + |f(z)| \cdot \mathrm{P}\Delta$ で正則である. Ω は正則領域と仮定したので $z + |f(z)| \cdot \mathrm{P}\Delta \subset \Omega$ でなければならない. したがって

$$|f(z)| \leq \delta_{\mathrm{P}\Delta}(z, \partial\Omega), \quad z \in \widehat{K}_\Omega.$$

特に $f \equiv \delta_{\mathrm{P}\Delta}(K, \partial\Omega)$ ととると

$$\delta_{\mathrm{P}\Delta}(K, \partial\Omega) \leq \delta_{\mathrm{P}\Delta}\left(\widehat{K}_\Omega, \partial\Omega\right).$$

逆は, 集合の包含関係 $K \subset \widehat{K}_\Omega$ よりわかる. よって等号が成立する.

（ロ）$\delta_{\mathrm{B}(R)}(z, \partial\Omega)$ の場合. 座標の正数倍変換で $R = 1$ の場合を示せば十分である（$\mathrm{B}(1) = \mathrm{B}$ と書く）. 多重円板として特別な $\mathrm{P}\Delta = \{(z_j) \in \mathbf{C}^n : |z_j| \leq 1/\sqrt{n}\}$ をとる. $\mathrm{P}\Delta \subset \mathrm{B}$ である. 座標のユニタリー変換の全体を $U(n)$ と表すと,

$$\mathrm{B} = \bigcup_{A \in U(n)} A\mathrm{P}\Delta.$$

上の（イ）で示したことは, 座標のとり方を変えても成立していることに注意する. したがって, $\mathrm{P}\Delta$ を $A\mathrm{P}\Delta$ $(A \in U(n))$ に置き換えても成立する.

$$|f(z)| \leq \delta_{\mathrm{B}}(z, \partial\Omega), \quad z \in K$$

と仮定する. $\delta_{\mathrm{B}}(z, \partial\Omega) \leq \delta_{A\mathrm{P}\Delta}(z, \partial\Omega)$ であるから

$$|f(z)| \leq \delta_{A\mathrm{P}\Delta}(z, \partial\Omega), \quad z \in \hat{K}_\Omega, \ \forall A \in U(n).$$

ゆえに,

$$|f(z)| \leq \delta_{\mathrm{B}}(z, \partial\Omega), \quad z \in \hat{K}_\Omega$$

が成り立つ. ∎

定理 3.2.11 (カルタン-トゥーレン) 領域 $\Omega \subset \mathbf{C}^n$ について次の 3 条件は同値である.

(i) Ω は正則領域である.

(ii) ある $f \in \mathscr{O}(\Omega)$ があって, Ω は f の存在域である.

(iii) Ω は正則凸である.

証明 (i)⇒(iii)　任意にコンパクト部分集合 $K \Subset \Omega$ をとる. 定義から $\widehat{K}_\Omega$ は有界で, Ω 内の閉集合である. Ω が正則領域であるから (3.2.10) より

$$\delta_{\mathrm{P}\Delta}\left(\widehat{K}_\Omega, \partial\Omega\right) = \delta_{\mathrm{P}\Delta}(K, \partial\Omega) > 0.$$

よって, $\widehat{K}_\Omega \Subset \Omega$ がわかる.

(iii)⇒(ii)　Ω の離散点列 $\{a_j\}_{j=1}^\infty$ で Ω の内点には集積せず, $\partial\Omega$ の全ての点を集積点としているものをとる.

$$D_j = a_j + \delta_{\mathrm{P}\Delta}(a_j, \partial\Omega) \cdot \mathrm{P}\Delta \subset \Omega$$

とおく. Ω のコンパクト部分集合増大列 $K_j, j = 1, 2, \ldots$ を, K_j° でその内点集合を表すとき

$$K_j \Subset K_{j+1}^\circ, \qquad \bigcup_{j=1}^\infty K_j^\circ = \Omega$$

が成立するようにとる. とり方より全ての $j \geq 1$ について $D_j \cap (\Omega \setminus \widehat{K}_{j\Omega}) \neq \emptyset$ である. したがって $z_j \in D_j \setminus \widehat{K}_{j\Omega}$ をとれば, ある $f_j \in \mathscr{O}(\Omega)$ で次を満たすものがある.

$$\max_{K_j} |f_j| < |f_j(z_j)|.$$

f_j を $f_j(z_j)$ で割って, $f_j(z_j) = 1$ とすれば

$$\max_{K_j} |f_j| < |f_j(z_j)| = 1$$

としてよい. 巾乗 f_j^ν をとり ν を十分大きくとる. それを改めて f_j とすれば,

$$\max_{K_j} |f_j| < \frac{1}{2^j}, \quad f_j(z_j) = 1$$

が成立しているとしてよい. $\sum_j \frac{j}{2^j} < \infty$ であるから無限乗積

$$f(z) = \prod_{j=1}^{\infty} (1 - f_j(z))^j$$

は Ω 上で広義一様収束する（[22] 第 2 章 §6 を参照）. もちろん, $f \not\equiv 0$ である.

　Ω は $f(z)$ の存在域であることを示そう. 仮にそうでないとして, ある領域 $V \not\subset \Omega$, $V \cap \Omega \neq \emptyset$, $g \in \mathscr{O}(V)$ および連結成分 $W \subset V \cap \Omega$ が存在して $f|_W = g|_W$ が成立したとする. 境界点 $b \in \partial\Omega \cap \partial W \cap V$ をとる. b に収束する部分列 $\{a_{j_\nu}\}$ をとる. $\delta_{\mathrm{P}\Delta}(a_{j_\nu}, \partial\Omega) \to 0 \ (\nu \to \infty)$ であるから, $\{z_{j_\nu}\}$ も b に収束する. $f(z)$ は, $z = z_{j_\nu}$ で j_ν 位の零点をもっている. つまり任意の偏微分 $\partial^\alpha, |\alpha| \leq j_\nu,$ に対し

$$\partial^\alpha f(z_{j_\nu}) = 0.$$

したがって, 任意に ∂^α を止めたとき, $\nu \gg 1$ に対し $\partial^\alpha f(z_{j_\nu}) = 0$ であり

$$\partial^\alpha f(z_{j_\nu}) \to \partial^\alpha f(b), \quad \nu \to \infty$$

である. したがって

$$\partial^\alpha f(b) = 0, \quad \forall \alpha.$$

一致の定理 1.1.43 により, $f \equiv 0$ となり矛盾を得る.

　(ii)⇒(i)　f 自身が Ω より真に大きな領域に解析接続できないので, Ω は正則領域である.

　これで定理 3.2.11 の証明が完了した. ∎

系 3.2.12　$\Omega_\gamma, \gamma \in \Gamma$ を正則領域の任意の族とする. このとき $\bigcap_{\gamma \in \Gamma} \Omega_\gamma$ の内点の連結成分 Ω は正則領域である.

証明　任意にコンパクト部分集合 $K \Subset \Omega$ をとる. $K \subset \widehat{K}_\Omega \subset \widehat{K}_{\Omega_\gamma}$ が成立

している．Ω_γ は正則領域であるから (3.2.10) より

$$\delta_0 := \delta_{\mathrm{P}\Delta}(K, \partial\Omega) \leq \delta_{\mathrm{P}\Delta}(K, \partial\Omega_\gamma) = \delta_{\mathrm{P}\Delta}(\widehat{K}_{\Omega_\gamma}, \partial\Omega_\gamma).$$

包含関係より

$$\delta_{\mathrm{P}\Delta}(K, \partial\Omega_\gamma) \geq \delta_{\mathrm{P}\Delta}(\widehat{K}_\Omega, \partial\Omega_\gamma) \geq \delta_{\mathrm{P}\Delta}(\widehat{K}_{\Omega_\gamma}, \partial\Omega_\gamma).$$

したがって，$\delta_{\mathrm{P}\Delta}(\widehat{K}_\Omega, \partial\Omega_\gamma) = \delta_{\mathrm{P}\Delta}(K, \partial\Omega_\gamma) \geq \delta_0 > 0$ となる．これは任意の $a \in \widehat{K}_\Omega$ に対し

$$a + \delta_0 \mathrm{P}\Delta \subset \Omega_\gamma, \quad \forall \gamma \in \Gamma$$

が成立していることになる．$a + \delta_0 \mathrm{P}\Delta$ は連結であるから $a + \delta_0 \mathrm{P}\Delta \subset \Omega$ が従う．よって $\widehat{K}_\Omega \Subset \Omega$ がわかった．Ω は，正則凸となり定理 3.2.11 より正則領域である． ∎

【ノート】 この節で紹介したカルタン–トゥーレンの結果は [7] で得られたもので，岡理論の出発点となる重要な結果である．定理 3.2.11 の証明では補題 3.2.4, 補題 3.2.7 における条件 (3.2.5), (3.2.8) を正則関数 f が定数の場合しか使わなかった．この点に，あるいは疑問を持つ読者がいるかもしれない．実際，この事情はクザン問題の解決まで同様である．f が一般の正則関数であることが効いてくるのは擬凸問題に入ってからで，岡の境界距離定理 4.2.1 の証明で本質的役割を果たす．これにより，最終的に擬凸問題の解決へ至る（第 5 章参照）．

3.3　解析的多面体と岡の近似定理

$\Omega \subset \mathbf{C}^n$ を領域とする．

定義 3.3.1（解析的多面体）　正則関数 $\varphi_j \in \mathscr{O}(\Omega)$ と正数 $\rho_j > 0$ $(1 \leq j \leq l)$ が有限個与えられている．このとき，開集合

$$(3.3.2) \qquad \{z \in \Omega : |\varphi_j(z)| < \rho_j, \ 1 \leq j \leq l\}$$

の Ω 内相対コンパクトな連結成分の有限和 $\mathrm{P} \Subset \Omega$ を $\mathscr{O}(\Omega)$ **解析的多面体** (analytic polyhedron) と呼ぶ. また, P は (3.3.2) の φ_j $(1 \leq j \leq N)$ で定義されていると言うことにする. $\varphi_j \in \mathscr{O}(\Omega)$ が明らかな場合は, 単に解析的多面体と呼ぶ.

特に, $\varphi_j \in \mathscr{O}(\Omega)$ $(1 \leq j \leq l)$ が多項式であるときは, P を**多項式多面体**と呼ぶ. 解析的多面体（または多項式多面体）が連結である場合, それを**解析的多面体領域**（または**多項式多面体領域**）と呼ぶ.

$\mathrm{P} \Subset \Omega$ を (3.3.2) で定義される解析的多面体とする. P は有界であるから, ある多重円板 $\mathrm{P}\Delta(0; (r_j)) \supset \mathrm{P}$ がある. 正則写像

$$(3.3.3) \qquad \varphi : z \in \mathrm{P} \to (z, \varphi_1(z), \dots, \varphi_l(z)) \in \mathrm{P}\Delta,$$
$$\mathrm{P}\Delta := \mathrm{P}\Delta(0; (r_j)) \times \mathrm{P}\Delta(0; (\rho_j)) \ (\subset \mathbf{C}^n \times \mathbf{C}^l)$$

を考える. φ を P の**岡写像**と呼ぶ. $z_1, \dots, z_n, \varphi_1, \dots, \varphi_l$ の $\mathbf{C}$ 係数多項式の全体を $\mathbf{C}[z, \varphi]$ $(\subset \mathscr{O}(\Omega))$ と書く.

補題 3.3.4 岡写像 $\varphi : \mathrm{P} \to \mathrm{P}\Delta$ は固有単射写像で, 像 $\varphi(\mathrm{P})$ は $\mathrm{P}\Delta$ の複素部分多様体である.

証明 $z \ (\in \mathrm{P}) \to \partial\mathrm{P}$ $(z$ が $\partial\mathrm{P}$ に近づく$)$ のとき $\varphi(z) \to \partial\mathrm{P}\Delta$ となるので, φ は固有である. したがって $\varphi(\mathrm{P})$ は $\mathrm{P}\Delta$ の閉集合である. あとは, 定義より直ちに従う. ∎

補題 3.3.5 $\mathrm{P} \Subset \Omega$ を $\varphi_j \in \mathscr{O}(\Omega)$ $(1 \leq j \leq l)$ で定義される解析的多面体とする. コンパクト集合 $K \Subset \mathrm{P}$ と $g \in \mathscr{O}(\mathrm{P})$ をとる. このとき, g は K 上 $\mathbf{C}[z, \varphi]$ の元で一様近似される.

証明 $\varphi : \mathrm{P} \to \mathrm{P}\Delta$ を岡写像として $S = \varphi(\mathrm{P})$ とおく. 補題 3.3.4 により g を複素部分多様体 S 上の正則関数とみなし, $K \Subset S$ とみなす. 岡の上空移行定理 2.4.13 により, $G \in \mathscr{O}(\mathrm{P}\Delta)$ で $G|_S = g$ となる元が存在する. G を

多重円板 $\mathrm{P}\Delta$ で広義一様絶対収束する巾級数に展開する：

$$G(w) = \sum_{\beta \in \mathbf{Z}_+^{n+l}} c_\beta w^\beta, \quad w \in \mathrm{P}\Delta.$$

任意の $\varepsilon > 0$ に対し十分大きな $N \in \mathbf{N}$ があって $G_N(w) = \sum_{|\beta| \leq N} c_\beta w^\beta$ とおけば

(3.3.6) $$|G(w) - G_N(w)| < \varepsilon, \quad w \in K.$$

$g_N(z) := G_N(\varphi(z)) \in \mathbf{C}[z, \varphi] \subset \mathscr{O}(\Omega)$ であり，(3.3.6) より

$$\|g - g_N\|_K < \varepsilon. \qquad\blacksquare$$

命題 3.3.7 $\Omega \subset \mathbf{C}^n$ を正則凸領域，$\mathrm{P} \Subset \Omega$ を解析的多面体とすると，閉包 $\overline{\mathrm{P}}$ は正則凸集合である．

証明 $\widehat{\overline{\mathrm{P}}}_\Omega \supsetneqq \overline{\mathrm{P}}$ とする．仮定より，

(3.3.8) $$\widehat{\overline{\mathrm{P}}}_\Omega \Subset \Omega$$

である．$b \in \widehat{\overline{\mathrm{P}}}_\Omega \setminus \overline{\mathrm{P}}$ をとる．解析的多面体 P は，(3.3.2) で定義されているとする．$\varepsilon > 0$ を十分小さくとり，

(3.3.9) $$\{z \in \Omega : |\varphi_j(z)| < \rho_j + \varepsilon,\ 1 \leq j \leq l\}$$

の $\overline{\mathrm{P}}$ を被覆する相対コンパクト連結成分の有限和を P_ε とすると，P_ε も解析的多面体で $b \notin \overline{\mathrm{P}}_\varepsilon$ を満たす．(3.3.8) より必要ならば φ_j を増やすことにより，開集合 (3.3.9) の b を含む連結成分 Q も Ω 内で相対コンパクトであるとしてよい．解析的多面体

$$\widetilde{\mathrm{P}}_\varepsilon = \mathrm{P}_\varepsilon \cup Q \ni \overline{\mathrm{P}} \cup \{b\}, \quad \mathrm{P}_\varepsilon \cap Q = \emptyset$$

を考える．$g \in \mathscr{O}(\widetilde{\mathrm{P}}_\varepsilon)$ を

$$g(z) = \begin{cases} 0, & z \in \mathrm{P}_\varepsilon, \\ 1, & z \in Q \end{cases}$$

と定義する．補題 3.3.5 により，$g(z)$ は $\overline{\mathrm{P}} \cup \{b\}$ 上 $\mathscr{O}(\Omega)$ の元で一様近似可能である．したがって，$f \in \mathscr{O}(\Omega)$ があって，

$$\|f\|_{\overline{\mathrm{P}}} < \frac{1}{2} < |f(b)|$$

が成立する．これは，$b \in \widehat{\overline{\mathrm{P}}}_\Omega$ に反する．　∎

補題 3.3.10　正則凸なコンパクト部分集合 $K \Subset \Omega$ は，解析的多面体による基本近傍系をもつ．すなわち，任意の近傍 $U \subset K$ に対し $\mathscr{O}(\Omega)$ 解析的多面体 $\mathrm{P} \Subset \Omega$ で $K \Subset \mathrm{P} \Subset U$ となるものがある．

証明　$U \Subset \Omega$ と仮定してよい．$K = \widehat{K}_\Omega$ であるから，各 $b \in \partial U$ に対しある $f \in \mathscr{O}(\Omega)$ があって

$$\|f\|_K < 1 < |f(b)|.$$

$V_f(b) = \{z \in \Omega : |f(z)| > 1\}$ は，b の近傍をなす．∂U はコンパクトであるから，有限個のそのような近傍 $V_{f_j}(b_j)$, $1 \le j \le l$ があって

$$\partial U \subset \bigcup_{j=1}^{l} V_{f_j}(b_j).$$

P を $W = \{z \in \Omega : |f_j(z)| < 1,\ 1 \le j \le l\}$ の有限個の連結成分で K を被覆するものの和集合とする．$\overline{W} \cap \partial U = \emptyset$ であるから，$\mathrm{P} \Subset U$ となる．　∎

さて，**3 大問題の (i) 近似の問題**[2) を解決しよう．近似定理 1.2.2 は，次のように拡張される．

---

2)　"まえがき" の初めの部分を参照．

定理 3.3.11（岡のルンゲ型近似定理） $K \Subset \Omega$ が Ω に関する正則凸集合ならば，K 上の正則関数は，$\mathscr{O}(\Omega)$ の元で K 上一様近似可能である．

証明　補題 3.3.5 と補題 3.3.10 より従う． ▮

注意 3.3.12　　(i)　定理 3.3.11 では，岡の上空移行の原理により，"柱状"であるという座標に関する条件がなくなったことに注意しよう．

(ii)　補題 3.3.5 で，$\varphi_j(z)$ $(1 \le j \le l)$ が有界関数ならば $\mathbf{C}[z, \varphi]$ の元も P 上有界関数である．

(iii)　歴史的には次の A. ヴェイユ (Weil) の結果が先に示されていたので，定理 3.3.11 を Oka–Weil Approximation Theorem とする文献も多い．

系 3.3.13（ヴェイユ）　$K = \hat{K}_{\mathbf{C}^n} (= \hat{K}_{\mathrm{poly}})$ ならば，K 上の正則関数は多項式で K 上一様近似可能である．

証明　$\mathbf{C}^n$ 上の正則関数は巾級数に展開されるので，定理 3.3.11 から明らかであろう． ▮

系 3.3.14　$\mathbf{C}^n$ の有界凸閉集合 E 上の正則関数は，多項式により E 上一様近似可能である．

証明　命題 3.1.7 (ii) と系 3.3.13 より． ▮

定義 3.3.15　二つの開集合 $\Omega_1 \subset \Omega_2 \subset \mathbf{C}^n$ を考える．Ω_j $(j = 1, 2)$ の各連結成分は正則凸領域であるとする．任意の正則関数 $f \in \mathscr{O}(\Omega_1)$ が，Ω_1 の任意のコンパクト集合上 $\mathscr{O}(\Omega_2)$ の元で一様近似可能であるとき，(Ω_1, Ω_2) は**ルンゲ対**であるという．

補題 3.3.16　Ω を正則凸領域として，P を Ω の解析的多面体とする．このとき，(P, Ω) はルンゲ対である．

証明　補題 3.3.5 より直ちに従う． ▮

定理 3.3.17 $\Omega_1 \subset \Omega_2 \ (\subset \mathbf{C}^n)$ を二つの正則凸領域とする. 次の 4 条件は同値である.

(i) (Ω_1, Ω_2) はルンゲ対である.

(ii) 任意のコンパクト集合 $K \Subset \Omega_1$ に対して $\widehat{K}_{\Omega_1} = \widehat{K}_{\Omega_2}$.

(iii) 任意のコンパクト集合 $K \Subset \Omega_1$ に対して $\widehat{K}_{\Omega_2} \Subset \Omega_1$.

(iv) 任意のコンパクト集合 $K \Subset \Omega_1$ に対して $\widehat{K}_{\Omega_2} \cap \Omega_1 \Subset \Omega_1$.

証明 (i)$\Rightarrow$(ii) 与えられた K に対し, $\widehat{K}_{\Omega_1} \Subset \Omega_1$. その近傍 U を $\widehat{K}_{\Omega_1} \Subset U \Subset \Omega_1$ と任意にとる. 補題 3.3.10 より $\mathscr{O}(\Omega_1)$ 解析的多面体 P_1 があって,

$$K \Subset \mathrm{P}_1 \Subset U.$$

$\varphi_j \in \mathscr{O}(\Omega_1) \ (1 \le j \le l)$ を P_1 を定義する正則関数とする. 仮定より, φ_j を $\bar{\mathrm{P}}_1$ 上 $\psi_j \in \mathscr{O}(\Omega_2)$ で十分近似することにより,

$$\mathrm{Q} := \{z \in \Omega_2 : |\psi_j(z)| < 1, \ 1 \le j \le l\} \supset K$$

となり, K の元を含む Q の連結成分の有限和を $\mathrm{P}_2 \ (\supset K)$ とすると, $\mathrm{P}_2 \Subset U$. 命題 3.3.7 より

$$\widehat{K}_{\Omega_1} \subset \widehat{K}_{\Omega_2} \subset \widehat{\mathrm{P}_2}_{\Omega_2} = \bar{\mathrm{P}}_2 \subset U.$$

$U \ni \widehat{K}_{\Omega_1}$ は任意であったから, $\widehat{K}_{\Omega_1} = \widehat{K}_{\Omega_2}$.

(ii)$\Rightarrow$(iii)$\Rightarrow$(iv) 明らか.

(iv)$\Rightarrow$(i) $f \in \mathscr{O}(\Omega_1)$ とコンパクト部分集合 $K \Subset \Omega_1$ をとる. 仮定より $\mathscr{O}(\Omega_2)$ 解析的多面体 P があって, $K \Subset \mathrm{P} \Subset \Omega_1$. 補題 3.3.16 より f は K 上 $\mathscr{O}(\Omega_2)$ の元で一様近似可能である. したがって, (Ω_1, Ω_2) はルンゲ対である. ∎

命題 3.3.18 Ω を正則凸領域とすると, 解析的多面体領域の増大被覆

$$\mathrm{P}_1 \Subset \mathrm{P}_2 \Subset \cdots \Subset \mathrm{P}_\nu \Subset \cdots, \qquad \bigcup_{\nu=1}^{\infty} \mathrm{P}_\nu = \Omega$$

が存在する.

証明 $\Omega = \mathbf{C}^n$ ならば，多重円板列 P_ν $(\nu = 1, 2, \ldots)$ で多重半径が全て単調に無限に発散するものをとればよい．

$\Omega \neq \mathbf{C}^n, \partial\Omega \neq \emptyset$ とする．ユークリッドノルムに関する境界距離関数は

$$(3.3.19) \qquad d(z, \partial\Omega) = \inf\{\|z - \zeta\| : \zeta \in \partial\Omega\}$$

と定義される．任意に $a_0 \in \Omega$ を固定する．$r_0 > 0$ を十分大きくとれば

$$U_1 = \left\{ z \in \Omega : \|z\| < r_0, \ d(z, \partial\Omega) > \frac{1}{r_0} \right\} \ni a_0.$$

この開集合の a_0 を含む連結成分を V_1 とする．V_ν を開集合合

$$U_\nu = \left\{ z \in \Omega : \|z\| < \nu r_0, \ d(z, \partial\Omega) > \frac{1}{\nu r_0} \right\}, \quad \nu = 1, 2, \ldots$$

の a_0 を含む連結成分とする．定義より，$\bigcup_{\nu=1}^\infty U_\nu = \Omega$．任意の点 $z \in \Omega$ をとり，a_0 と z を曲線 C で結ぶ．C はコンパクトで $C \subset \bigcup_{\nu=1}^\infty U_\nu$ であるから，ある数 ν_0 が存在して，$C \subset U_{\nu_0}$．連結性より，$C \subset V_{\nu_0}$ となり，$z \in V_{\nu_0}$ となる．したがって $\bigcup_{\nu=1}^\infty V_\nu = \Omega$ が成立する．これで Ω の被覆増大領域列

$$V_\nu \Subset V_{\nu+1}, \qquad \bigcup_{\nu=1}^\infty V_\nu = \Omega$$

ができた．

$\bar{V}_1$ の正則凸包 $\widehat{\bar{V}_{1\Omega}}$ をとる．Ω は正則凸であるから $\widehat{\bar{V}_{1\Omega}}$ はコンパクトである．補題 3.3.10 より $\mathscr{O}(\Omega)$ 解析的多面体 P_1 があって，$\widehat{\bar{V}_{1\Omega}} \Subset P_1 \Subset \Omega$ を満たす．P_1 の V_1 を含む連結成分を改めて P_1 と書く．

V_{ν_2} を $V_{\nu_2} \supset \bar{P}_1 \cup \bar{V}_2$ ととる．$\bar{V}_{\nu_2}$ に対して上で $\bar{V}_1$ に対して行った議論と同じ議論を繰り返して，$V_{\nu_2} \Subset P_2 \Subset \Omega$ となる $\mathscr{O}(\Omega)$ 解析的多面体領域 P_2 をとる．これを繰り返せば，所要の解析的多面体領域の増大列 P_ν，$\nu = 1, 2, \ldots$ を得る． ∎

3.4 クザン問題

本節で，**3大問題の (ii) クザン問題**[3)]を解決する．クザン問題は I と II があるのだが，本書ではそれらを統合する**連続クザン問題**を定式化し，ある意味同時に解く．

問題の説明から始めよう．$\Omega \subset \mathbf{C}^n$ を開集合とする．

定義 3.4.1 稠密開集合 $\Omega' \subset \Omega$ と $f \in \mathscr{O}(\Omega')$ の対 (f, Ω') が有理型であるとは，任意の点 $a \in \Omega$ の連結近傍 U で $g, h \in \mathscr{O}(U)$, $g \not\equiv 0$ をもって

$$(3.4.2) \qquad f(z) = \frac{h(z)}{g(z)}, \qquad z \in \Omega' \cap U \setminus \{g = 0\}$$

と表されるものをいう．二つの Ω 上の有理型対 (f_j, Ω'_j) $(j = 1, 2)$ が同値であるとは，稠密開集合 $\Omega'' \subset \Omega$ が存在して

$$(3.4.3) \qquad \Omega'' \subset \Omega'_1 \cap \Omega'_2, \quad f_j|_{\Omega''} \in \mathscr{O}(\Omega''),$$
$$f_1(z) = f_2(z), \qquad z \in \Omega''$$

が成立することとする．この関係は，実際に同値関係であることが容易に確かめられる（章末問題 3）．(f, Ω') の同値類を Ω 上の**有理型関数** (meromorphic function) と呼び，単に f または $f(z)$ で表す．その全体を $\mathscr{M}(\Omega)$ と表す．元 $f \in \mathscr{M}(\Omega)$ の代表元として元 $f_0 \in \mathscr{O}(\Omega)$ がとれる場合，f_0 は一意的に定まるので，$\mathscr{O}(\Omega) \subset \mathscr{M}(\Omega)$ とみなす．

上式 (3.4.2) で $g(a) \neq 0$ と選べるとき，必要ならば U を小さくして $1/g \in \mathscr{O}(U)$ となる．この場合 $f \in \mathscr{O}(U)$ となるので，f は a で正則であるという．f が正則である点の全体 Ω_0 は開部分集合であり，$Z := \Omega \setminus \Omega_0$ は閉部分集合である．$a \in Z$ を有理型関数 f の**極** (pole) と呼び，Z を有理型関数 f の**極集合** (polar set) と呼ぶ．

---

3)　"まえがき" の初めの部分を参照．

定理 3.4.4　Z を有理型関数 $f \in \mathscr{M}(\Omega)$ の極集合とする.

(i)　Z は，至る所疎な閉部分集合である.

(ii)　Ω が領域ならば，$\Omega \setminus Z$ も領域である.

(iii)　任意の点 $a \in Z$ の周りで f は非有界である. すなわち，a の任意の近傍 $U \ (\subset \Omega)$ に対し $f|_{U \setminus Z}$ は非有界である.

証明　(i), (ii) 定義により，各点 $a \in \Omega$ に連結近傍 U と U の真解析的部分集合 Y が存在して $Z \cap U \subset Y$ を満たす. 定理 1.4.2 により $U \setminus Y$ は，U の連結稠密開集合である. したがって，$U \setminus Z$ も U の連結稠密開集合となる. したがって，Z は至る所疎な閉部分集合で，補集合 $\Omega \setminus Z$ は Ω が連結ならば連結である.

　(iii) ある近傍 $U \ni a$ があって $f|_{U \setminus Z}$ が有界であったとする. 定義により，必要なら U をさらに小さくして，$g, h \in \mathscr{O}(U), g \not\equiv 0$ があって

$$f(z) = \frac{h(z)}{g(z)}, \quad z \in U \setminus \{g = 0\} \subset U \setminus Z.$$

仮定と定理 1.4.6 より，$f \in \mathscr{O}(U)$ となる. よって，$a \notin Z$ となり，とり方に反する. ∎

　Ω を領域とする. この命題により，ある点 $a \in \Omega$ で (3.4.2) の $h(z)$ が $h \neq 0$ (つまり，$h(z) \not\equiv 0$) ならば，Ω の他の点も同様であることがわかる. その場合，局所的に各 U 上では $1/f(z) = g(z)/h(z)$ とおくことにより f の逆元が一意的に定まる. よって，$\mathscr{M}(\Omega)$ は自然に加減・乗除が定義され，体をなす.

注意 3.4.5　上述の記号を維持する. 極 $a \in Z$ にはある近傍 U と $g, h \in \mathscr{O}(U)$ が存在して

$$f = \frac{h}{g}, \quad Z \cap U = \{g = 0\}$$

と表されることが知られている ([23] 第 6 章参照). 特に，Z は解析的集合である.

3.4.1 — クザン I 問題

問題 3.4.6（クザン I 問題） 領域 $\Omega \subset \mathbf{C}^n$ に開被覆 $\{U_\lambda\}_{\lambda \in \Lambda}$ と $f_\lambda \in \mathscr{M}(U_\lambda)$ が与えられ，任意の共通部分 $U_\lambda \cap U_\mu (\neq \emptyset)$ 上で

$$(3.4.7) \qquad f_\lambda - f_\mu \in \mathscr{O}(U_\lambda \cap U_\mu)$$

が成立しているとする．このとき，$F \in \mathscr{M}(\Omega)$ で

$$(3.4.8) \qquad F - f_\lambda \in \mathscr{O}(U_\lambda), \qquad \forall \lambda \in \Lambda$$

となるものを求めよ．

(3.4.7) を満たす対 (U_λ, f_λ) の族 $\mathscr{C}_I := \{(U_\lambda, f_\lambda)\}_{\lambda \in \Lambda}$ を**クザン I 分布**と呼ぶ．また，上述の F を（$\mathscr{C}_I$ の）**"解"** と呼ぶ．

注意 3.4.9 一変数 $n = 1$ の場合は，クザン I 問題はミッターク-レッフラーの定理（[22]，定理 (7.2.3)）として知られていて，常に解が存在する．クザン I 問題は，その多変数版である．

注意 3.4.10（非可解な例） クザン I 問題は，$n \geq 2$ の場合，Ω の形状により解けない場合がある．例えば，二変数 $(z, w) \in \mathbf{C}^n$ の空間で次のハルトークス領域 Ω_{H} を考える．

$$(3.4.11) \qquad \Omega_1 = \{(z, w) \in \mathbf{C}^2 : |z| < 3,\ |w| < 1\},$$
$$\Omega_2 = \{(z, w) \in \mathbf{C}^2 : 2 < |z| < 3,\ |w| < 3\},$$
$$\Omega_{\mathrm{H}} = \Omega_1 \cup \Omega_2.$$

Ω_1 で $f_1 = 0$，Ω_2 で $f_2 = 1/(z - w)$ とするクザン I 分布を考える（図 3.1）．このクザン I 問題の解 $F \in \mathscr{M}(\Omega_{\mathrm{H}})$ があったとする．$g(z, w) = (z - w)F(z, w) \in \mathscr{O}(\Omega_{\mathrm{H}})$ を考える．ハルトークス現象（定理 1.1.59）により $g \in \mathscr{O}(\mathrm{P}\Delta(0; (3, 3)))$ と解析接続される．$g(z, z)$ は，$\Delta(0; 3)$ で正則で，$g(z, z) = 0$，$|z| < 1$ であるが，$g(z, z) = 1$，$2 < |z| < 3$ である．これは，一致の定理 1.1.43 に反する．

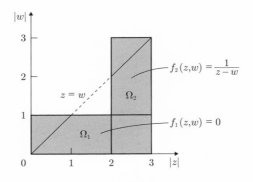

図 3.1　非可解なクザン I 分布

3.4.2 — 連続クザン問題

　クザン問題には第 II の問題もあるのだが，その説明に入る前に，問題を考えやすくするために，いくらか位相的な準備と連続クザン問題を設定し証明しておこう．

　$\Omega \subset \mathbf{C}^n$ を開集合とする．

$$(3.4.12) \qquad W_j = \left\{ z \in \Omega : \|z\| < j,\ d(z, \partial\Omega) > \frac{1}{j} \right\}, \quad j = 1, 2, \ldots$$

とおく（記号は (3.3.19) を参照）．次が成立する．

$$W_j \Subset W_{j+1}, \qquad \bigcup_{j=1}^{\infty} W_j = \Omega.$$

定義 3.4.13（局所有限）　$\{U_\lambda\}_{\lambda \in \Lambda}$ を Ω の任意の開被覆とする．$\{U_\lambda\}_{\lambda \in \Lambda}$ が**局所有限**であるとは，次の互いに同値な条件のどちらかを満たすこととする．

(i)　任意の点 $a \in \Omega$ にある近傍 V があって，$U_\lambda \cap V \neq \emptyset$ となる U_λ は有限個である．

(ii)　任意のコンパクト部分集合 $K \Subset \Omega$ に対し，$U_\lambda \cap K \neq \emptyset$ となる U_λ は有限個である．

定義 3.4.14（細分） Ω の二つの開被覆 $\mathscr{U} = \{U_\lambda\}_{\lambda \in \Lambda}$ と $\mathscr{V} = \{V_\gamma\}_{\gamma \in \Gamma}$ があるとき，$\mathscr{V}$ が $\mathscr{U}$ の**細分** ($\mathscr{U} \prec \mathscr{V}$) であるとは，任意の V_γ に対してある U_λ が対応して，$V_\gamma \subset U_\lambda$ が成立することである．必要な場合，その対応を与える添字集合の間の写像を $\phi : \Gamma \to \Lambda$（または，集合族の間の写像を $\nu : \mathscr{V} \to \mathscr{U}$）等で表す．

命題 3.4.15 Ω の任意の開被覆 $\{U_\lambda\}_{\lambda \in \Lambda}$ に対し，その細分で高々可算かつ局所有限な開被覆 $\{V_\mu\}_{\mu=1}^N$ ($N \leq \infty$) が必ず存在する．

証明 Ω が有限個の U_λ ($\lambda \in \Lambda$) で覆えるならば，それらをもって $V_\lambda := U_\lambda$ とおけばよい．以下，Ω は有限個の U_λ ($\lambda \in \Lambda$) で覆えないとする．

W_j を (3.4.12) で定義されるものとすると，閉包 $\bar{W}_j$ はコンパクトである．$\bar{W}_1$ は，有限個の U_λ で覆われる．それらを，$U_1, U_2, \ldots, U_{\nu_1}$ とする．同様に，$\bar{W}_2 \setminus W_1$ を覆う有限個の $U_{\nu_1+1}, U_{\nu_1+2}, \ldots, U_{\nu_2}$ をとる．これを繰り返すことで，Ω の可算開被覆 $\{U_\mu\}_{\nu=1}^\infty$ を $\{U_\lambda\}_{\lambda \in \Lambda}$ からとり出すことができる．

次に
$$V_\mu = U_\mu, \quad 1 \leq \mu \leq \nu_1$$
とおく．これは，$\bar{W}_1$ を覆っている．
$$V_\mu = U_\mu \setminus \bar{W}_1, \quad \nu_1 + 1 \leq \mu \leq \nu_2$$
とおくと $\bar{W}_2 \subset \bigcup_{\mu=1}^{\nu_2} V_\mu$ となる．これを繰り返して，$\{V_\mu\}_{\mu=1}^\infty$ を得る．作り方から，$\{V_\mu\}_{\mu=1}^\infty$ は局所有限で，$\{U_\lambda\}_{\lambda \in \Lambda}$ の細分である． ∎

命題 3.4.16（**1 の分割**） $\Omega = \bigcup_{j=1}^N U_j$ を開集合 $\Omega \subset \mathbf{C}^n$ の高々可算かつ局所有限な開被覆とする．すると連続関数 $\chi_j \in C^0(\Omega)$ で次の性質を満たすものが存在する．

(i) $0 \leq \chi_j \leq 1, \quad 1 \leq j \leq N$;

(ii) $\mathrm{Supp}\, \chi_j \subset U_j, \quad 1 \leq j \leq N$;

(iii) $\sum_{j=1}^N \chi_j(x) \equiv 1, \quad x \in \Omega$.

証明　Ω の開被覆 $\{V_j\}_{j=1}^N$ を Ω 内の閉包 $\bar{V}_j \subset U_j$ $(\forall j)$ となるようにとる. すると, $\bar{V}_j \cap (\Omega \setminus U_j) = \emptyset$ であるから, $\rho_j \in C^0(\Omega)$ で次を満たすものが存在する (章末問題 5 参照):

(i)　$\rho_j(x) \geq 0, \quad x \in \Omega;$

(ii)　$\rho_j(x) = 1, \quad x \in V_j;$

(iii)　$\rho_j(x) = 0, \quad x \in \Omega \setminus U_j.$

$\sum_{j=1}^N \rho_j(x) > 0$ $(\forall x \in \Omega)$ であるので,

$$\chi_j(x) = \frac{\rho_j(x)}{\sum_{j=1}^N \rho_j(x)}, \quad x \in \Omega$$

とおけばよい. ∎

定義 3.4.17　上記の $\{\chi_j\}$ を被覆 $\{U_j\}$ に**従属する 1 の分割**と呼ぶ.

定義 3.4.18（連続クザン分布）　Ω の開被覆 $\{U_\lambda\}_{\lambda \in \Lambda}$ に従属する（Ω 上の）**連続クザン分布** $\mathscr{C} = \{(U_\lambda, f_\lambda)\}_{\lambda \in \Lambda}$ とは, $f_\lambda \in C^0(U_\lambda)$ で $U_\lambda \cap U_\mu \neq \emptyset$ であるとき, 必ず

$$f_\lambda - f_\mu \in \mathscr{O}(U_\lambda \cap U_\mu)$$

が成立するものとする.

問題 3.4.19（連続クザン問題）　Ω 上に上述のように与えられた連続クザン分布 $\mathscr{C} = \{(U_\lambda, f_\lambda)\}_{\lambda \in \Lambda}$ に対し, Ω 上の連続関数 F　（$\mathscr{C}$ の解と呼ぶ）で

(3.4.20)　　　　　　　$F - f_\lambda \in \mathscr{O}(U_\lambda), \quad \forall \lambda \in \Lambda$

となるものを求めよ.

注意 3.4.21　　(i)　上述の連続クザン問題で, 命題 3.4.15 により被覆 $\{U_\lambda\}_{\lambda \in \Lambda}$ の高々可算で局所有限な細分 $\{V_\mu\}_{\mu=1}^N$ をとると,

$$g_\mu = f_{\lambda(\mu)}|_{V_\mu} \in C^0(V_\mu), \quad 1 \leq \mu \leq N$$

とおくことにより，$\{(V_\mu, g_\mu)\}_{\mu=1}^N$ は，連続クザン分布となる．このようにして得られたものを $\mathscr{C}$ の，細分 $\{V_\mu\}$ に**誘導された連続クザン分布**と呼ぶ．その解 $G \in C^0(\Omega)$ は，明らかに元のクザン分布 $\mathscr{C}$ の解である．

(ii) このことから，連続クザン問題は**高々可算な局所有限被覆**に関する連続クザン問題に帰着できるので，以降その場合のみを考えることとする．

注意 3.4.22 歴史的には，クザン問題は Ω が正則領域であるとの仮定の下で解の存在が問われた．定理 3.2.11 により，正則領域と正則凸領域は $\mathbf{C}^n$ 内では同じものであることが示された．そこで，「**正則(凸)領域**」と書いてそれらどちらかを意味するものとする．

定理 3.4.23 Ω が正則(凸)領域ならば，任意の連続クザン問題は必ず解をもつ．

証明 Ω 上に連続クザン分布 $\mathscr{C} = \{(U_\lambda, f_\lambda)\}_{\lambda \in \Lambda}$ が与えられたとする．

（イ）まず任意の解析的多面体 $P \Subset \Omega$ をとり，$\overline{P}$ 上で $\mathscr{C}$ の解を求める．以下，「解」といえば $\mathscr{C}$ の解のこととする．

$$(3.4.24) \qquad \varphi : P \longrightarrow P\Delta \subset \mathbf{C}^N$$

を岡写像とする．φ は，少し大きい解析的多面体 $\widetilde{P} \ni \overline{P}$ まで定義されているとしてよい（対応する多重円板を $\widetilde{P\Delta} \ni P\Delta$ として）：

$$(3.4.25) \qquad \varphi : \widetilde{P} \longrightarrow \widetilde{P\Delta}.$$

$\tilde{S} = \varphi(\widetilde{P})$ とおく．リーマンの写像定理 1.3.9 により $\widetilde{P\Delta}$ は開直方体（辺は座標軸に平行，以下同）であるとしてよい．$\widetilde{P\Delta}$ の中に $\varphi(\overline{P})$ を内点に含む閉直方体 E_0 をとり

$$S = \varphi(\widetilde{P}) \cap E_0$$

とおく. $\varphi^{-1}S\ (\supset \overline{P})$ と S を同一視する. $\mathscr{C}$ に対し S 上で解を求めればよい. そのために,次の主張を考える.

主張 3.4.26 任意の閉直方体 $E \subset E_0$ に対し,$E \cap S$ 上に (つまり $\tilde{S}$ 内のある近傍 $W\ (\supset E \cap S)$ 上に) 連続関数 G が存在して (図 3.2 参照)

$$G - f_\lambda|_{E \cap S \cap U_\lambda} \in \mathscr{O}(E \cap S \cap U_\lambda), \quad \forall \lambda \in \Lambda.$$

この意味は,任意の $\lambda \in \Lambda$ に対し,$(G|_{W \cap U_\lambda} - f_\lambda|_{W \cap U_\lambda}) \in \mathscr{O}(W \cap U_\lambda)$.

$\because$) 証明は,2.4 節で使われた直方体次元帰納法を少し変形して用いる.

(a) $\dim E = 0$ の場合. $E = \{a\}$ として,$a \notin S$ ならば $E \cap S = \emptyset$ なので主張は成立している. $a \in S$ ならば,$U_\lambda \ni a$ を一つとり $G = f_\lambda$ とおけばよい.

(b) $\dim E = \nu - 1\ (\nu \geq 1)$ の場合は成立しているとして,$\dim E = \nu$ の場合.

E の形は (2.4.3) と同様に

$$(3.4.27) \qquad E = F \times \{z_N : 0 \leq \Re z_N \leq T,\ |\Im z_N| \leq \theta\},$$
$$T > 0, \quad \theta \geq 0$$

としてよい. 任意の点 $t \in [0, T]$ に対し

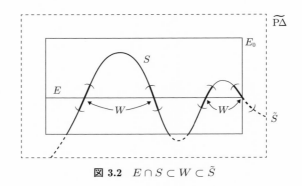

図 3.2 $E \cap S \subset W \subset \tilde{S}$

$$E_t := F \times \{z_N : \Re z_N = t, \ |\Im z_N| \leq \theta\}$$

は次元 $\nu - 1$ の閉直方体であるから，帰納法の仮定より $E_t \cap S$ 上で解が存在する．したがって，ハイネ–ボレルの定理により有限分割

$$(3.4.28) \qquad 0 = t_0 < t_1 < \cdots < t_L = T$$

が存在して，

$$E_\alpha = F \times \{z_N : t_{\alpha-1} \leq \Re z_N \leq t_\alpha, \ |\Im z_N| \leq \theta\}, \quad 1 \leq \alpha \leq L$$

とおくとき，$E_\alpha \cap S = \emptyset$ であるか，$E_\alpha \cap S \neq \emptyset$ ならば，$E_\alpha \cap S$ 上で解 G_α が存在する．

$E_\alpha \cap S \neq \emptyset$ である E_α だけを考えれば十分である．隣接する E_α と $E_{\alpha+1}$ が S で連結しているとは，$E_\alpha \cap E_{\alpha+1} \cap S \neq \emptyset$ であることとする．互いに S で連結している E_α の極大列

$$E' = E_{\alpha_0} \cup E_{\alpha_0+1} \cup \cdots \cup E_{\alpha_1}$$

をとり，$E' \cap S \ (\subset \tilde{S})$ 上の解 G' を作ればよい．記号の簡略化のために $\alpha_0 = 1$ とする．$G_\alpha \ (1 \leq \alpha \leq \alpha_1)$ のとり方から

$$(3.4.29) \qquad h := G_1|_{E_1 \cap E_2 \cap S} - G_2|_{E_1 \cap E_2 \cap S} \in \mathscr{O}(E_1 \cap E_2 \cap S)$$

である．$\delta > 0$ と F の開直方体近傍 $V' \subset \mathbf{C}^{N-1}$ を十分小さくとれば，

$$V := V' \times \{z_N : t_1 - \delta < \Re z_N < t_1 + \delta, \ |\Im z_N| < \theta + \delta\},$$
$$h \in \mathscr{O}(V \cap \tilde{S}).$$

$V \cap \tilde{S}$ は，V（多重円板と双正則）の複素部分多様体であるから，岡の上空移行定理 2.4.13 により $H \in \mathscr{O}(V)$ で $H|_{V \cap \tilde{S}} = h$ となるものが存在する（図 3.3 参照）．有向線分

$$\ell = \left\{z_N : \Re z_N = t_1, \ -\theta - \frac{\delta}{2} \leq \Im z_N \leq \theta + \frac{\delta}{2}\right\}$$

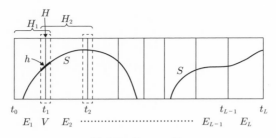

図 3.3　$E_1, \dots, E_L$

に関する H のクザン積分を考え H をクザン分解する:

$$H = H_1 - H_2 \quad (E_1 \cap E_2 \text{ 上}), \quad H_1 \in \mathscr{O}(E_1),\ H_2 \in \mathscr{O}(E_2).$$

これと (3.4.29) より

$$(3.4.30) \qquad (G_1 - H_1|_{E_1 \cap S})|_{E_1 \cap E_2 \cap S} = (G_2 - H_2|_{E_2 \cap S})|_{E_1 \cap E_2 \cap S}.$$

上式の左辺は $E_1 \cap S$ 上の解であり右辺は $E_2 \cap S$ 上の解である. したがって, $(E_1 \cup E_2) \cap S$ 上の解 G_2' が得られた. これを ($E_1 \cap S$ 上の) 解 G_1 と ($E_2 \cap S$ 上の) 解 G_2 を貼り合わせた解という.

　G_2' と $E_3 \cap S$ 上の解 G_3 を貼り合わせて $(E_1 \cup E_2 \cup E_3) \cap S$ 上の解 G_3' を作る. これを繰り返して $(E_1 \cup \dots \cup E_{\alpha_1}) \cap S = E' \cap S$ 上の解 $G' := G_{\alpha_1}'$ を得る.　　　　　　　　　　　　　　　　　　　　　　　　$\square$

　（ロ）Ω 上で解を求める. 命題 3.3.18 により解析的多面体領域の増大被覆

$$P_1 \Subset P_2 \Subset \cdots \Subset P_\mu \Subset \cdots, \qquad \bigcup_{\mu=1}^{\infty} P_\mu = \Omega$$

をとる. 前述（イ）の結果より各 $\overline{P}_\mu$ 上に解 G_μ がある.

$$(G_{\mu+1} - G_\mu)|_{\overline{P}_\mu} \in \mathscr{O}(\overline{P}_\mu)$$

に注意する.

　$F_1 = G_1$ とおく. $(G_2 - F_1)|_{\overline{P}_1} \in \mathscr{O}(\overline{P}_1)$ であるから, 岡の近似定理

3.3.11 によりある $h_2 \in \mathscr{O}(\Omega)$ があって

$$\|G_2 - F_1 - h_2\|_{\overline{\mathrm{P}}_1} < \frac{1}{2}$$

を満たす. $F_2 = G_2 - h_2$ とおけば, F_2 は $\overline{\mathrm{P}}_2$ 上の解であり,

$$\|F_2 - F_1\|_{\overline{\mathrm{P}}_1} < \frac{1}{2}.$$

これを帰納的に繰り返して, $\overline{\mathrm{P}}_\mu$ 上の解 F_μ を

$$\|F_\mu - F_{\mu-1}\|_{\overline{\mathrm{P}}_{\mu-1}} < \frac{1}{2^{\mu-1}}, \quad \mu = 2, 3, \ldots$$

を満たすように作る. そして

$$F = F_1 + \sum_{\mu=1}^{\infty} (F_{\mu+1} - F_\mu)$$

$$(3.4.31) \qquad = F_\nu + \sum_{\mu=\nu}^{\infty} (F_{\mu+1} - F_\mu), \quad \forall \nu \geq 1$$

とおく. (3.4.31) 右辺の第 2 項は, P_ν 上の正則関数を項とする関数項級数で P_ν 上一様収束し (実際, 優級数収束している) $\mathscr{O}(\mathrm{P}_\nu)$ の元を定める. したがって, F は任意の P_ν 上での解, すなわち Ω 上の解である. ∎

3.4.3 — 続クザン I 問題

さて, クザン I 問題 3.4.6 を考えよう. 記号はそこで与えられたものを使う. クザン I 分布 $\mathscr{C}_I = \{(U_\lambda, f_\lambda)\}_{\lambda \in \Lambda}$ の被覆 $\{U_\lambda\}_{\lambda \in \Lambda}$ は, 注意 3.4.21 での理由と同じに, 高々可算で局所有限であるとしてよい.

$$\Lambda = \{1, 2, \ldots, M\}, \quad M \leq \infty$$

とおく. $\{U_\nu\}_{\nu=1}^{M}$ に従属する 1 の分割 $\{\chi_\nu\}_{\nu=1}^{M}$ が存在する (命題 3.4.16).

$$g_\nu = \sum_{\lambda=1}^{M} \chi_\lambda (f_\nu - f_\lambda)$$

とおく．ここで $U_\nu \cap U_\lambda \neq \emptyset$ ならば，$f_\nu - f_\lambda \in \mathscr{O}(U_\nu \cap U_\lambda)$ であるから，$\chi_\lambda(f_\nu - f_\lambda)$ は $U_\nu \setminus U_\lambda$ 上では 0 として連続に U_ν 上に拡張しておく．記号の便宜上 $U_\nu \cap U_\lambda = \emptyset$ のときは，$f_\nu - f_\lambda = 0$ とおく．$g_\nu \in C^0(U_\nu)$ となる．

$U_\nu \cap U_\mu \neq \emptyset$ ならば，

$$\begin{aligned} g_\nu - g_\mu &= \sum_{\lambda=1}^{M} \chi_\lambda(f_\nu - f_\lambda) - \sum_{\lambda=1}^{M} \chi_\lambda(f_\mu - f_\lambda) \\ &= \sum_{\lambda=1}^{M} \chi_\lambda(f_\nu - f_\mu) = f_\nu - f_\mu \in \mathscr{O}(U_\nu \cap U_\mu). \end{aligned}$$

したがって，$\{(U_\nu, g_\nu)\}_{\nu=1}^{M}$ は，連続クザン分布である．もし，G がその解ならば，

$$g_\nu - G - (g_\mu - G) = f_\nu - f_\mu.$$

$h_\nu = g_\nu - G \in \mathscr{O}(U_\nu) \ (1 \leq \nu \leq M)$ とおけば，

$$f_\nu - h_\nu = f_\mu - h_\mu.$$

したがって，各 U_ν 上で $F = f_\nu - h_\nu$ とおけば，F は Ω 上の有理型関数で，クザン I 分布 $\mathscr{C}_I$ の解である．

以上と定理 3.4.23 より，次の定理が証明された．

定理 3.4.32（岡） Ω が正則(凸)領域ならば，任意のクザン I 問題は必ず解をもつ．

3.4.4 — クザン II 問題と岡原理

$U \subset \mathbf{C}^n$ を開集合とし，U 上で 0 をとらない正則（および連続）関数の全体を $\mathscr{O}^*(U)$（および $\mathscr{C}^*(U)$）と書く．また，U 上で局所的に 0 とはならない有理型関数の全体を $\mathscr{M}^*(U)$ と書く（つまり，$f \in \mathscr{M}(U)$ で任意の点 $a \in U$ にどんな近傍 V をとっても，$f|_V \not\equiv 0$ となるものの全体である）．

問題 3.4.33（クザン II 問題） 領域 $\Omega \subset \mathbf{C}^n$ に開被覆 $\{U_\lambda\}_{\lambda \in \Lambda}$ と $f_\lambda \in \mathscr{M}^*(U_\lambda) \ (\lambda \in \Lambda)$ が与えられたとき，対 (U_λ, f_λ) の族 $\mathscr{C}_{II} := \{(U_\lambda, f_\lambda)\}_{\lambda \in \Lambda}$

が**クザン II 分布**であるとは,

$$(3.4.34) \qquad \frac{f_\lambda}{f_\mu} \in \mathscr{O}^*(U_\lambda \cap U_\mu), \qquad \forall \lambda, \forall \mu \in \Lambda$$

が満たされることである. このとき, $F \in \mathscr{M}^*(\Omega)$ で

$$(3.4.35) \qquad \frac{F}{f_\lambda} \in \mathscr{O}^*(U_\lambda), \qquad \forall \lambda \in \Lambda$$

を満たすものを求めることを**クザン II 問題**という.

上述の F を $\mathscr{C}_{II}$ の "(解析) 解" と呼ぶ. 解が存在するとき, 与えられた $\mathscr{C}_{II}$ は (解析的に) **可解**であるという.

注意 3.4.36 一変数 $n = 1$ の場合は, クザン II 問題はワイエルシュトラースの定理 ([22], 定理 (7.2.9)) として知られ, 常に解が存在する. クザン II 問題は, その多変数版である.

以下, $\Omega \subset \mathbf{C}^n$ を領域とする.

命題 3.4.37 Ω 上にクザン II 分布 $\mathscr{C}_{II} = \{(U_\lambda, f_\lambda)\}_{\lambda \in \Lambda}$ が与えられているとする. 次は, 同値である.
 (i) $\mathscr{C}_{II}$ は可解である.
 (ii) $g_\lambda \in \mathscr{O}^*(U_\lambda) (\lambda \in \Lambda)$ が存在して次を満たす.

$$(3.4.38) \qquad f_\lambda \cdot f_\mu^{-1} = g_\mu \cdot g_\lambda^{-1}, \quad U_\lambda \cap U_\mu (\neq \emptyset) \, \text{上}, \quad \forall \lambda, \forall \mu \in \Lambda.$$

証明 F を $\mathscr{C}_{II}$ の解とすると,

$$g_\lambda := \frac{F|_{U_\lambda}}{f_\lambda} \in \mathscr{O}^*(U_\lambda), \qquad \lambda \in \Lambda$$

とおけば, $\{g_\lambda\}_{\lambda \in \Lambda}$ は (3.4.38) を満たす.

逆に, (3.4.38) を満たす $\{g_\lambda\}_{\lambda \in \Lambda}$ が存在すれば,

$$(3.4.39) \qquad f_\lambda \cdot g_\lambda = f_\mu \cdot g_\mu, \quad U_\lambda \cap U_\mu (\neq \emptyset) \, \text{上}, \quad \forall \lambda, \forall \mu \in \Lambda$$

となるので，各 U_λ 上 $F := f_\lambda \cdot g_\lambda$ とおけば，$\mathscr{C}_{II}$ の解 $F \in \mathscr{M}^*(\Omega)$ を得る. ∎

　上記命題 3.4.37 の可解性の同値条件 (ii) の 0 をとらない正則関数 g_λ を緩めて，関数関係 (3.4.38) を維持したまま 0 をとらない連続関数に置き換えることを考える.

定義 3.4.40　Ω 上に与えられたクザン II 分布 $\mathscr{C}_{II} = \{(U_\lambda, f_\lambda)\}_{\lambda \in \Lambda}$ が**位相的に可解**であるとは，連続関数 $\varphi_\lambda \in \mathscr{C}^*(U_\lambda)$ $(\lambda \in \Lambda)$ が存在して，

$$(3.4.41) \qquad f_\lambda \cdot f_\mu^{-1} = \varphi_\mu \cdot \varphi_\lambda^{-1}, \quad U_\lambda \cap U_\mu (\neq \emptyset) \text{ 上,} \quad \forall \lambda, \forall \mu \in \Lambda$$

が成立することとする. $\{(U_\lambda, \varphi_\lambda)\}_{\lambda \in \Lambda}$ を $\mathscr{C}_{II}$ の**位相解**と呼ぶ.

注意 3.4.42　　(i)　上述の $\mathscr{C}_{II}$ が位相的（解析的）に可解かどうかは，開被覆 $\{U_\lambda\}$ の細分 $\{V_\mu\}$ に誘導された（注意 3.4.21）クザン II 分布が位相的（解析的）に可解かどうかと同値である.

(ii)　$\mathscr{C}_{II}$ が位相的に可解ならばその位相解 $\{(U_\lambda, \varphi_\lambda)\}_{\lambda \in \Lambda}$ をとり，U_λ 上で $F = f_\lambda \varphi_\lambda$ とおくと，Ω 上で大域的に定義された，'有理型関数の極や零点をもつ連続関数' ともいえる関数を得る. 解析解に比すれば，これを '位相解' とすべきところであるが，意味があいまいになる. もし全ての f_λ が極をもたなければ，このようにして得られた F は Ω 上の連続関数になる.

　もちろん，一般的に，解析的に可解なために位相的に可解であることは必要であるが，正則 (凸) 領域においてはこれが十分であることを主張するのが次の定理である.

定理 3.4.43（岡原理）　正則 (凸) 領域上では，クザン II 問題は位相的に可解ならば解析的に可解である.

証明　正則 (凸) 領域 Ω 上にクザン II 分布 $\mathscr{C}_{II} = \{(U_\lambda, f_\lambda)\}_{\lambda \in \Lambda}$ が与えられ，位相的に可解であるとする. すると，$\varphi_\lambda \in \mathscr{C}^*(U_\lambda)$ $(\lambda \in \Lambda)$ が存在して

(3.4.41) を満たす. 任意の点 $a \in U_\lambda$ の近傍として単連結近傍（たとえば，多重円板近傍）をとることにより $\{U_\lambda\}$ の細分をとれば，初めから各 U_λ は単連結であるとして一般性を失わない（注意 3.4.42）.

各 U_λ 上で連続関数を

$$\psi_\lambda = \log \varphi_\lambda \quad （一つの分枝）$$

とおく. $U_\lambda \cap U_\mu \neq \emptyset$ 上で

$$\psi_\lambda - \psi_\mu = \log \varphi_\lambda / \varphi_\mu = \log f_\mu / f_\lambda \in \mathscr{O}(U_\lambda \cap U_\mu).$$

したがって，$\{(U_\lambda, \psi_\lambda)\}$ は連続クザン分布となる. 定理 3.4.23 により，その解 Ψ がある. すると，

$$\log f_\mu / f_\lambda = \psi_\lambda - \Psi - (\psi_\mu - \Psi),$$

$$h_\lambda := \psi_\lambda - \Psi \in \mathscr{O}(U_\lambda),$$

$$\frac{f_\mu}{f_\lambda} = \frac{e^{h_\lambda}}{e^{h_\mu}}, \quad f_\lambda e^{h_\lambda} = f_\mu e^{h_\mu}.$$

よって，各 U_λ 上で $F = f_\lambda e^{h_\lambda}$ とおけば，解析解 $F \in \mathscr{M}^*(\Omega)$ を得る. ∎

例 3.4.44 (非可解な例 1)　クザン I 問題の場合と同様に（注意 3.4.10），ハルトークス領域では非可解なクザン II 分布の例がある. (3.4.11) で定義される $\Omega_H = \Omega_1 \cup \Omega_2$ をとる. Ω_1 で $f_1 = 1$, Ω_2 で $f_2 = z - w$ とするクザン II 分布を考える. このクザン II 問題の解 $F \in \mathscr{O}(\Omega_H)$ があったとする. ハルトークス現象（定理 1.1.59）により $F \in \mathscr{O}(P\Delta(0; (3,3)))$ と解析接続される. $z = w$ に制限して，$g(z) = F(z, z)$ は，$\Delta(0; 3)$ で正則で，$g(z) \neq 0$, $|z| < 1$ であるが，$g(z) = 0$, $2 < |z| < 3$ である. これは，一致の定理 1.1.43 に反する.

例 3.4.45 (非可解な例 2)　クザン II 問題は，$n \geq 2$ の場合，Ω が正則（凸）領域であっても非可解な場合がある. 簡単な岡の反例を [21] に従い紹介しよう. $(z, w) \in \mathbf{C}^2$ 空間で次の柱状領域を考える.

$$\Omega = \left\{ (z,w) : \frac{2}{3} < |z| < 1, \ \frac{2}{3} < |w| < 1 \right\}.$$

Ω は, 正則(凸)領域である.

$f(z,w) = w - z + 1$ とおき, 複素超曲面 $S = \{f(z,w) = 0\} (\subset \mathbf{C}^2)$ をとる.

$$S \cap \{(z,w) \in \overline{\Omega} : \Im z = 0\} = \emptyset$$

である. なぜならば, 上記集合の元 $(z,w) \in \mathbf{R}^2$ があったとする. $w = z - 1$ で $z \leq 1$ あるから, $w \leq 0$ である. よって $-1 \leq w \leq -2/3$, つまり

$$0 \leq z \leq \frac{1}{3}$$

となり, 矛盾を来す. したがって, 小さな $\delta > 0$ をとれば,

$$S \cap \{(z,w) \in \overline{\Omega} : |\Im z| \leq \delta\} = \emptyset.$$

次のようにおく (図 3.4):

$$U_1 = \{(z,w) \in \Omega : \Im z > -\delta\},$$
$$U_2 = \{(z,w) \in \Omega : \Im z < \delta\},$$

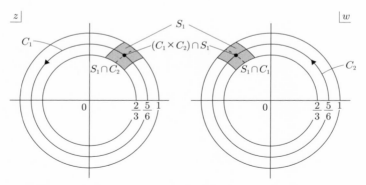

図 3.4 非可解なクザン II 分布 $S_1 = \{w = z - 1\} \cap U_1 \subset \Omega$

$$\Omega = U_1 \cup U_2,$$
$$S_1 = S \cap U_1.$$

S_1 は，Ω の複素超曲面である．S_1 を零点集合とするクザン II 分布を

$$f_1(z,w) = f(z,w) = w - z + 1, \quad (z,w) \in U_1,$$
$$f_2(z,w) = 1, \qquad\qquad\qquad (z,w) \in U_2$$

とおく．

主張 3.4.46 このクザン II 分布は，解をもたない．

∵) このクザン II 分布の解析解 $F(z,w) \in \mathscr{O}(\Omega)$ が存在したとする．z 平面，w 平面上にそれぞれ円周（向きは反時計回り）を次のようにとる：

$$C_1 = \left\{ |z| = \frac{5}{6} \right\}, \quad C_2 = \left\{ |w| = \frac{5}{6} \right\}.$$

次が成り立つ（図 3.4）．

$$C_1 \times C_2 \subset \Omega, \quad (C_1 \times C_2) \cap S_1 = \left\{ \left(\frac{1}{2} + \frac{2}{3}i, -\frac{1}{2} + \frac{2}{3}i \right) \right\}.$$

$z \in C_1$ で $(\{z\} \times C_2) \cap S_1 = \emptyset$ であるものに対し，

$$\Theta(z) = \int_{w \in C_2} \partial_w \arg F(z,w) dw = \frac{1}{i} \int_{w \in C_2} \frac{\partial_w F(z,w)}{F(z,w)} dw \in 2\pi \mathbf{Z}$$

とおく．ただし，$\partial_w = \partial/\partial w$．$U_1$ 上では

$$F(z,w) = (w - z + 1)\phi(z,w), \quad \phi \in \mathscr{O}^*(U_1)$$

と書かれる．よって，U_1 上では

$$\Theta(z) = \int_{w \in C_2} \partial_w \arg(w - z + 1) dw + \int_{w \in C_2} \partial_w \arg \phi(z,w) dw,$$
$$\tau(z) := \int_{w \in C_2} \partial_w \arg \phi(z,w) dw.$$

初めに $\tau(z)$ を考える。z が C_1, $\Im z \geq 0$ 上を $\frac{5}{6}$ から $-\frac{5}{6}$ まで動くとき，$\tau(z)$ は連続に動く。その値は $2\pi\mathbf{Z}$ にもつので，$\tau(z) = \tau_0$（定数）である。一方，

$$\int_{w \in C_2} \partial_w \arg\left(w - \frac{5}{6} + 1\right) dw = 2\pi,$$

$$\int_{w \in C_2} \partial_w \arg\left(w + \frac{5}{6} + 1\right) dw = 0$$

である。したがって，

$$\Theta\left(\frac{5}{6}\right) = 2\pi + \tau_0, \quad \Theta\left(-\frac{5}{6}\right) = \tau_0,$$

(3.4.47) $$\Theta\left(\frac{5}{6}\right) - \Theta\left(-\frac{5}{6}\right) = 2\pi.$$

　一方，z が C_1, $\Im z \leq 0$ 上を $\frac{5}{6}$ から $-\frac{5}{6}$ まで動くとき，そこでは $F(z,w)$ は零点をもたないので，$\tau(z)$ に関する議論と同様に，$\Theta(z)$ は定数である。すると，

$$\Theta\left(\frac{5}{6}\right) - \Theta\left(-\frac{5}{6}\right) = 0$$

となり，(3.4.47) に矛盾する。　　　　　　　　　　　　　　　　　□

【ノート】　岡原理・定理 3.4.43 は，解析的な解の存在が，位相的な条件で完全に特徴付けられるということで，当時大変驚きをもって迎えられた。その後，このような特徴付けを**岡原理**と呼ぶようになり，'グラウェルトの岡原理'，'グロモフの岡原理' など数学の理論進展の一つの指標となった（F. Forstnerič [9] を参照）。

3.4.5 — $\bar{\partial}$ 方 程 式

　複素領域上の微分形式については，簡単な説明が [23] §3.5.3 にある（あまり本格的な解説ではないが，ここではそれで十分である）。

　$z = (z^1, \ldots, z^n)$ を $\mathbf{C}^n$ の標準座標とする（テンソル計算をするときは座標は上添字にした方が便利である）。各 z^j の実部を x^j，虚部を y^j とし，$\mathbf{C}^n$

上の $(0,1)$ 型ベクトル場と $(0,1)$ 型微分形式の基底(互いに双対基底になっている)を

$$(3.4.48) \qquad \frac{\partial}{\partial \bar{z}^j} = \frac{1}{2}\left(\frac{\partial}{\partial x^j} - \frac{1}{i}\frac{\partial}{\partial y^j}\right), \qquad 1 \leq j \leq n,$$

$$(3.4.49) \qquad d\bar{z}^j = dx^j - idy^j, \qquad 1 \leq j \leq n$$

とおく.

$\mathbf{C}^n$ の開集合 U 上の $(0,1)$ 型の微分形式(以下全て C^∞ 級とする)

$$(3.4.50) \qquad f = f_1 d\bar{z}^1 + \cdots + f_n d\bar{z}^n, \quad f_j \in C^\infty(U)$$

を考える.$u \in C^\infty(U)$ に対し,微分作用素

$$\bar{\partial}u = \frac{\partial u}{\partial \bar{z}^1}d\bar{z}^1 + \cdots + \frac{\partial u}{\partial \bar{z}^n}d\bar{z}^n$$

を定義する.f が与えられたとき,未知関数を u とする微分方程式

$$(3.4.51) \qquad\qquad\qquad \bar{\partial}u = f$$

は,$\bar{\partial}$(ディーバーまたはデルバー)**方程式**と呼ばれる.u に対するコーシー–リーマン条件 (1.1.10) は

$$(3.4.52) \qquad\qquad\qquad \bar{\partial}u = 0$$

と表される.

仮に (3.4.51) に解 $u \in C^\infty(U)$ があったとすると,

$$\frac{\partial u}{\partial \bar{z}^j} = f_j, \quad \frac{\partial^2 u}{\partial \bar{z}^k \partial \bar{z}^j} = \frac{\partial f_j}{\partial \bar{z}^k}, \quad 1 \leq j,k \leq n.$$

$\frac{\partial^2 u}{\partial \bar{z}^k \partial \bar{z}^j} = \frac{\partial^2 u}{\partial \bar{z}^j \partial \bar{z}^k}$ であるから,

$$(3.4.53) \qquad\qquad \frac{\partial f_j}{\partial \bar{z}^k} = \frac{\partial f_k}{\partial \bar{z}^j}, \quad 1 \leq j,k \leq n.$$

これは,$\bar{\partial}$ 方程式 (3.4.51) が解 u をもつ必要条件であり,**可積分条件**と呼ば

れる. $(0, 2)$ 型微分形式が

$$\bar{\partial} f = \sum_{1 \leq j < k \leq n} \left(\frac{\partial f_k}{\partial \bar{z}^j} - \frac{\partial f_j}{\partial \bar{z}^k} \right) d\bar{z}^j \wedge d\bar{z}^k$$

と定義されるので, 可積分条件 (3.4.53) は,

(3.4.54) $$\bar{\partial} f = 0$$

と同値である. このことを f は, $\bar{\partial}$ **閉**であるという.

　また, 上の議論から可微分関数 u に対し常に

(3.4.55) $$\bar{\partial} \bar{\partial} u = 0.$$

　以下, 連続クザン問題の可解性定理 3.4.23 を用いて, 正則(凸)領域で $\bar{\partial}$ 閉な f に対し $\bar{\partial}$ 方程式 (3.4.51) を解きたいのであるが, 少し準備をする.

　$\mathbf{C}$ 上の関数 ψ のコーシー積分変換 $\mathrm{T}\psi(z)$ を

(3.4.56) $$\mathrm{T}\psi(z) = \frac{1}{2\pi i} \int_{\mathbf{C}} \frac{\psi(\zeta)}{\zeta - z} d\zeta \wedge d\bar{\zeta}$$

と定義する. もちろん, 積分は存在する状況で考える.

補題 3.4.57　$\psi \in C^\infty(\mathbf{C})$, $\mathrm{Supp}\,\psi \Subset \mathbf{C}$ とする. すると $\mathrm{T}\psi$ も C^∞ 級で

$$\frac{\partial \mathrm{T}\psi}{\partial \bar{z}} = \psi.$$

証明　定義により

$$\mathrm{T}\psi(z) = \frac{1}{2\pi i} \int_{\mathbf{C}} \frac{\psi(z + \zeta)}{\zeta} d\zeta \wedge d\bar{\zeta}.$$

これよりストークスの定理を用いて次のように計算する (微分形式の計算については, [23] §3.5.3 を参照).

$$\frac{\partial \mathrm{T}\psi}{\partial \bar{z}}(z) = \frac{1}{2\pi i} \int_{\mathbf{C}} \frac{1}{\zeta} \frac{\partial \psi(z + \zeta)}{\partial \bar{z}} d\zeta \wedge d\bar{\zeta} = \frac{1}{2\pi i} \int_{\mathbf{C}} \frac{\frac{\partial}{\partial \bar{\zeta}} \psi(z + \zeta)}{\zeta} d\zeta \wedge d\bar{\zeta}$$

$$= \frac{-1}{2\pi i} \int_{\mathbf{C}} d_\zeta \left(\frac{\psi(z+\zeta)}{\zeta} d\zeta \right) = \lim_{\varepsilon \to +0} \frac{1}{2\pi i} \int_{|\zeta|=\varepsilon} \frac{\psi(z+\zeta)}{\zeta} d\zeta$$

$$= \lim_{\varepsilon \to +0} \frac{1}{2\pi} \int_0^{2\pi} \psi(z + \varepsilon e^{i\theta}) d\theta = \psi(z). \qquad \blacksquare$$

補題 3.4.58（ドルボーの補題） $\Omega = \prod_{j=1}^n \Omega_j \Subset \mathbf{C}^n$ を有界な凸柱状領域とする. 閉包 $\bar{\Omega}$ の近傍 U 上 (3.4.50) で定義された $\bar{\partial}$ 閉な $(0,1)$ 型微分形式 f に対し $\bar{\Omega}$ 上（その近傍上の意味）の可微分関数 u が存在して，Ω 上で

$$\bar{\partial}u = f$$

が成立する.

証明 $\mathbf{C}^n$ 上の C^∞ 級関数 $\chi(z) \geq 0$ を $\mathrm{Supp}\,\chi \Subset U$, $\chi|_\Omega = 1$ ととる. $\hat{f} = \chi f$ $(\hat{f}_j = \chi f_j)$ とし，U の外では 0 とする. これは，$\mathbf{C}^n$ 上定義されたコンパクト台をもつ $(0,1)$ 型微分形式である.

$$\hat{f} = \hat{f}_q d\bar{z}^q + \cdots + \hat{f}_n d\bar{z}^n, \quad 1 \leq q \leq n$$

と表す. $q = n, n-1, \ldots, 1$ についての帰納法により証明する.

$q = n$ の場合. $\hat{f} = \hat{f}_n d\bar{z}^n$ である. 変数 z^n に関するコーシー積分変換

$$\mathrm{T}_n \hat{f}_n(z^1, \ldots, z^n) = \frac{1}{2\pi i} \int_{\zeta^n \in \mathbf{C}} \frac{\hat{f}_n(z^1, \ldots, z^{n-1}, \zeta^n)}{\zeta^n - z^n} d\zeta^n \wedge d\bar{\zeta}^n$$

をとる. $\chi|_\Omega = 1$ なので，

$$\hat{f}(z) = f, \quad \bar{\partial}\hat{f}(z) = 0, \qquad z \in \Omega.$$

Ω 上で $(d\bar{z}^n \wedge d\bar{z}^n = 0$ であるから)

$$\bar{\partial}\hat{f} = \sum_{h=1}^{n-1} \frac{\partial \hat{f}_n}{\partial \bar{z}^h} d\bar{z}^h \wedge d\bar{z}^n = 0$$

$$\Longleftrightarrow \frac{\partial \hat{f}_n}{\partial \bar{z}^h} = 0, \quad 1 \leq h \leq n-1$$

$$\Longleftrightarrow \hat{f}_n(z^1,\ldots,z^n) \text{ は } z^1,\ldots,z^{n-1} \text{ について正則}.$$

よって，$\mathrm{T}_n\hat{f}_n(z^1,\ldots,z^n)$ は，Ω 上 $(z^1,\ldots,z^{n-1})$ について正則である.

$$u = \mathrm{T}_n\hat{f}_n \in C^\infty(\mathbf{C}^n)$$

とおく．補題 3.4.57 より Ω 上

$$\bar\partial u = \frac{\partial \mathrm{T}_n\hat{f}_n}{\partial \bar{z}^n}d\bar{z}^n = f_n d\bar{z}^n = f.$$

次に $1 \le q \le n-1$ として $q+1$ で成立しているとする．凸柱状領域 Ω' を $\Omega \Subset \Omega' \Subset U$ ととり，$\chi|_{\Omega'} = 1$ ととり直す.

$$(3.4.59) \qquad \hat{f} = \hat{f}_q d\bar{z}^q + \hat{f}_{q+1}d\bar{z}^{q+1} + \cdots + \hat{f}_n d\bar{z}^n$$

である．Ω' 上 $\bar\partial\hat{f} = \bar\partial f = 0$ であるから，Ω' 上 $\hat{f}_q$ は $(z^1,\ldots,z^{q-1})$ について正則である.

$$g_q = \mathrm{T}_q\hat{f}_q \in C^\infty(\mathbf{C}^n)$$

とおく．g_q は，Ω' で $(z^1,\ldots,z^{q-1})$ について正則であり

$$\begin{aligned}
\bar\partial g_q &= \frac{\partial \mathrm{T}_q\hat{f}_q}{\partial \bar{z}^q}d\bar{z}^q + \frac{\partial g_q}{\partial \bar{z}^{q+1}}d\bar{z}^{q+1} + \cdots + \frac{\partial g_q}{\partial \bar{z}^n}d\bar{z}^n \\
&= \hat{f}_q d\bar{z}^q + \frac{\partial g_q}{\partial \bar{z}^{q+1}}d\bar{z}^{q+1} + \cdots + \frac{\partial g_q}{\partial \bar{z}^n}d\bar{z}^n.
\end{aligned}$$

したがって，

$$h := \hat{f} - \bar\partial g_q = h_{q+1}d\bar{z}^{q+1} + \cdots + h_n d\bar{z}^n$$

とおくと，(3.4.55) より Ω' 上で h は $\bar\partial$ 閉である．帰納法の仮定が使えて，ある $\bar\Omega$ 上の関数 v で $\bar\partial v = h$ となるものがある．$u = v + g_q$ とおけば，Ω 上 $\bar\partial u = f$. ∎

定理 3.4.60（岡，ドルボー）　正則(凸)領域 Ω 上の $(0,1)$ 型微分形式 f（C^∞ 級）に対する $\bar\partial$ 方程式

(3.4.61) $$\bar{\partial} u = f$$

は, f が $\bar{\partial}$ 閉ならば必ず解 $u \in C^\infty(\Omega)$ をもつ.

証明 任意に点 $a \in \Omega$ と多重円板近傍 $U_a \Subset \Omega$ をとると, 補題 3.4.58 より, $u_a \in C^\infty(U_a)$ で

$$\bar{\partial} u_a = f \quad (U_a \ \text{上})$$

となるものがある. そのような U_a による Ω の開被覆 $\{U_\lambda\}$ と $u_\lambda \in C^\infty(U_\lambda)$ で, $\bar{\partial} u_\lambda = f|_{U_\lambda}$ を満たすものがある. $U_\lambda \cap U_\mu \neq \emptyset$ 上では

$$\bar{\partial}(u_\lambda - u_\mu) = 0$$

であるから, $u_\lambda - u_\mu \in \mathscr{O}(U_\lambda \cap U_\mu)$. すなわち, $\{(U_\lambda, u_\lambda)\}$ は連続クザン分布となる. その (連続) 解 u をとる. 各 U_λ 上で $u - u_\lambda$ は正則であるから, u は C^∞ 級である. かつ,

$$\bar{\partial} u = \bar{\partial}(u - u_\lambda + u_\lambda) = \bar{\partial} u_\lambda = f.$$

したがって u は求める解である. ∎

　補足. 上の証明では, 内容的に, 連続クザン問題の可解性より $\bar{\partial}$ 方程式 (3.4.61) の可解性を導いた. その逆も成立することを見ておこう.

命題 3.4.62 Ω は, 可積分条件を満たす任意の $\bar{\partial}$ 方程式が可解であるような領域とする. すなわち, 任意の C^∞ 級 $\bar{\partial}$ 閉 $(0,1)$ 形式 f に対し, (3.4.61) は C^∞ 級の解 u をもつと仮定する. すると, Ω 上の任意の連続クザン問題は可解である.

証明 $\mathscr{C} = \{(U_j, g_j)\}_{j \in \mathbf{N}}$ を Ω 上の連続クザン分布とする. 命題 3.4.16 の 1 の分割 χ_j $(j \in \mathbf{N})$ を C^∞ 級にとる[4]. $(g_k - g_j)\chi_j$ を, $U_k \setminus U_j$ では 0 と

---

[4]　この証明は, $\mathbf{C}^n$ の領域では難しくないので, 読者に任せる. (後出の補題 4.2.45 を参照. また参考書としては, 例えば村上信吾著, 多様体, 共立出版, 第 1 章など.)

して $C^\infty(U_k)$ の元と考え,

$$u_k = \sum_{j \in \mathbf{N}} (g_k - g_j)\chi_j \in C^\infty(U_k)$$

とおく. $U_k \cap U_l \, (\neq \emptyset)$ 上で

(3.4.63)
$$u_k - u_l = g_k - g_l \in \mathcal{O}(U_k \cap U_l),$$
$$\bar{\partial}u_k = \bar{\partial}u_l.$$

したがって, 各 U_k で $f := \bar{\partial}u_k$ とおけば f は Ω 上の C^∞ 級の $(0,1)$ 型微分形式で, $\bar{\partial}f = 0$ である. Ω に対する仮定より, $\bar{\partial}u = f$ の解 $u \in C^\infty(\Omega)$ が存在する. (3.4.63) より

$$u - u_k + g_k = u - u_l + g_l, \qquad U_k \cap U_l \text{ 上.}$$

したがって, 各 U_k 上で $G = u - u_k + g_k$ とおけば

$$G \in C^0(\Omega), \qquad G - g_k = u - u_k \in C^\infty(U_k)$$

であって

$$\bar{\partial}(u - u_k) = f - f = 0$$

であるから $G - g_k \in \mathcal{O}(U_k)$ となり, G は連続クザン分布 $\mathscr{C}$ の解である. ∎

注意 3.4.64 定理 3.4.60 と命題 3.4.62 により, クザン問題の可解性と $\bar{\partial}$ 方程式の可解性は同値になることがわかった. 本書の展開 (岡理論の展開) では, クザン問題を解決して, それを用いて擬凸問題を解くという流れになるのであるが, ヘルマンダー [16] の展開は, 逆に擬凸領域上で $\bar{\partial}$ 方程式が可解であることをまず示して, 後にクザン問題も解決するという, 順序を逆転した点が著しく異なる. その意気込みは同書第 4 章の序文 "Summary" にもよく表れている. それは, 次の文で始まる:

In this chapter we abondon the classical methods for solving the Cousin problems (that is, solving the Cauchy–Riemann equations), of which an example was given in section 2.7. Instead, we develope a technique for studying the Cauchy–Riemann equations where the main point is an L^2 estimate proved in sections .....

3.5 補間問題

$\Omega \subset \mathbf{C}^n$ を領域とする.

問題 3.5.1 (補間問題) Ω に離散閉集合 $T = \{a_\nu\}_{\nu \in \Gamma}$ $(a_\nu \in \Omega)$ と複素数 $\{A_\nu\}_{\nu \in \Gamma}$ を任意に与える. このとき, 正則関数 $F \in \mathscr{O}(\Omega)$ で

$$F(a_\nu) = A_\nu, \qquad \nu \in \Gamma$$

を満たすものを求めよ.

$n = 1$ で Γ が有限な場合は, ラグランジュによる多項式補間が古く知られている. すなわち

$$(3.5.2) \qquad P(z) = \prod_{\nu \in \Gamma} (z - a_\nu),$$
$$Q(z) = \sum_{\nu \in \Gamma} \frac{A_\nu}{P'(a_\nu)} \cdot \frac{P(z)}{z - a_\nu}$$

とおけば, $Q(a_\nu) = A_\nu$ $(\nu \in \Gamma)$ が成立する.

$n \geq 2$ では, 補間問題が解けるためには, Ω は任意ではない. まず, 必要条件を述べよう.

命題 3.5.3 Ω 上で任意の補間問題が可解ならば, Ω は正則凸である.

証明 コンパクト部分集合 $K \Subset \Omega$ をとる. $\hat{K}_\Omega \not\Subset \Omega$ であったとすると, Ω の点に集積しない相異なる離散点列 $a_\nu \in \hat{K}_\Omega$, $\nu = 1, 2, \ldots$ をとることができる. 仮定によりある $F \in \mathscr{O}(\Omega)$ で

$$F(a_\nu) = \nu, \quad \nu = 1, 2, \ldots$$

を満たすものが存在する．一方

$$|F(a_\nu)| \leq \|F\|_K < \infty, \quad \nu = 1, 2, \ldots$$

でなければならないから，矛盾である． ∎

Ω の離散閉集合 T は，複素部分多様体（連結性は仮定しない）の次元が 0 の場合の特別な場合であり，写像

$$f : a_\nu \in T \to A_\nu \in \mathbf{C}$$

は，T 上の正則関数とみなされる．この観点から，岡の上空移行を用いることにより一般に次の補間定理を示すことができる．

定理 3.5.4（一般補間） $\Omega \subset \mathbf{C}^n$ を正則(凸)領域，$S \subset \Omega$ を複素部分多様体とする．このとき，制限射 $\mathscr{O}(\Omega) \ni F \mapsto F|_S \in \mathscr{O}(S)$ は全射である．つまり，次は完全列である：

$$\mathscr{O} \ni F \longmapsto F|_S \in \mathscr{O}(S) \longrightarrow 0.$$

証明 $f \in \mathscr{O}(S)$ を任意にとる．

（イ）初めに，解析的多面体 P $(\Subset \Omega)$ に対し，$F \in \mathscr{O}(\bar{\mathrm{P}})$ で $F|_{S \cap \bar{\mathrm{P}}} = f|_{S \cap \bar{\mathrm{P}}}$ を満たすものを求める．(3.4.24) および (3.4.25) のように

$$\varphi_{\mathrm{P}} : \widetilde{\mathrm{P}} \ni \mathrm{P} \longrightarrow \widetilde{\mathrm{P\Delta}} \ni \mathrm{P\Delta}$$

を岡写像とする．$\varphi_{\mathrm{P}}(S \cap \bar{\mathrm{P}})$ は $\overline{\mathrm{P\Delta}}$ の近傍内の複素部分多様体を閉集合 $\overline{\mathrm{P\Delta}}$ に制限したものになっている．岡の上空移行補題 2.4.14 により，ある $G \in \mathscr{O}(\overline{\mathrm{P\Delta}})$ で

$$G(\varphi_{\mathrm{P}}(z)) = f(z), \quad z \in S \cap \bar{\mathrm{P}}$$

を満たすものが存在する．$F = G(\varphi_{\mathrm{P}}(z)) \in \mathscr{O}(\bar{\mathrm{P}})$ であるから，求めるものが得られた．

（ロ）命題 3.3.18 により，Ω の解析的多面体領域の増大被覆

$$P_1 \Subset P_2 \Subset \cdots \Subset P_\mu \Subset \cdots, \quad \bigcup_{\mu=1}^{\infty} P_\mu = \Omega$$

が存在する．先に示した（イ）の結果から

$$(3.5.5) \qquad F_\mu' \in \mathscr{O}(\overline{P}_\mu), \quad F_\mu'|_{S \cap \overline{P}_\mu} = f|_{S \cap \overline{P}_\mu}, \quad \mu = 1, 2, \ldots$$

が得られる．

各 $\mu \in \mathbf{N}$ について岡写像を $\varphi_{P_\mu} = \varphi_\mu$ と書く．像 $\varphi_\mu(S \cap \tilde{P}_\mu)$ は，$\widetilde{P\Delta}_\mu$ の複素部分多様体であるから，幾何学的シジジー定理 2.4.10 (i) により各 $\overline{P\Delta}_\mu$ 上で $\mathscr{I}(\varphi_\mu(S \cap \tilde{P}_\mu))$ の有限生成系

$$\sigma_{\mu h} \in \Gamma(\overline{P\Delta}_\mu, \mathscr{I}(\varphi_\mu(S \cap \tilde{P}_\mu))), \quad 1 \leq h \leq l_\mu$$

が存在する．これらの φ_μ による引き戻し $\sigma_{\mu h}' = \varphi_\mu^* \sigma_{\mu h}$ をとれば，$\mathscr{I}(S)$ の $\overline{P}_\mu$ 上の有限生成系

$$\sigma_{\mu h}' \in \Gamma(\overline{P}_\mu, \mathscr{I}(S)), \quad 1 \leq h \leq l_\mu$$

が得られる．記号の煩雑を避けるため，$\sigma_{\mu h}' \in \mathscr{O}(\overline{P}_\mu)$ と同一視する．

$F_1 = F_1'$ とおく．帰納的に $F_\mu \in \mathscr{O}(\overline{P}_\mu)$ を決めてゆく．$F_1, \ldots, F_\mu$ まで が次のようにとれたとする．

$$(3.5.6) \qquad F_\nu|_{\overline{P}_\nu \cap S} = f|_{\overline{P}_\nu \cap S}, \quad \nu = 2, \ldots, \mu,$$
$$\|F_\nu - F_{\nu-1}\|_{\overline{P}_{\nu-1}} < \frac{1}{2^{\nu-1}}, \quad \nu = 2, \ldots, \mu.$$

(3.5.5) と (3.5.6) より

$$(3.5.7) \qquad (F_{\mu+1}' - F_\mu)|_{\overline{P}_\mu \cap S} = 0.$$

以下，φ_μ により $\overline{P}_\mu$ と $\varphi(\overline{P}_\mu) \subset \overline{P\Delta} \; (\Subset \widetilde{P\Delta})$ を同一視し，いったん上空 移行で $\overline{P\Delta}$ 上で構成しそれを制限して $\overline{P}$ 上の関数を得る手順を省略した述 べ方をする．

幾何学的シジジー定理 2.4.10 (ii) より $a_{\mu+1 h}' \in \mathscr{O}(\overline{P}_\mu) \; (1 \leq h \leq l_{\mu+1})$ が

あって

$$(3.5.8) \qquad F'_{\mu+1}(z) - F_\mu(z) = \sum_{h=1}^{l_{\mu+1}} a'_{\mu+1h}(z)\sigma'_{\mu+1h}(z), \quad z \in \overline{\mathrm{P}}_\mu$$

が成立する（$\overline{\mathrm{P}}_\mu$ 上であるが $\{\sigma'_{\mu+1h}\}$ を使っていることに注意）．岡の近似定理 3.3.11 により $a'_{\mu+1h}(z)$ を $\overline{\mathrm{P}}_\mu$ 上 $a_{\mu+1h} \in \mathscr{O}(\Omega)$ $(1 \le h \le l_{\mu+1})$ で十分近似すれば

$$\left\| \sum_{h=1}^{l_{\mu+1}} a_{\mu+1h}\sigma'_{\mu+1h} - \sum_{h=1}^{l_{\mu+1}} a'_{\mu+1h}\sigma'_{\mu+1h} \right\|_{\overline{\mathrm{P}}_\mu} < \frac{1}{2^\mu}.$$

$$F_{\mu+1} = F'_{\mu+1} - \sum_{h=1}^{l_{\mu+1}} a_{\mu+1h}\sigma'_{\mu+1h} \in \mathscr{O}(\overline{\mathrm{P}}_{\mu+1})$$

とおくと，$F_{\mu+1}|_{\overline{\mathrm{P}}_{\mu+1}\cap S} = f|_{\overline{\mathrm{P}}_{\mu+1}\cap S}$ かつ

$$\|F_{\mu+1} - F_\mu\|_{\overline{\mathrm{P}}_\mu} < \frac{1}{2^\mu}$$

となり，(3.5.6) が $\nu = \mu+1$ で成立する．したがって，関数項級数

$$F(z) = F_1(z) + \sum_{\mu=1}^{\infty} (F_{\mu+1}(z) - F_\mu(z))$$

$$= F_\nu(z) + \sum_{\mu=\nu}^{\infty} (F_{\mu+1}(z) - F_\mu(z)), \quad z \in \mathrm{P}_\nu, \, \forall \nu \in \mathbf{N}$$

は，Ω で広義一様収束し

$$F \in \mathscr{O}(\Omega), \quad F|_S = f$$

を満たす． ▮

3.6 リーマン領域

（イ）リーマン領域． $n \geq 2$ では，$\mathbf{C}^n$ のある領域 Ω で，任意の $f \in \mathscr{O}(\Omega)$ が Ω を真に含むより大きな領域に解析接続され（ハルトークス現象），さらにはそれらが無限多価関数になるという現象が起こることがある：

例 3.6.1 $(z, w) \in \mathbf{C}^2$ を座標として Ω を次のように定義する．$\arg z$ を $\arg 1 = 0$ として分枝（多価）を固定して

$$\Omega : \frac{1}{2} < |z| < 1, \quad -\frac{\pi}{2} + \arg z < |w| < \frac{\pi}{2} + \arg z.$$

この定義域は，その中の点 (z, w) をとるとき，z が円環の中を反時計回りに一回りし，$\arg z$ が 2π 増加しても w の定義域が変化し重ならないので Ω は $\mathbf{C}^2$ の部分領域である．このとき，任意の $f \in \mathscr{O}(\Omega)$ は，$\{1/2 < |z| < 1\} \times \mathbf{C}$ 上に各点を無限回被覆する領域

$$\tilde{\Omega} : \frac{1}{2} < |z| < 1, \quad |w| < \frac{\pi}{2} + \arg z$$

上に正則に解析接続されることが，ローラン展開を用いて示される（[23] 例 5.1.5 参照）．例えば，$f_0(z, w) = \log z + w \in \mathscr{O}(\Omega)$ は，Ω では一価であるが，$\tilde{\Omega}$ 上無限多価に解析接続される．

上述の $\tilde{\Omega}$ の点 (z, w) を $\arg z$ の値で区別して考えれば，f_0 はその上の一価関数と見ることができる．このような事象を一般的に定式化しよう．

定義 3.6.2 $\mathfrak{D}$ を（特に断らない限り連結）ハウスドルフ位相空間として，連続写像 $\pi : \mathfrak{D} \to \mathbf{C}^n$ があるとする．π が局所同相（すなわち，任意の点 $p \in \mathfrak{D}$ に対しその近傍 $U (\subset \mathfrak{D})$，$\pi(p)$（p の**基点**と呼ぶ）の近傍 $V (\subset \mathbf{C}^n)$ が存在して，制限 $\pi|_U : U \to V$ が同相写像になる）であるとき，$\pi : \mathfrak{D} \to \mathbf{C}^n$ または単に $\mathfrak{D}$ を（**不分岐**）**リーマン領域**と呼ぶ．本書では，これをより手短に（$\mathbf{C}^n$ 上の（**不分岐**））**領域**と呼び，$\mathfrak{D}/\mathbf{C}^n$ とも略記する．

注意 3.6.3 (i) ここでは複素多様体の定義を与えないが，リーマン領域

$\pi : \mathfrak{D} \to \mathbf{C}^n$ はそれ自身として π を局所双正則写像とする連結な複素多様体となる（[23] 定義 4.5.7 参照）.

(ii)　$\mathfrak{D}$ を複素多様体または複素空間（[23] §6.9 参照）として，上記 $\pi|_U : U \to V$ が有限（固有かつ $(\pi|_U)^{-1}q$ $(q \in V)$ が有限，[23] 定義 6.1.10 参照）であるとき，$\pi : \mathfrak{D} \to \mathbf{C}^n$ を一般に（$\mathbf{C}^n$ 上の）**領域**と呼ぶ．領域が不分岐領域でないとき，**分岐領域**と呼ぶ．本書ではもっぱら不分岐領域のみを扱うので，特に断らなければ**領域**といえば不分岐領域を意味する.

(iii)　領域 $\pi : \mathfrak{D} \to \mathbf{C}^n$, $z \in \mathbf{C}^n$ に対し，点 $p \in \pi^{-1}z$ を z **上の点**と呼ぶ．任意の $z \in \mathbf{C}^n$ に対し z 上の点が高々 1 点であるとき，$\mathfrak{D}$ は**単葉領域**であるという．この場合，$\mathfrak{D}$ は $\pi(\mathfrak{D})$ と同一視され，$\mathbf{C}^n$ の領域とみなされる．これに比して一般の場合，$\mathfrak{D}/\mathbf{C}^n$ は**多葉**または**複葉領域**であるという．$N = \sup\{\pi^{-1}\pi(p) \text{の個数} : p \in \mathfrak{D}\} \leq \infty$ とする．$N < \infty$ であるとき $\pi : \mathfrak{D} \to \mathbf{C}^n$ は**有限葉**（N **葉**）であるといい，そうでない場合**無限葉**であるという.

（ロ）領域上の正則関数.　$\pi : \mathfrak{D} \to \mathbf{C}^n$ を領域とする．$\pi|_U : U \to V$ を定義 3.6.2 にある局所同相写像とすると，$p \in U$ とその基点 $z = \pi(p) \in V$ を同一視できる．$z \in V$ を点 $p \in U$ の局所（複素）座標と考え，$p(z)$ と書くことにする．開集合 $W \subset \mathfrak{D}$ 上の関数 $f(p)$ が**正則**であるとは，各点 $p(z) \in W$ で $f(p(z))$ が局所的に複素変数 z の関数として正則であることと定義する．その全体を $\mathcal{O}(W)$ で表す.

$\mathfrak{D}$ 上の C^k 級関数 $(1 \leq k \leq \infty)$ も同様に定義することができる．その全体を $C^k(\mathfrak{D})$ と書く.

これまでに示した正則関数の性質は，$\mathcal{O}(W)$ の元に対しても成立する．多重円板 $\mathrm{P}\Delta(a; r) \subset \mathbf{C}^n$ と開集合 $W \subset \mathfrak{D}$ があり，$\pi|_W : W \to \mathrm{P}\Delta(a; r)$ が同相であるとき，$(\pi|_W)^{-1}\mathrm{P}\Delta(a; r)$ を $p = (\pi|_W)^{-1}(a)$ を中心とする $\mathfrak{D}$ 内の**多重円板**と呼び，$\mathrm{P}\Delta(p; r) = \mathrm{P}\Delta(p(a); r)$ $(\subset \mathfrak{D})$ と書くことにする.

$f \in \mathcal{O}(\mathrm{P}\Delta(p(a); r))$ とすると，$f(p(z))$ は z の関数として $z = a$ を中心と

して巾級数展開される：

$$(3.6.4) \qquad f(p(z)) = \sum_{\alpha \in \mathbf{Z}_+^n} c_\alpha (z-a)^\alpha.$$

この右辺の巾級数を $\underline{f}_p$ で表す：

$$(3.6.5) \qquad \underline{f}_p = \sum_{\alpha \in \mathbf{Z}_+^n} c_\alpha (z-a)^\alpha.$$

族 $\mathscr{F}\ (\neq \emptyset) \subset \mathscr{O}(\mathfrak{D})$ を一つとり，止める.

定義 3.6.6（正則分離）　領域 $\pi : \mathfrak{D} \to \mathbf{C}^n$ が $\mathscr{F}$ **分離**とは，任意の異なる 2 点 $p, q \in \mathfrak{D}$, $\pi(p) = \pi(q)$ に対しある $f \in \mathscr{F}$ があって，$\underline{f}_p \neq \underline{f}_q$ が成立することである．$\mathscr{F} = \mathscr{O}(\mathfrak{D})$ のとき，$\mathfrak{D}$ は**正則分離**であるという．

命題 3.6.7　領域 $\pi : \mathfrak{D} \to \mathbf{C}^n$ に対し次の 2 条件は同値である.

(i) $\mathfrak{D}$ は，正則分離である.

(ii) 任意の点 $a \in \mathbf{C}^n$ 上の異なる 2 点 $p, q \in \mathfrak{D}$ に対しある $f \in \mathscr{O}(\mathfrak{D})$ があって，$f(p) \neq f(q)$.

証明　(ii) $\Rightarrow$ (i) は明らか.

(i) $\Rightarrow$ (ii)　座標 $z = (z_1, \ldots, z_n)$ に関する正則偏微分 ∂^α を (1.1.8) で定義した．任意の $f \in \mathscr{O}(\mathfrak{D})$ に対し $\partial^\alpha f \in \mathscr{O}(\mathfrak{D})$ が自然に定義される．$p, q\ (\pi(p) = \pi(q))$ に対し $\underline{f}_p \neq \underline{f}_q \in \mathscr{O}_{\pi(p)}$ となる $f \in \mathscr{O}(\mathfrak{D})$ をとれば，ある ∂^α が存在して $\partial^\alpha f(p) \neq \partial^\alpha f(q)$ となる． ∎

もう一つの領域 $\rho : \mathfrak{R} \to \mathbf{C}^m$ を考える[5]．連続写像 $\psi : \mathfrak{D} \to \mathfrak{R}$ が**正則写像**であるとは，$\rho \circ \psi : \mathfrak{D} \to \mathbf{C}^m$ がベクトル値正則関数であることとする．このとき，ψ による正則関数の引き戻し ψ^* が次のように定義される．

$$\psi^* : g \in \mathscr{O}(\mathfrak{R}) \to g \circ \psi \in \mathscr{O}(\mathfrak{D}).$$

---

5)　領域は英語 domain の訳であるが，region と言っていたときもあった.

これは，環の**準同型**である：すなわち，任意の $g, h \in \mathscr{O}(\mathfrak{R})$ に対し

$$\psi^*(g + h) = \psi^* g + \psi^* h, \quad \psi^*(g \cdot h) = \psi^* g \cdot \psi^* h.$$

ψ^* が全単射であるとき，ψ^* は（環の）**同型**であるという．

$n = m$ で $\pi = \rho \circ \psi$ であるとき，$\psi : \mathfrak{D} \to \mathfrak{R}$ を $\mathbf{C}^n$ **相対写像**という．$\mathbf{C}^n$ 相対写像 $\psi : \mathfrak{D} \to \mathfrak{R}$ が全単射であるとき逆も相対写像になり，$\mathbf{C}^n$ **相対同型写像**といい，$\mathfrak{D}$ と $\mathfrak{R}$ は $\mathbf{C}^n$ **相対同型**であるという．

（ハ）**解析接続**．$\pi : \mathfrak{D} \to \mathbf{C}^n$ を領域，$\mathscr{F} \subset \mathscr{O}(\mathfrak{D})$，$\mathscr{F} \neq \emptyset$ とする．$\mathscr{F}$ に属する関数が一斉に解析接続されるような最大領域を構成したい．

1 点 $p_0 \in \mathfrak{D}$ を固定し，$a = \pi(p_0)$ を始点とする $\mathbf{C}^n$ 内の曲線 C をとる．任意の $f \in \mathscr{F}$ が a の近傍で定義する z の解析関数 $f(p(z))$ を考え，これが C に沿って終点まで解析接続可能な C の全体を Γ とおく．$b \in \mathbf{C}^n$ を終点とする $C^b \in \Gamma$ を考える．a の近傍で定義されている解析関数 $f(p(z))$ $(f \in \mathscr{F})$ が C^b に沿って解析接続され，b の近傍で定まる解析関数を $f_{C^b}(z)$ と書く．C^b と $C'^b \in \Gamma$ が Γ に属する曲線の連続変形としてホモトープならば，$f_{C^b}{}_b = f_{C'^b}{}_b$ となる．この意味での C のホモトピー類を $\{C^b\}$ と表し，$f_{\{C^b\}}{}_b := f_{C^b}{}_b$ と書く．

原点中心の多重円板 PΔ を一つ固定する．$f \in \mathscr{F}$ に対し $f_{\{C^b\}}{}_b(z)$ の $z = b$ での巾級数展開が収束する多重円板近傍 $b + r\mathrm{P}\Delta$ $(r > 0)$ が存在する．そのような r の上限を $r(\{C^b\}, f)$ とする．$\inf_{f \in \mathscr{F}} r(\{C^b\}, f) > 0$ となる $\{C^b\}$ の全体を $\Gamma^\dagger$ と書く．

集合 $\Gamma^\dagger$ の 2 元 $\{C^b\}, \{C'^{b'}\}$ に対し同値関係 $\{C^b\} \sim \{C'^{b'}\}$ を

$$b = b', \quad f_{\{C^b\}}{}_b = f_{\{C'^{b'}\}}{}_{b'}, \quad \forall f \in \mathscr{F}$$

と定める．この同値類を記号 $[\{C^b\}]$ で表す．商集合と自然な射影を

$$\hat{\mathfrak{D}} = \Gamma^\dagger / \sim, \quad \hat{\pi} : [\{C^b\}] \in \hat{\mathfrak{D}} \to b \in \mathbf{C}^n$$

とおく．構成法より，$\hat{\pi} : \hat{\mathfrak{D}} \to \mathbf{C}^n$ は領域になる．$\mathfrak{D}$ は弧状連結であるから

$\hat{\mathfrak{D}}$ は $p_0 \in \mathfrak{D}$ のとり方によらない．また，$\mathbf{C}^n$ 相対写像 $\eta : \mathfrak{D} \to \hat{\mathfrak{D}}$ が自然に定まる．

定義 3.6.8　(i)　上で構成した領域 $\hat{\pi} : \hat{\mathfrak{D}} \to \mathbf{C}^n$ を $\mathfrak{D}$ の $\mathscr{F}$ **包**という．

(ii)　$\mathscr{F} = \mathscr{O}(\mathfrak{D})$ のとき，$\mathscr{F}$ 包を $\mathfrak{D}$ の**正則包**という．

(iii)　$\mathscr{F}$ がただ一つの関数 $f \in \mathscr{O}(\mathfrak{D})$ からなるとき，$\{f\}$ 包を正則関数 f の**存在域**という．

(iv)　領域 $\mathfrak{D}/\mathbf{C}^n$ が**正則領域**とは，$\mathfrak{D}$ がその正則包に一致することである．

注意 3.6.9　(i)　上述 (i)〜(iv) で定義した領域は，全て正則分離である．

(ii)　$\eta : \mathfrak{D} \to \hat{\mathfrak{D}}$（$\mathscr{F}$ 包）が単射であるための必要十分条件は $\mathfrak{D}$ が $\mathscr{F}$ 分離であることである．この場合は，$\mathfrak{D} \subset \hat{\mathfrak{D}}$ である．

以上より，次の定理を得る．

定理 3.6.10　$\pi : \mathfrak{D} \to \mathbf{C}^n$ を正則分離な領域とする．

(i)　$\mathfrak{D}$ は，それを部分領域として含む正則包 $\hat{\pi} : \hat{\mathfrak{D}} \to \mathbf{C}^n$ $(\hat{\pi}|_{\mathfrak{D}} = \pi)$ をもつ．特に，単葉領域には，それを部分領域として含む正則包が必ず存在する．

(ii)　$\mathscr{O}(\mathfrak{D}) = \{f|_{\mathfrak{D}} : f \in \mathscr{O}(\hat{\mathfrak{D}})\}$ が成立する．

(iii)　$\pi' : \mathfrak{D}' \to \mathbf{C}^n$ を $\pi : \mathfrak{D} \to \mathbf{C}^n$ を含む正則分離な領域で $\pi'|_{\mathfrak{D}} = \pi$，$\mathscr{O}(\mathfrak{D}) = \{f|_{\mathfrak{D}} : f \in \mathscr{O}(\mathfrak{D}')\}$ が満たされているとすると，$\mathbf{C}^n$ 相対単射 $\iota : \mathfrak{D}' \to \hat{\mathfrak{D}}$ $(\pi' = \hat{\pi} \circ \iota)$ が存在する．

証明　(i), (ii) は $\hat{\mathfrak{D}}$ の構成より直ちに従う．

(iii) $\mathbf{C}^n$ 上の領域は，弧状連結であることと正則包 $\hat{\mathfrak{D}}$ の構成より従う．∎

$\mathscr{O}(\mathfrak{D})$ に属する解析関数の同時解析接続の観点から見ると，上記 (iii) は正則包は極大な領域であることを意味している．

例 3.6.11　上述注意 3.6.9 (ii) の η が単射でない例を与えよう（[23] 例 7.5.5 参照）．

多重単位円板 $P\Delta = \Delta(0;1)^2$ $(\subset \mathbf{C}^2)$ 内で次のようにおく(自分で図を描いてみよう).

$$K = \left\{ (z_1, z_2) \in P\Delta : \tfrac{1}{4} \leq |z_j| \leq \tfrac{3}{4},\ j = 1, 2 \right\}, \quad \Omega = P\Delta \setminus K,$$

$$\Omega_{\mathrm{H}} = \left(\Delta(0;1) \times \Delta\left(0; \tfrac{1}{4}\right) \right) \cup \left(\left\{ \tfrac{3}{4} < |z_1| < 1 \right\} \times \Delta(0;1) \right),$$

$$\omega = \Delta\left(0; \tfrac{1}{4}\right)^2, \quad U = \Delta(0;1) \times \Delta\left(0; \tfrac{1}{4}\right), \quad V = \Delta\left(0; \tfrac{1}{4}\right) \times \Delta(0;1).$$

すると U と V は,Ω の部分領域であり,$U \cap V = \omega$ となる.そこで U の部分領域としての ω と V の部分領域としての ω を区別することにより,2 葉領域 $\pi : \mathfrak{D} \to \Omega \subset \mathbf{C}^2$ を定義する.Ω_{H} $(\subset \mathfrak{D})$ はハルトークス領域で,その正則包は $P\Delta$ である.よって,$\mathfrak{D}$ の正則包は $\hat{\mathfrak{D}} = P\Delta$ となり,$\eta : \mathfrak{D} \to P\Delta$ は単射ではない.$\mathfrak{D}$ を部分領域として含む正則領域は存在しない.

注意 3.6.12 例 3.6.1 でみたように,$n \geq 2$ では $\mathbf{C}^n$ の単葉領域で考え始めても,その上の正則関数が全てさらに大きな無限葉の領域へ解析接続され,理論を展開する上でどうしても一般に無限葉の領域を扱う必要が出てくる.多変数関数論では,$\mathbf{C}^n$ の部分領域(単葉領域)をのみ扱うのでは,理論が不完全なのである.このことは,多変数関数論を展開する上で重要な視点である.そこから正則関数の存在域として複葉の正則領域を考える必然性が出てくる.

(二)σ コンパクト.$\pi : \mathfrak{D} \to \mathbf{C}^n$ を領域とする.$\mathbf{C}^n$ のユークリッド計量

$$ds^2 = \sum_{j=1}^{n} dx_j^2 + dy_j^2, \quad z_j = x_j + iy_j$$

をとる.局所双正則写像 π により,これを局所的に $\mathfrak{D}$ 上のリーマン計量とみなしたものを $\pi^* ds^2$ と書き,$\mathfrak{D}$ 上のユークリッド計量と呼ぶことにする.$\mathfrak{D}$ 内の任意の区分的 C^1 級曲線 C $(\phi : [t_0, t_1] \to \mathfrak{D})$ の $\pi^* ds^2$ に関する長さを次で定義する.

$$L(C) = \int_C \pi^* ds = \int_{t_0}^{t_1} \sqrt{\sum_{j=1}^n \left((\phi'_{j1}(t))^2 + (\phi'_{j2}(t))^2 \right)} \, dt,$$

$$\phi_j(t) = \phi_{j1}(t) + i\phi_{j2}(t) \quad （局所表示）.$$

1 点 $p_0 \in \mathfrak{D}$ をとり固定する. $\mathfrak{D}$ の境界距離関数 $\delta_{\mathrm{P}\Delta}(p, \partial\mathfrak{D})$ を用いて $\rho > 0$ に対して

$$\mathfrak{D}_\rho = \{p \in \mathfrak{D} : \delta_{\mathrm{P}\Delta}(p, \partial\mathfrak{D}) > \rho\}$$

とおく. $\rho > 0$ は $\mathfrak{D}_\rho \ni p_0$ であるように選んでおく. 任意の $p \in \mathfrak{D}_\rho$ は単葉 な近傍 $U_\rho(p) := p + \rho\mathrm{P}\Delta \ (\subset \mathfrak{D})$ をもつことに注意しよう. $p \in \mathfrak{D}_\rho$ で p と p_0 を結ぶ $\mathfrak{D}_\rho$ 内の区分的 C^1 級曲線 $C(p)$ があるものを考える（$\mathfrak{D}_\rho$ の同じ 連結成分に含まれていればよい）.

$$(3.6.13) \qquad d_\rho(p) = \inf_{C(p) \subset \mathfrak{D}_\rho} L(C(p))$$

とおく. $d_\rho(p)$ は, 次のリプシッツ連続性を満たす.

$(3.6.14)$
$$|d_\rho(p') - d_\rho(p'')| \le \|\pi(p') - \pi(p'')\| = \|p' - p''\|, \quad p', p'' \in U_\rho(p).$$

ここで, 単葉な $U_\rho(x)$ に含まれる点 p', p'' と $\pi(p'), \pi(p'')$ を同一視した. こ のように, 記号の簡略化のため, $\mathfrak{D}$ の単葉な領域に含まれる点を扱うときは 混乱の恐れがない限り, それを $\mathbf{C}^n$ の点と同一視した書き方をする.

次の補題を証明しよう.

補題 3.6.15 任意の $b > 0$ に対し, $\{p \in \mathfrak{D}_\rho : d_\rho(p) < b\} \Subset \mathfrak{D}$ が成立する.

証明 $b = \rho$ とする. とり方から

$$\{p \in \mathfrak{D}_\rho : d_\rho(p) \le \rho\} \subset \bar{U}_\rho(p_0) \Subset U_{\delta_{\mathrm{P}\Delta}(p_0, \partial\mathfrak{D})}(p_0).$$

したがって, $\{p \in \mathfrak{D}_\rho : d_\rho(p) \le \rho\} \Subset \mathfrak{D}$ となり, $b = \rho$ で成立している.

今, ある $b \ge \rho$ で主張が成立しているとする. すなわち $K := \{p \in \bar{\mathfrak{D}}_\rho : d_\rho(p) \le b\}$ はコンパクトであるとする. 任意の $p \in K$ に対し, $\bar{U}_{\rho/2}(p) \Subset \mathfrak{D}$

である.

$$K' = \bigcup_{p \in K} \bar{U}_{\rho/2}(p)$$

はコンパクトである. なぜならば, 点列 $q_\nu \in K'$, $\nu \in \mathbf{N}$ をとると, $p_\nu \in K$, $w_\nu \in \mathbf{C}^n$ $(\|w_\nu\| \leq \rho/2)$ が存在して

$$q_\nu = p_\nu + w_\nu, \quad \nu \in \mathbf{N}$$

と書くことができる. K はコンパクトであるから部分列をとり直すことにより, $\lim_{\nu \to \infty} p_\nu = x_0 \in K$, $\lim_{\nu \to \infty} w_\nu = w_0$ $(\|w_0\| \leq \rho/2)$ となる. したがって

$$\lim_{\nu \to \infty} q_\nu = x_0 + w_0 \in K'.$$

$\{p \in \mathfrak{D}_\rho : d_\rho(p) < b + \rho/2\} \subset K'$ であるから, $b + \rho/2$ に対し主張が成立する. 帰納的に $b + \nu\rho/2$, $\nu = 1, 2, \ldots$ について主張は成立する. したがって任意の $b > 0$ について主張は成立する. ∎

次の性質は σ (**シグマ**) **コンパクト**と呼ばれる.

命題 3.6.16 $\pi : \mathfrak{D} \to \mathbf{C}^n$ を領域とすると, 有界領域による増大被覆 $\{\mathfrak{D}_\nu\}_{\nu=1}^\infty$ で

$$\mathfrak{D}_\nu \Subset \mathfrak{D}_{\nu+1}, \qquad \mathfrak{D} = \bigcup_{\nu=1}^\infty \mathfrak{D}_\nu$$

を満たすものが存在する.

証明 補題 3.6.15 の証明中の記号を用いる. 任意の $r > 0$ に対し, $p \in \mathfrak{D}$ で p_0 と p を結ぶ $\mathfrak{D}_\rho$ 内の区分的 C^1 級曲線 C があって $L(C) < r$ となるものの全体を $\mathfrak{D}_{\rho,r}$ と書く. $\mathfrak{D}_{\rho,r}$ は, もちろん連結で, 補題 3.6.15 より $\mathfrak{D}_{\rho,r} \Subset \mathfrak{D}$ である. 数列 $\rho_\nu \searrow 0$, $r_\nu \nearrow \infty$ $(\nu = 1, 2, \ldots)$ をとれば

(3.6.17) $$\mathfrak{D}_\nu := \mathfrak{D}_{\rho_\nu, r_\nu} \Subset \mathfrak{D}_{\nu+1}, \qquad \bigcup_{\nu=1}^\infty \mathfrak{D}_\nu = \mathfrak{D}. \qquad ∎$$

3.7 スタイン領域

　岡は, 歴史的に一般次元擬凸問題[6]を初めて解決した 1943 年の未発表論文 (VII〜XI) およびそれを連接層の言葉で書いて発表した Oka IX (1953) では, 単葉と限らない一般の不分岐領域上で近似問題やクザン問題を扱った.

　この節では, これまでの主要結果が $\mathbf{C}^n$ 上の不分岐領域ではどのようになるかをみる.

　$\pi : \mathfrak{D} \to \mathbf{C}^n$ を領域とする. 正則凸包や正則凸の概念が §3.1 での単葉な場合と全く同様にして定義される. 例えば, $\mathfrak{D}$ が**正則凸**とは, 任意のコンパクト集合 $K \Subset \Omega$ に対して

$$\hat{K}_{\mathfrak{D}} = \{p \in \mathfrak{D} : |f(p)| \leq \|f\|_K, \ \forall f \in \mathcal{O}(\mathfrak{D})\} \Subset \mathfrak{D}.$$

定義 3.7.1 $\mathbf{C}^n$ 上の領域 $\mathfrak{D}$ が正則分離かつ正則凸であるとき, **スタイン** (または, シュタイン) **領域**であるという. $\mathfrak{D}$ の開集合が**スタイン**とは, その各連結成分がスタイン領域であることである.

　$\mathfrak{D}$ の境界 $\partial\mathfrak{D}$ (次の §3.8 で扱う) を直接定義することはできないのであるが, 内部から境界距離に相当するものを次のように定義する.

　$p(z) \in \mathfrak{D}$ と書くとき, z は p の基点 $z = \pi(p)$ を表すものとする. 多重半径 $r = (r_j)$, 中心 0 の多重円板 $\mathrm{P}\Delta$ (または半径 R の開球 $\mathrm{B}(R)$) を一つ固定する. $s > 0$ に対し $sr = (sr_j)$ として $z \in \mathbf{C}^n$ 中心の多重円板 $\mathrm{P}\Delta(z; sr)$ (または開球 $\mathrm{B}(z; sR) = z + \mathrm{B}(sR)$) を考えると, s が小さければ $p(z) \in \mathfrak{D}$ 中心の多重円板 $\mathrm{P}\Delta(p(z); sr) \subset \mathfrak{D}$ (または開球 $\mathrm{B}(p(z); sR)) \subset \mathfrak{D}$) がある. (3.2.1) のように

(3.7.2)　　$\delta_{\mathrm{P}\Delta}(p, \partial\mathfrak{D}) = \sup\{s > 0 : \mathrm{P}\Delta(p(z); sr) \subset \mathfrak{D}\}(> 0), \quad z \in \mathfrak{D}$

とおく ($\delta_{\mathrm{B}(R)}(p, \partial\mathfrak{D})$ も同様に定義する). $\delta_{\mathrm{P}\Delta}(p, \partial\mathfrak{D})$ (または, $\delta_{\mathrm{B}(R)}(p, \partial\mathfrak{D})$) を $\mathrm{P}\Delta$ (または, $\mathrm{B}(R)$) に関する $\mathfrak{D}$ の**境界距離関数**と呼ぶ. (3.2.2)

---

6)　2 次元単葉な場合は, Oka [29] (1941), Oka VI (1942) で肯定的に解決.

と同様にして

(3.7.3)
$$|\delta_{\mathrm{P\Delta}}(p(z), \partial\mathfrak{D}) - \delta_{\mathrm{P\Delta}}(q(w), \partial\mathfrak{D})| \le \|z - w\|_{\mathrm{P\Delta}}, \quad p(z), q(w) \in \mathfrak{D}.$$

よって，$\delta_{\mathrm{P\Delta}}(p, \partial\mathfrak{D})$ は連続関数である．$\delta_{\mathrm{B}(R)}(p, \partial\mathfrak{D})$ についても同様である．

§3.2 で示した結果は，$\mathbf{C}^n$ 上の領域の場合に次のようになる．証明はそのまま読み替えるだけで成立する．例えば：

> **カルタン–トゥーレンの補題 3.2.7** は $\mathfrak{D}$ に対して成立する．

しかし，

定理 3.7.4（**カルタン–トゥーレン**）　スタイン領域は，正則領域である．逆は，有限葉ならば成立する．

注意 3.7.5　この逆の部分の主張は無限葉の場合も成立するが，証明は岡による擬凸問題の解決を待つことになる．証明の流れ：

$$\mathfrak{D} \text{ 正則} \Rightarrow \mathfrak{D} \text{ 擬凸} \Rightarrow \mathfrak{D} \text{ スタイン}.$$

$\mathfrak{D}$ の**解析的多面体**も定義 3.3.1 で $\Omega = \mathfrak{D}$ として定義する．ただし，**岡写像** (3.3.3) の定義では，解析的多面体 $\mathrm{P} \Subset \mathfrak{D}$ が $\varphi_j \in \mathscr{O}(\mathfrak{D})$ $(1 \le k \le l)$ で定義されているとして

(3.7.6)
$$\Phi_{\mathrm{P}} : p(z) \in \mathrm{P} \to (z, \varphi_1(p(z)), \dots, \varphi_l(p(z))) \in \mathrm{P\Delta},$$
$$\mathrm{P\Delta} := \mathrm{P\Delta}(0; (r_j)) \times \mathrm{P\Delta}(0; (\rho_j)) \ (\subset \mathbf{C}^n \times \mathbf{C}^l)$$

が**単射**であるという条件を加える．これは，$\mathfrak{D}$ が正則分離（特に正則領域）ならば常に可能である．そうすれば，$\Phi_{\mathrm{P}}(\mathrm{P})$ は $\mathrm{P\Delta}$ の複素部分多様体になる．

定理 3.7.7（**岡近似**）　$\mathfrak{D}/\mathbf{C}^n$ を正則分離な領域とし，$K = \hat{K}_{\mathfrak{D}} \Subset \mathfrak{D}$ を

$\mathscr{O}(\mathfrak{D})$ 凸コンパクト集合とする. このとき, K の近傍上の正則関数は $\mathscr{O}(\mathfrak{D})$ の元で K 上一様近似可能である.

証明は定理 3.3.11 と同様である.

領域 $\mathfrak{D}$ とその部分領域 $\mathfrak{D}' \subset \mathfrak{D}$ に対し**ルンゲ対**の概念が定義 3.3.15 と同様に定義される.

定理 3.7.8 $\mathfrak{D}/\mathbf{C}^n$ を領域とし, $\mathfrak{D}_\nu$ $(\nu \in \mathbf{N})$ をその部分領域列で単調増加 $\mathfrak{D}_\nu \subset \mathfrak{D}_{\nu+1}$ かつ $\mathfrak{D} = \bigcup_{\nu=1}^\infty \mathfrak{D}_\nu$ であるものとする. もし各 $\nu \in \mathbf{N}$ に対し $\mathfrak{D}_\nu$ がスタインで $(\mathfrak{D}_\nu, \mathfrak{D}_{\nu+1})$ がルンゲ対ならば, $\mathfrak{D}$ もスタインである.

証明は演習問題としよう（章末問題 11）. さらに, 次の主要結果が領域 $\mathfrak{D}/\mathbf{C}^n$ に対し成立する.

定理 3.7.9（岡） $\mathfrak{D}$ をスタイン領域とする.

(i) $\mathfrak{D}$ 上の連続クザン問題は, 常に可解である（定理 3.4.23）.

(ii) $\mathfrak{D}$ 上のクザン I 問題は, 常に可解である（定理 3.4.32）.

(iii) $\mathfrak{D}$ 上のクザン II 問題は, 位相的に可解ならば解析的に可解である（定理 3.4.43）.

(iv) $\mathfrak{D}$ 上の関数 u に対する $\bar{\partial}$ 方程式 $\bar{\partial} u = f$ （f は C^∞ 級）は, f が $\bar{\partial}$ 閉ならば可解である（定理 3.4.60）.

(v) $\mathfrak{D}$ 上の一般補間問題は, 常に可解である（定理 3.5.4）.

命題 3.5.3 と同様に次が成立する.

系 3.7.10 領域 $\mathfrak{D}$ がスタインであることと補間問題が常に可解であることは同値である.

注意 3.7.11 ここまでの議論では, 正則領域に対しては上述の定理 3.7.9 や系 3.7.10 は証明されていないことに注意されたい（注意 3.7.5 を参照）. 正則領域であるという概念は, 解析接続の視点からは自然であるが, なかなか扱いが難しい. 正則分離や正則凸性は領域内部で判定できる概念なので抽象

化しやすい. 実際, スタイン多様体([23] 定義 4.5.10 参照)の概念は, 正則
分離かつ正則凸領域を抽象的な複素多様体に対し一般化したものになってい
る. "スタイン領域" との呼称は, むしろ逆にそちらから引いている. 岡論
文に "スタイン領域" という呼称が出てくるわけではないのだが, "スタイン
近傍" など "スタイン＊＊" というのは現在ではよく使われる言い方で便利
なのでそれにならった.

3.8　補足：領域の理想境界

$\pi : \mathfrak{D} \to \mathbf{C}^n$ を領域とする. $\mathfrak{D}$ は抽象的にハウスドルフ位相空間として
定義を始めるとそれ自身が全空間となるので, その境界というものを考える
ことはできない. しかし, 直感的に π を通して $\mathbf{C}^n$ の上に広がる空間とし
て見たときに '境界' が考えられそうである. それを数学的に定式化しよう.
この節の内容は, 本書を読む上でどうしても必要ということではない. しか
し, 理論展開の背景にはあるもので, また $\mathfrak{D}$ の境界が気になる読者には, 理
解の一助にはなるであろう.

$\mathfrak{D}$ の '境界' を内部からの情報で定義したい. $\mathfrak{D}$ の部分集合族 $\tilde{\Upsilon} = \{\Upsilon_\nu\}_{\nu=1}^{\infty}$[7)] が**フィルター基**であるとは, (i) 全ての $\Upsilon_\nu \neq \emptyset$; (ii) 任意の
$\Upsilon_{\nu_1}, \Upsilon_{\nu_2} \in \tilde{\Upsilon}$ に対しある $\Upsilon_{\nu_3} \in \tilde{\Upsilon}$ で $\Upsilon_{\nu_3} \subset \Upsilon_{\nu_1} \cap \Upsilon_{\nu_2}$ となる元が存在す
ることである.

例　位相空間の点の可算な基本近傍系は上述の意味でフィルター基をなす.

ここでは, 各 Υ_ν は**連結**であると仮定する. 二つのフィルター基 $\tilde{\Upsilon}, \tilde{\Upsilon}'$ が
同値($\tilde{\Upsilon} \sim \tilde{\Upsilon}'$)とは, $\tilde{\Upsilon}$ の任意の元(および, $\tilde{\Upsilon}'$ の任意の元)に対しそ
れに含まれる $\tilde{\Upsilon}'$ の元(および, $\tilde{\Upsilon}$ の元)が存在することをいう. これは,
同値関係をなす. その同値類を $[\tilde{\Upsilon}]$ で表す.

---

7)　'Υ' はウプシロンと読む. ギリシャ語で, アルファベットの 'U' に相当する. 添字集
　　合は一般には非可算でもよいが, ここでは可算として十分である.

定義 3.8.1 フィルター基の同値類 $[\tilde{\varUpsilon}]$ が $\mathfrak{D}$ （より詳しくは三組 $(\mathfrak{D}, \pi,$ $\mathbf{C}^n)$）の**理想境界点** (ideal boundary point) であるとは，次の条件が満たされることである：

(i) $\tilde{\varUpsilon} = \{\varUpsilon_\nu\}_{\nu=1}^{\infty}$ は $\mathfrak{D}$ の点に集積しない．すなわち，任意の点 $p \in \mathfrak{D}$ にある近傍 $U(p)$ があって，有限個を除いて $\varUpsilon_\nu \cap U(p) = \emptyset$.

(ii) $\pi(\varUpsilon_\nu)$ $(\nu = 1, 2, \dots)$ は，(a) ただ 1 点 $z_0 \in \mathbf{C}^n$ を集積点とするか，もしくは (b) 無限に発散する：すなわち，任意の $R > 0$ に対して有限個を除いて $\pi(\varUpsilon_\nu) \cap \mathrm{B}(R) = \emptyset$.

(iii) 前項 (a) の場合，z_0 の連結近傍からなる基本近傍系 $\{V_\nu\}_{\nu=1}^{\infty}$ が存在して，$\varUpsilon_\nu$ は $\pi^{-1} V_\nu$ のある連結成分に一致する．

上記 (ii) (a) の場合，同値類 $[\tilde{\varUpsilon}]$ を $\mathfrak{D}$ （または，$\pi : \mathfrak{D} \to \mathbf{C}^n$）の z_0 上の**相対境界点** (relative boundary point) と呼び，z_0 をその**基点**と呼ぶ．$\mathfrak{D}$ の相対境界点の全体 $\partial^* \mathfrak{D}$ を $\mathfrak{D}$ の（$\mathbf{C}^n$ 上の）**相対境界** (relative boundary) あるいは**理想境界** (ideal boundary) と呼ぶ．

注意 3.8.2 $\mathfrak{D} \subset \mathbf{C}^n$ の場合でも，包含写像 $\iota : \mathfrak{D} \to \mathbf{C}^n$ によって $\mathfrak{D}$ を $\mathbf{C}^n$ 上の領域と見たときに，$\mathfrak{D}$ が $\mathbf{C}^n$ の部分集合として得られる境界 $\partial \mathfrak{D}$ と $\iota : \mathfrak{D} \to \mathbf{C}^n$ に関する相対境界 $\partial^* \mathfrak{D}$ は，一般に一致しない．例えば，$\mathfrak{D} = \mathbf{C} \setminus \{x \in \mathbf{R} : x \geq 0\}$ とすると，$\partial \mathfrak{D} = \{x \in \mathbf{R} : x \geq 0\}$ である．しかし，相対境界 $\partial^* \mathfrak{D}$ は，$x \in \mathbf{R}$, $x > 0$ 上では上半平面の境界点としての相対境界点 q_x^+ と下半平面の境界点としての相対境界点 q_x^- の 2 点の相対境界点が対応する（図 3.5 参照）：

$$\partial^* \mathfrak{D} = \{0\} \cup \{q_x^+, q_x^- : x > 0\}.$$

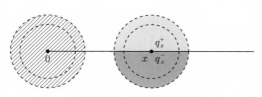

図 3.5 相対境界

問　題

1.　例 3.1.6 の各項目に証明を付けよ.

2.　$\Omega \subset \mathbf{C}^n$ を領域, $K \Subset \Omega$ をコンパクト部分集合とする. もし, $\Omega \setminus K$ に Ω 内相対コンパクトな連結成分がなければ, $\Omega \setminus K$ は有限個の連結成分からなることを示せ.

3.　(3.4.3) で定義された関係は, 実際に同値関係であることを示せ.

4.　定義 3.4.13 の (i), (ii) が実際に同値であることを示せ.

5.　$A \subset \mathbf{C}^n$ を任意の非空部分集合として $z \in \mathbf{C}^n$ に対し, A との距離を $d(z, A) = \inf\{\|z - w\| : w \in A\}$ と定義する. 次を示せ.

　(a)　$|d(z, A) - d(z', A)| \le \|z - z'\|$ $(z, z' \in \mathbf{C}^n)$. したがって, 特に $d(z, A)$ は連続関数である.

　(b)　$\Omega \subset \mathbf{C}^n$ を開集合, $E \subset \Omega$ を閉部分集合とすると, $z \in \Omega$ に対し $d(z, E) = 0$ と $z \in E$ は同値である.

　(c)　$E, F \subset \Omega$ を二つの閉部分集合で, $E \cap F = \emptyset$ とする.

$$\rho(z) = \frac{d(z, F)}{d(z, E) + d(z, F)}, \quad z \in \Omega$$

　とおくと, $\rho \in C^0(\Omega)$ で E 上 $\rho(z) = 1$, F 上 $\rho(z) = 0$ を満たす.

6.　ワイェルシュトラースの定理（一変数）で連続解を求めるのならば, 近似定理を使わずに $F_{\mu+1}|_{\overline{\mathrm{P}}_\mu} = F_\mu|_{\overline{\mathrm{P}}_\mu}$ が満たされるように解を作れることを示せ.（したがって, 収束の問題は生じない.）

　ヒント : $(\partial \overline{\mathrm{P}}_\mu) \cap \{a_\nu\} = \emptyset$ となるようにとる. $\partial \mathrm{P}_\mu$ の十分小さな近傍（a_ν を含まない）で P_μ 側で 0, $\overline{\mathrm{P}}_\mu$ の外側で 1 をとる実連続関数 $\rho_{\mu+1}(z)$ をとり, $h_{\mu+1}(z)$ を $\rho_{\mu+1}(z)h_\mu(z)$ に置き換える.

7.　一変数補間問題をワイェルシュトラースの定理とミッターク-レッフラーの定理を用いて解け.

　ヒント : (3.5.2) をまねる.

8. 正則（凸）領域 $\Omega \subset \mathbf{C}^n$ 上の有限個の正則関数 f_j, $1 \leq j \leq q$ が与えられ，任意の $z \in \Omega$ に対し必ずある $f_j(z) \neq 0$ であるとする．このとき，正則関数 $a_j \in \mathscr{O}(\Omega)$, $1 \leq j \leq q$ が存在して

$$a_1(z)f_1(z) + \cdots + a_q(z)f_q(z) = 1, \qquad z \in \Omega$$

が成立することを示せ．

ヒント：前章の問題 5，問題 6 を使う．解析的多面体 $\mathrm{P} \Subset \Omega$ を岡写像 $\varphi : \bar{\mathrm{P}} \to \overline{\mathrm{P}\Delta}$ で高次元の閉多重円板 $\overline{\mathrm{P}\Delta}$ に埋め込み，f_j $(1 \leq j \leq q)$ を $\tilde{f}_j \in \mathscr{O}(\overline{\mathrm{P}\Delta})$ に拡張する．さらに $\varphi(\bar{\mathrm{P}})$ 上で 0 をとり，$\tilde{f}_j$ $(1 \leq j \leq q)$ の共通零点集合上で共通の零点をもたないように有限個の正則関数 $\tilde{f}_j \in \mathscr{O}(\overline{\mathrm{P}\Delta})$, $q+1 \leq j \leq \tilde{q}$ を加えて，$\overline{\mathrm{P}\Delta}$ 上局所的に 1 を生成する有限生成系 $\tilde{f}_j$, $1 \leq j \leq \tilde{q}$ を考える．あとは，一般補間定理 3.5.4 の証明をまねる．

9. $\Omega \subset \mathbf{C}^n$ を領域とし，Ω 上の有界正則関数の全体を $\mathscr{B}\mathscr{O}(\Omega)$ で表す．コンパクト部分集合 $K \Subset \Omega$ の $\mathscr{B}\mathscr{O}(\Omega)$ 凸包を

$$\widehat{K}_{\mathscr{B}\mathscr{O}(\Omega)} = \left\{ z \in \Omega : |f(z)| \leq \max_K |f|, \ \forall f \in \mathscr{B}\mathscr{O}(\Omega) \right\}$$

と定義する．$K = \widehat{K}_{\mathscr{B}\mathscr{O}(\Omega)}$ ならば，K の近傍で正則な関数は Ω 上有界な正則関数で K 上一様近似できることを示せ．

10. $\pi : \mathfrak{D} \to \mathbf{C}^n$ を有限葉領域とし，原点中心の多重円板 $\mathrm{P}\Delta$ をとる．任意の $R, c > 0$ に対し

$$K = \{ p \in \mathfrak{D} : \|\pi(p)\| \leq R, \ \delta_{\mathrm{P}\Delta}(p, \partial \mathfrak{D}) \geq c \}$$

とおく（$\|\cdot\|$ は，ユークリッドノルム）．このとき，K は $\mathfrak{D}$ のコンパクト部分集合であることを示せ．

ヒント：K の任意の点列が収束する部分列をもつことを示す．$\bar{\mathrm{B}} := \{\|z\| \leq R\} \subset \bigcup_{z \in \bar{\mathrm{B}}} \left(z + \frac{c}{2} \cdot \mathrm{P}\Delta \right)$（開被覆）を用いよ．

11. 定理 3.7.8 を証明せよ．

12. $\mathfrak{D}/\mathbf{C}^n$ を領域，$\widehat{\mathfrak{D}}/\mathbf{C}^n$ をその正則包とする．

(a) $f \in \mathscr{O}(\mathfrak{D})$ が $\alpha \in \mathbf{C}$ を値としないならば, f の解析接続 $\hat{f} \in \mathscr{O}(\hat{\mathfrak{D}})$ も α を値としないことを示せ.

(b) 上と同じ記号を用いて, $|f| < M$ (または, $|f| \le M$) ならば, $|\hat{f}| < M$ (または, $|\hat{f}| \le M$) であることを示せ.

13. 命題 3.4.15 を一般に複葉のリーマン領域 $\mathfrak{D}/\mathbf{C}^n$ に対して証明せよ.

14. $G = \{x + iy : 0 < x < 1,\ 0 < y < 1\} \setminus \{\frac{1}{\nu} + iy\colon 0 < y < \frac{1}{2},\ \nu = 1, 2, \ldots\} \subset \mathbf{C}$ とする. 包含写像 $\iota : G \to \mathbf{C}$ に関する相対境界 $\partial^* G$ を求めよ. このとき, $\partial^* G$ の基点集合は閉集合にならないことを示せ.

第4章
擬凸領域Ⅰ── 問題の設定と集約

本章と次章で 3 大問題最後の (iii) 擬凸問題を不分岐リーマン領域上で解決する[1]. これまでの結果をフル動員するのであるが, まだ道のりは長い. 本章では多重劣調和関数の概念を導入し, 擬凸問題の定式化と集約化を図る.

4.1 多重劣調和関数

4.1.1 ── 劣調和関数（一変数）

座標 $z = x + iy \in \mathbf{C}$ に対し正則偏微分 $\frac{\partial}{\partial z}$ と反正則偏微分 $\frac{\partial}{\partial \bar{z}}$ が (1.1.6) で定義された. それらを繰り返すと,

$$(4.1.1) \qquad \frac{\partial^2}{\partial z \partial \bar{z}} = \frac{\partial}{\partial z}\frac{\partial}{\partial \bar{z}} = \frac{1}{4}\left(\frac{\partial^2}{\partial x^2} + \frac{\partial^2}{\partial y^2}\right) = \frac{1}{4}\Delta.$$

最後の Δ はラプラシアンとしてよく知られている. 極座標 $z = re^{i\theta}$ $(r > 0)$ を用いると

$$(4.1.2) \qquad \Delta = \frac{\partial^2}{\partial r^2} + \frac{1}{r}\frac{\partial}{\partial r} + \frac{1}{r^2}\frac{\partial^2}{\partial \theta^2}$$

と表される（章末問題 2）.

円板 $\Delta(a; R)$ $(R > 0)$ 上の実関数 $\varphi(z)$ に対し, 円周上の積分平均を

$$(4.1.3) \qquad M_\varphi(a; r) = \frac{1}{2\pi}\int_0^{2\pi}\varphi(a + re^{i\theta})d\theta, \qquad 0 \leq r < R$$

とおく. 積分は, もちろん存在する状況下で考える.

補題 4.1.4（イェンゼンの公式） $\varphi \in C^2(\Delta(a; R))$ に対して次が成立する.

---

1) この方面を初めて学ぶ読者には, ひとまず領域は単葉として読むことを勧める.

$$M_\varphi(a;r) = \varphi(a) + \frac{1}{2\pi}\int_0^r \frac{dt}{t}\int_{\Delta(a;t)} \Delta\varphi\,d\lambda, \quad 0 \le r < R.$$

ここで，$d\lambda = dx\,dy\ (z = x + iy)$ は $\mathbf{C}$ の平面（ルベーグ）測度である．

証明　平行移動で $a = 0$ とし，$M(r) = M_\varphi(0;r)$ とおく．(4.1.2) より

$$(4.1.5) \qquad \int_0^{2\pi} \Delta\varphi(re^{i\theta})d\theta = \int_0^{2\pi} \left(\frac{\partial^2}{\partial r^2} + \frac{1}{r}\frac{\partial}{\partial r} + \frac{1}{r^2}\frac{\partial^2}{\partial \theta^2}\right)\varphi(re^{i\theta})d\theta.$$

各 r について，$\varphi(a + re^{i\theta})$ は変数 θ の周期（2π の）関数で C^2 級である．$\frac{\partial^2}{\partial\theta^2}\varphi(a + re^{i\theta})$ は周期関数 $\frac{\partial}{\partial\theta}\varphi(a + re^{i\theta})$ を原始関数としている．したがって，

$$\int_0^{2\pi} \frac{\partial^2}{\partial\theta^2}\varphi(re^{i\theta})d\theta = 0,$$

$$\left(\frac{d^2}{dr^2} + \frac{1}{r}\frac{d}{dr}\right)M(r) = \frac{1}{2\pi}\int_0^{2\pi} \Delta\varphi(re^{i\theta})d\theta.$$

この左辺は $\frac{1}{r}\frac{d}{dr}\left(r\frac{d}{dr}M(r)\right)$ と変形されるので，

$$(4.1.6) \qquad \frac{d}{dr}\left(r\frac{d}{dr}M(r)\right) = \frac{r}{2\pi}\int_0^{2\pi} \Delta\varphi(re^{i\theta})d\theta.$$

一方，

$$r\frac{d}{dr}M(r) = \frac{1}{2\pi}\int_0^{2\pi} \left(r\cos\theta\,\frac{\partial\varphi}{\partial x} + r\sin\theta\,\frac{\partial\varphi}{\partial y}\right)d\theta \to 0 \quad (r \to +0).$$

よって (4.1.6) を r について積分すると

$$r\frac{d}{dr}M(r) = \frac{1}{2\pi}\int_0^r s\,ds\int_0^{2\pi} \Delta\varphi(se^{i\theta})d\theta = \frac{1}{2\pi}\int_{\Delta(r)} \Delta\varphi\,d\lambda;$$

$$\frac{d}{dr}M(r) = \frac{1}{2\pi r}\int_{\Delta(r)} \Delta\varphi\,d\lambda.$$

$M(0) = \varphi(0)$ であるから，上式を再び積分すると

$$M(r) - \varphi(0) = \frac{1}{2\pi}\int_0^r \frac{dt}{t}\int_{\Delta(t)} \Delta\varphi\,d\lambda. \qquad \blacksquare$$

$U \subset \mathbf{C}$ を開集合とし，$-\infty$ を値として許す実関数 $\varphi : U \to [-\infty, \infty)$ を考える．

定義 4.1.7 φ が**劣調和関数**であるとは，次の 2 条件を満たすことである．

(i) （上半連続性）φ は上半連続である．すなわち，任意の $c \in \mathbf{R}$ に対して，$\{z \in U : \varphi(z) < c\}$ は開集合である．これは次と同値である：
$$\varlimsup_{z \to a} \varphi(z) \leq \varphi(a) \ (\forall a \in U) \ （章末問題 3）.$$

(ii) （劣平均値性）任意の円板 $\Delta(a; r) \Subset U$ に対し，$\varphi(a) \leq M_\varphi(a; r)$.

この定義により，$\varphi \equiv -\infty$ も劣調和関数である．また $\varphi_j \ (j = 1, 2)$ が劣調和関数，$c_j > 0 \ (j = 1, 2)$ とすると $c_1 \varphi_1 + c_2 \varphi_2$ も劣調和である．

定理 4.1.8 $\varphi \in C^2(U)$ に対して次が成立する．

(i) φ が劣調和であることと $\Delta\varphi \geq 0$ は同値である．

(ii) φ が劣調和ならば，$\Delta(a; R) \subset U$ として $M_\varphi(a; r)$ は $0 \leq r < R$ で単調増加連続，$0 < r < R$ で C^1 級である．

証明 (i) φ は劣調和であるとする．任意の点 $a \in U$ をとり $\zeta \in \mathbf{C}$（$|\zeta|$ は十分小）として $\varphi(a + \zeta)$ の 2 次までのテイラー展開を ζ と $\bar\zeta$ で表すと，

(4.1.9)

$$\begin{aligned}
\varphi(a + \zeta) = \ &\varphi(a) + \frac{\partial\varphi}{\partial z}(a)\zeta + \frac{\partial\varphi}{\partial \bar z}(a)\bar\zeta \\
&+ \frac{1}{2}\frac{\partial^2\varphi}{\partial z^2}(a)\zeta^2 + \frac{1}{2}\frac{\partial^2\varphi}{\partial \bar z^2}(a)\bar\zeta^2 + \frac{\partial^2\varphi}{\partial z \partial \bar z}(a)|\zeta|^2 + o(|\zeta|^2).
\end{aligned}$$

$\zeta = re^{i\theta}$ として $0 \leq \theta \leq 2\pi$ で積分をすると

$$0 \leq \frac{1}{2\pi r^2}\int_0^{2\pi}(\varphi(a + re^{i\theta}) - \varphi(a))d\theta = \frac{\partial^2\varphi}{\partial z \partial \bar z}(a) + o(1).$$

$r \searrow 0$ として

(4.1.10) $$\Delta\varphi(a) = 4\frac{\partial^2\varphi}{\partial z \partial \bar z}(a) \geq 0, \qquad a \in U.$$

逆に, $\Delta\varphi \geq 0$ ならば補題 4.1.4 により, $M_\varphi(a;r) \geq \varphi(0)$ となり, φ は劣調和である.

(ii) これは上の (i) と補題 4.1.4 より直ちに従う. ∎

4.1.2 — 多重劣調和関数

$n \geq 2$, $U \subset \mathbf{C}^n$ を開集合とする. 前小節のように, 関数 $\varphi : U \to [-\infty, \infty)$ を考える.

定義 4.1.11 関数 φ が**多重劣調和**または**擬凸**[2])であるとは次の条件が成立することである.

(i) φ は上半連続である.

(ii) 任意の $z \in U$ と任意の $v \in \mathbf{C}^n \setminus \{0\}$ に対し, 関数

$$(4.1.12) \qquad \zeta \in \mathbf{C} \to \varphi(z + \zeta v) \in [-\infty, \infty)$$

が定義されている $\zeta \in \mathbf{C}$ の開集合上で劣平均値性を満たす (劣調和である).

U 上の多重劣調和関数の全体を $\mathcal{P}(U)$ と書き[3)], $\mathcal{P}^k(U) = \mathcal{P}(U) \cap C^k(U)$ $(0 \leq k \leq \infty)$ とおく.

$\varphi(z)$ $(z = (z_1, \ldots, z_n) \in U)$ が C^2 級であるとする. 上記 (ii) で $v = (v_1, \ldots, v_n)$ とすると

$$\frac{\partial^2}{\partial\zeta\partial\bar{\zeta}}\bigg|_{\zeta=0} \varphi(z + \zeta v) = \sum_{j,k} \frac{\partial^2\varphi}{\partial z_j \partial \bar{z}_k}(z) v_j \bar{v}_k,$$

$$(4.1.13) \qquad L[\varphi](v) = L[\varphi](z;v) := \sum_{j,k} \frac{\partial^2\varphi}{\partial z_j \partial \bar{z}_k}(z) v_j \bar{v}_k.$$

---

2) この関数概念は岡潔により初めて定義され, 岡はこれを "擬凸関数" (fonction pseudoconvexe) と呼んだ (Oka VI, 1942). 同時期, P. ルロン (Lelong) は同じ関数概念を導入し多重劣調和関数 "fonction plurisousharmonique" と呼んだ. 今は後者の方がよく使われる.

3) 記号 $\mathcal{P}(U)$ の $\mathcal{P}$ は, pseudoconvex, plurisubharmonic が共に 'p' から始まるのでそれから採った.

この $L[\varphi](v)$ $(L[\varphi](z; v))$ は，φ の**レビ形式**と呼ばれる．レビ形式 $L[\varphi](v)$ が半正値とは，

$$L[\varphi](v) \geq 0, \qquad \forall v \in \mathbf{C}^n \setminus \{0\}.$$

これを $L[\varphi] \geq 0$ と書き，さらに正値ならば $L[\varphi] \gg 0$ と書く．

定理 4.1.8 (i) より次が成立する．

定理 4.1.14 $\varphi \in C^2(U)$ に対して，$\varphi \in \mathcal{P}(U)$ であることと $L[\varphi] \geq 0$ は同値である．

定義 4.1.15 実数値関数 $\varphi \in C^2(U)$ が**強多重劣調和関数**または**強擬凸関数**であるとは，$L[\varphi] \gg 0$ が成立することである．

定義より，$\varphi \equiv -\infty$ も多重劣調和関数である．一般に多重劣調和関数については，次の性質が成立する．

定理 4.1.16 (i) φ_j $(j = 1, 2)$ を多重劣調和関数，$c_j > 0$ $(j = 1, 2)$ とすると $c_1\varphi_1 + c_2\varphi_2$ も多重劣調和関数である．

(ii) $\varphi \in \mathcal{P}(U)$，ある $a \in U$ で $\varphi(a) > -\infty$ ならば，a を含む U の連結成分上 φ は（$\mathbf{C}^n \cong \mathbf{R}^{2n}$ のルベーグ測度について）局所可積分である．

(iii) （**最大値原理**）$\varphi \in \mathcal{P}(U)$ とする．もしある $a \in U$ で φ が最大値をとるならば，a を含む U の連結成分上 φ は定数関数である．

(iv) $\varphi \in \mathcal{P}(U)$，$\psi$ を $[\inf\varphi, \sup\varphi)$ 上で定義されている単調増加凸関数とすると，$\psi \circ \varphi \in \mathcal{P}(U)$．ただし，$\inf\varphi = -\infty$ の場合，$\psi(-\infty) = \lim_{t \to -\infty} \psi(t)$ とする．

(v) $\varphi_\nu \in \mathcal{P}(U)$，$\nu = 1, 2, \ldots$ を単調減少列とする．すると，極限関数 $\varphi(z) = \lim_{\nu \to \infty} \varphi_\nu(z)$ は多重劣調和である．

(vi) $\mathcal{P}(U)$ の任意の部分族 $\{\varphi_\lambda\}_{\lambda \in \Lambda}$ に対し，$\varphi(z) := \sup_{\lambda \in \Lambda} \varphi_\lambda(z)$ が上半連続ならば $\varphi(z) \in \mathcal{P}(U)$ である．特に Λ が有限ならば $\varphi(z)$ は上半連続になり多重劣調和になる．

証明 (i) 定義より直ちに従う．

(ii) U は連結で $\varphi(a) > -\infty$ となる $a \in U$ が存在するとする. $\mathbf{C}^n$ のルベーグ測度を $d\lambda$ と書く. 開球 $\mathrm{B}(a;r) = a + \mathrm{B}(r) \Subset U$ をとる. φ は上半連続であるから $\mathrm{B}(a;r)$ 上で上界 $C \in \mathbf{R}$ をもつ. $w \in \mathrm{B}(r)$ に対し

$$-\infty < \varphi(a) \le \frac{1}{2\pi} \int_0^{2\pi} \varphi(a + e^{i\theta}w)d\theta \le C.$$

$V(r) := \int_{\mathrm{B}(r)} d\lambda = \frac{\pi^n}{n!} r^{2n}$ より,

(4.1.17) $-\infty < \varphi(a) \le \dfrac{1}{2\pi V(r)} \displaystyle\int_0^{2\pi} \int_{\mathrm{B}(r)} d\lambda(w)\varphi(a + e^{i\theta}w)d\theta \le C.$

積分順序の交換とルベーグ測度は回転不変 $d\lambda(w) = d\lambda(e^{i\theta}w)$ であることから

(4.1.18) $-\infty < \varphi(a) \le \dfrac{1}{V(r)} \displaystyle\int_{\mathrm{B}(r)} \varphi(a + w)d\lambda(w) \le C.$

よって, φ は $\mathrm{B}(a;r)$ $(\Subset U)$ 上で可積分であり, ルベーグ測度に関してほとんど全ての点 $b \in \mathrm{B}(a;r)$ で $\varphi(b) > -\infty$ である.

$a \in U$ で φ が任意の $\mathrm{B}(a;r) \Subset U$ 上で可積分となるものの全体を U' とおく. (4.1.18) を用いると容易に U' は非空, 開かつ閉であることが示される. よって, $U' = U$, φ は U 上局所可積となる.

(iii) U は連結とし, 仮に $a \in U$ で $\varphi(a)$ が最大値であったとする. (4.1.18) より

$$\int_{\mathrm{B}(r)} (\varphi(a + w) - \varphi(a)) = 0.$$

もし $c := \varphi(a + w) - \varphi(a) < 0$ となる点 $w \in \mathrm{B}(r)$ があるとすると上半連続性より $\{\varphi(a + w) - \varphi(a) < c/2\}$ は非空開集合, 全体で $\varphi(a + w) - \varphi(a) \le 0$ であるから

$$\int_{\mathrm{B}(r)} (\varphi(a + w) - \varphi(a)) < 0$$

となり，(4.1.18) に矛盾する．よって $\varphi|_{B(a;r)} \equiv \varphi(a)$ である．$V = \{b \in U : \varphi(b) = \varphi(a)\}$ とおく．上述の議論より，V は非空開集合である．容易に閉集合であることもわかるので，$V = U$ である．

(iv) まず条件より ψ が連続になることに注意する．したがって $\psi \circ \varphi$ は上半連続である．$B(a; R) \Subset U$ を任意にとる．任意の $v \in \mathbf{C}^n$, $\|v\| = 1$ をとり，$\psi \circ \varphi(a + \zeta v)$ の $\zeta = 0$ での劣平均値性を示せば十分である．ψ の凸性より，周平均について

$$\frac{1}{2\pi} \int_0^{2\pi} \psi(\varphi(a + re^{i\theta}v))d\theta \geq \psi\left(\frac{1}{2\pi} \int_0^{2\pi} \varphi(a + re^{i\theta}v)d\theta\right), \quad 0 < r \leq R.$$

φ の劣平均値性と ψ が単調増加であることから，

$$\psi\left(\frac{1}{2\pi} \int_0^{2\pi} \varphi(a + re^{i\theta}v)d\theta\right) \geq \psi(\varphi(a)).$$

したがって，$\psi \circ \varphi(a + \zeta v)$ の劣平均値性が従い，$\psi \circ \varphi$ は劣調和である．

(v) 上半連続関数の単調減少極限は，上半連続である．劣平均値性は，ルベーグの単調収束定理より従う．[4]

(vi) 定義に従えば，容易に示される．∎

例 4.1.19   (i) $f \in \mathscr{O}(U)$ とする．レビ形式の計算により $\log(c + |f|^2) \in \mathcal{P}(U)$ $(c > 0)$ である．$c \searrow 0$ として $\log|f| \in \mathcal{P}(U)$．したがって，任意の $\rho > 0$ に対して $|f|^\rho \in \mathcal{P}^0(U)$．

(ii)   レビ形式の計算により $\|z\|^2$, $\log(c + \|z\|^2)$ $(c > 0, z \in \mathbf{C}^n)$ は共に強多重劣調和である．$c \searrow 0$ として $\log\|z\| \in \mathcal{P}(\mathbf{C}^n)$．したがって，$\|z\|^\rho \in \mathcal{P}^0(\mathbf{C}^n)$ $(\rho > 0)$．

(iii) $\varphi(z) = \sum_{j=1}^n (\Re z_j)^2$ （または，$\sum_{j=1}^n (\Im z_j)^2$）は，強多重劣調和関数である．

---

[4] ルベーグ積分論に不慣れな読者は，ここは連続関数と仮定して収束も広義一様収束としても，岡理論の理解自体には障害にならない．

4.1.3 ── 滑性化

$\mathbf{C}^n \cong \mathbf{R}^{2n}$ $(\ni (x_1, y_1, x_2, y_2, \ldots, x_n, y_n))$ のルベーグ測度を

$$d\lambda = dx_1 dy_1 dx_2 dy_2 \cdots dx_n dy_n$$

で表す. $\varepsilon > 0$ に対し

$$U_\varepsilon = \{z \in U : d(z, \partial U) > \varepsilon\}$$

とおく ((3.3.19) 参照). $\chi(z) = \chi(|z_1|, \ldots, |z_n|) \in C_0^\infty(\mathbf{C}^n)$ を

$$\chi(z) \geq 0, \quad \mathrm{Supp}\,\chi \subset \mathrm{B}\ (= \mathrm{B}(1)), \quad \int \chi(z) d\lambda = 1$$

ととり, 次のようにおく.

$$\chi_\varepsilon(z) = \chi(\varepsilon^{-1} z) \varepsilon^{-2n}, \quad \varepsilon > 0.$$

U 上の局所可積分な関数 φ の**滑性化**を

$$\begin{aligned}
(4.1.20) \qquad \varphi_\varepsilon(z) = \varphi * \chi_\varepsilon(z) &= \int_{\mathbf{C}^n} \varphi(w) \chi_\varepsilon(w - z) d\lambda(w) \\
&= \int_{\mathbf{C}^n} \varphi(z + w) \chi_\varepsilon(w) d\lambda(w) \\
&= \int_{\mathrm{B}} \varphi(z + \varepsilon w) \chi(w) d\lambda(w), \quad z \in U_\varepsilon
\end{aligned}$$

と定める.

注意 4.1.21　上述の定義では単位球 B を用いたが, 0 を中心とする多重円板 PΔ を用いても $U_\varepsilon = \{z \in U : \delta_{\mathrm{P}\Delta}(z, \partial U) > \varepsilon\}$ とおけば, 同様に χ_ε が定義され, 以下の議論も全く同様に運ばれる.

命題 4.1.22　(i)　$\varphi_\varepsilon(z)$ は U_ε で C^∞ 級である.

(ii)　φ が連続ならば, 局所一様に $\lim_{\varepsilon \to +0} \varphi_\varepsilon(z) = \varphi(z)$.

証明　(i) (4.1.20) 1 行目の積分式で偏微分と積分の交換より従う.

(ii) (4.1.20) の最後の積分表示より従う. ∎

定理 4.1.23 $\varphi \in \mathcal{P}(U)$, U の各連結成分上 $\varphi \not\equiv -\infty$ とする.

(i) 滑性化 $\varphi_\varepsilon(z)$ は U_ε 上の C^∞ 級多重劣調和関数である.

(ii) $\varepsilon \searrow 0$ とするとき $\varphi_\varepsilon(z)$ は単調減少して $\varphi(z)$ に収束する.

証明 (i) C^∞ 級であることはすでに示した. 多重劣調和性のためには, 任意に $v \in \mathbf{C}^n \setminus \{0\}$ をとるとき, $\zeta \in \mathbf{C}$ に対し $\varphi_\varepsilon(z + \zeta v)$ が ζ について定義されているところで劣平均値性を満たせばよい. 平行移動で $\zeta = 0$ での劣平均値性

$$\varphi_\varepsilon(z) \leq \frac{1}{2\pi} \int_0^{2\pi} \varphi_\varepsilon(z + re^{i\theta}v)d\theta$$

を示せばよい. これは, 積分の順序交換より従う.

(ii) 任意に開集合 $V \Subset U$ をとり

$$z \in V, \quad 0 < \varepsilon < \varepsilon_0 := \frac{1}{2}\inf\{\|z' - z''\| : z' \in V,\ z'' \in \partial U\}$$

で考える. 回転対称性 $d\lambda(w) = d\lambda(e^{i\theta}w)$, $\chi(w) = \chi(e^{i\theta}w)$ $(0 \leq \theta \leq 2\pi)$ を使うと,

$$
\begin{aligned}
\varphi_\varepsilon(z) &= \int_{\mathbf{C}^n} \varphi(z + \varepsilon w)\chi(w)d\lambda(w) \\
&= \int_{\mathbf{C}^n} d\lambda(w) \frac{1}{2\pi}\int_0^{2\pi} d\theta\, \varphi(z + \varepsilon e^{i\theta}w)\chi(w) \\
&\geq \varphi(z)\int_{\mathbf{C}^n} \chi(w)d\lambda(w) = \varphi(z).
\end{aligned}
\tag{4.1.24}
$$

φ は $V + \mathrm{B}(\varepsilon_0)$ $(\Subset U)$ で上界 $C_0 \in \mathbf{R}$ をもつ. 以上より,

$$\varphi(z) \leq \varphi_\varepsilon(z) \leq C_0, \qquad z \in V. \tag{4.1.25}$$

まず, 各点収束を示そう. $\varphi(z) = -\infty$ の場合も含めて

$$\lim_{\varepsilon \to +0} \varphi_\varepsilon(z) = \varphi(z). \tag{4.1.26}$$

なぜならば, $\varphi(z) > -\infty$ の場合, 上半連続性より任意の $c > 0$ に対して $\{z' \in V : \varphi(z') < \varphi(z) + c\}$ は z を含む開集合である. したがって任意の十分小さな $\varepsilon > 0$ に対し

$$\varphi(z) \leq \varphi_\varepsilon(z) \leq \varphi(z) + c\,; \quad \lim_{\varepsilon \to +0} \varphi_\varepsilon(z) = \varphi(z).$$

$\varphi(z) = -\infty$ の場合, 上記 c はいくらでも小さくとれる ($c < 0$, $|c|$ はいくらでも大きく). ゆえに,

$$\varphi_\varepsilon(z) \leq c\,; \quad \lim_{\varepsilon \to +0} \varphi_\varepsilon(z) = -\infty.$$

$\delta > 0$ を十分小さくとり, 定理 4.1.8 (ii) を $\varphi_\delta(z + \zeta w)$ ($|\zeta| = r$) に適用すると

$$(4.1.27) \quad \int_{\mathbf{C}^n} d\lambda(w) \frac{1}{2\pi} \int_0^{2\pi} d\theta \varphi_\delta(z + \varepsilon e^{i\theta} w)$$
$$\leq \int_{\mathbf{C}^n} d\lambda(w) \frac{1}{2\pi} \int_0^{2\pi} d\theta \varphi_\delta(z + \varepsilon' e^{i\theta} w), \quad 0 < \varepsilon < \varepsilon' < \varepsilon_0.$$

ここで, $\varphi_\delta(z)$ ($z \in V$) は $\delta \to +0$ とするとき $\varphi(z)$ へ各点収束し (4.1.25) が φ_δ に対し成立しているので, ルベーグの収束定理[5]により (4.1.27) で $\delta \to 0$ とすれば

$$(4.1.28) \quad \varphi_\varepsilon(z) \leq \varphi_{\varepsilon'}(z), \qquad 0 < \varepsilon < \varepsilon' < \varepsilon_0.$$

これと (4.1.26) より単調収束性が示された. ∎

定理 4.1.29　(i)　多重劣調和性は, 局所的性質である.

(ii)　$U \subset \mathbf{C}^m, V \subset \mathbf{C}^n$ を開集合とし, $f : V \to U$ を正則写像とする. U 上の多重劣調和関数 φ の引き戻し $f^*\varphi = \varphi \circ f$ は, V 上の多重劣調和関数である. f が双正則ならば, 逆も正しい.

---

5)　φ が連続ならばここの収束は命題 4.1.22 (ii) で十分である. 実際, 後に使うときは連続な多重劣調和関数が対象になるので, 連続性を仮定しても後の証明内で不十分になることはない.

証明 共に，定理 4.1.23 より C^∞ 級多重劣調和関数について示せば十分である．

(i) $\varphi(z) \in C^\infty(U)$ とすると多重劣調和性はそのレビ形式 $L[\varphi](v)$ の半正値性で特徴付けられる．これは，局所的性質である．

(ii) 正則写像 $f : V \to U$ が $(z_j) = (f_j(\zeta_1, \ldots, \zeta_m))$ と書かれているとすると，レビ形式は次のように変換される：

$$L[f^*\varphi](v_1, \ldots, v_m) = L[\varphi]\left(\sum_{i=1}^m \frac{\partial f_1}{\partial \zeta_i} v_i, \ldots, \sum_{i=1}^m \frac{\partial f_n}{\partial \zeta_i} v_i\right).$$

したがって，φ が多重劣調和ならば $f^*\varphi$ も多重劣調和である．f が双正則の場合，逆の成立は明らかであろう． ∎

定理 4.1.29 より $\mathfrak{D}/\mathbf{C}^n$ 上の多重劣調和関数を次のように定義できる．

定義 4.1.30 不分岐リーマン領域 $\mathfrak{D}/\mathbf{C}^n$ 上の関数 $\varphi : \mathfrak{D} \to [-\infty, \infty)$ が**多重劣調和**または**擬凸**とは，任意の点 $p \in \mathfrak{D}$ に多重円板近傍 $\mathrm{P}\Delta(p)$ があって，$\mathrm{P}\Delta(p) \subset \mathbf{C}^n$ と見て $\varphi(z)$ が $z \in \mathrm{P}\Delta(p)$ の多重劣調和関数であることとする．$\mathfrak{D}$ 上の多重劣調和関数の全体を $\mathcal{P}(\mathfrak{D})$ と書き，$\mathcal{P}^k(\mathfrak{D}) = \mathcal{P}(\mathfrak{D}) \cap C^k(\mathfrak{D})$ $(0 \le k \le \infty)$ とおく．

4.2 擬凸性

4.2.1 — 擬凸問題

$\pi : \mathfrak{D} \to \mathbf{C}^n$ を（不分岐リーマン）領域とする．原点中心の多重円板 $\mathrm{P}\Delta$ を一つ固定し境界距離関数 $\delta_{\mathrm{P}\Delta}(z, \partial\mathfrak{D})$ を考える．

まず，基本認識として次の**岡の境界距離定理**を示そう．

定理 4.2.1（岡） $\mathfrak{D}$ が正則領域ならば，$-\log \delta_{\mathrm{P}\Delta}(p, \partial\mathfrak{D}) \in \mathcal{P}^0(\mathfrak{D})$．

証明 (3.7.3) より $-\log \delta_{\mathrm{P}\Delta}(p, \partial\mathfrak{D})$ は連続関数である．

多重劣調和性は局所的性質であるから，任意の点 $a \in \mathfrak{D}$ の近傍 U

で劣平均値性を示せばよい．$\pi : \mathfrak{D} \to \mathbf{C}^n$ は局所双正則であるから，$U \subset \mathbf{C}^n$ とみなす．a を通る任意の複素直線 $L \subset \mathbf{C}^n$ をとる $(L \cong \mathbf{C})$．制限 $-\log \delta_{\mathrm{P}\Delta}(z, \partial\mathfrak{D})|_{L \cap U}$ が劣平均値性を満たすことを示そう．座標の平行移動で，劣平均値性を示す円周の中心は a としてよい．

$L \cap \mathfrak{D}$ 内で中心 a の閉円板と円周

$$E = \{a + \zeta v : |\zeta| \le R\} \subset L \cap \mathfrak{D}, \quad K = \{a + \zeta v : |\zeta| = R\}$$

をとる．ただし $v \in \mathbf{C}^n \setminus \{0\}$ は L の方向ベクトルである．$-\log \delta_{\mathrm{P}\Delta}(a + \zeta v, \partial\mathfrak{D})$ は $|\zeta| \le R$ の連続関数であるから円周 $|\zeta| = R$ 上のポアソン積分 $u(\zeta)$ をとる（[22] 第 3 章 §6 参照）．$u(\zeta)$ は $|\zeta| \le R$ で連続，内部 $|\zeta| < R$ で調和 $(\Delta u = 0)$，円周 $|\zeta| = R$ 上 $-\log \delta_{\mathrm{P}\Delta}(a + \zeta v, \partial\mathfrak{D})$ と等しいので，

$$(4.2.2) \qquad u(0) = \frac{1}{2\pi} \int_0^{2\pi} -\log \delta_{\mathrm{P}\Delta}(a + Re^{i\theta}v, \partial\mathfrak{D})d\theta.$$

任意の $\varepsilon > 0$ に対し $r < R$ を R に十分近くとれば

$$-\log \delta_{\mathrm{P}\Delta}(a + Re^{i\theta}v, \partial\mathfrak{D}) < u(re^{i\theta}) + \varepsilon.$$

$|\zeta| < R$ で $u(\zeta)$ の随伴調和関数 $u^*(\zeta)$ をとり正則関数 $g(\zeta) = u(\zeta) + iu^*(\zeta)$ をとる．

$$(4.2.3) \qquad g(\zeta) = \sum_{\nu=0}^{\infty} c_\nu \zeta^\nu, \quad |\zeta| < R$$

と巾級数展開する．$|\zeta| = r$ 上では一様収束するので，$N \in \mathbf{N}$ を十分大きくし $P(\zeta) = \sum_{\nu=0}^{N} c_\nu \zeta^\nu$ とおけば，$|g(\zeta) - P(\zeta)| < \varepsilon$ $(|\zeta| = r)$．よって

$$(4.2.4) \qquad -\log \delta_{\mathrm{P}\Delta}(a + \zeta v, \partial\mathfrak{D}) < \Re P\left(\frac{r}{R}\zeta\right) + 2\varepsilon, \quad |\zeta| = R.$$

L は $\mathbf{C}^n$ のアフィン線形部分空間であるから，$\mathbf{C}^n$ 上の多項式 $\hat{P}(z)$ で $\hat{P}(a + \zeta v) = P\left(\frac{r}{R}\zeta\right)$ となるものが存在する．(4.2.4) より，

$$\delta_{\mathrm{P}\Delta}(z, \partial\mathfrak{D}) > \left| e^{-\hat{P}(z) - 2\varepsilon} \right|, \quad z \in K.$$

最大値原理により，$\hat{K}_{\mathfrak{D}} \supset E$ であるから，補題 3.2.7 より

$$\delta_{\mathrm{P}\Delta}(z, \partial\mathfrak{D}) \geq \left| e^{-\hat{P}(z)-2\varepsilon} \right|, \quad z \in E.$$

特に $z = a$ では，$\delta_{\mathrm{P}\Delta}(a, \partial\mathfrak{D}) \geq \left| e^{-\hat{P}(a)-2\varepsilon} \right| = e^{-u(0)-2\varepsilon}$. これと (4.2.2) を合わせると

$$-\log \delta_{\mathrm{P}\Delta}(a, \partial\mathfrak{D}) \leq \frac{1}{2\pi} \int_0^{2\pi} -\log \delta_{\mathrm{P}\Delta}(a + Re^{i\theta}v, \partial\mathfrak{D}) d\theta + 2\varepsilon.$$

$\varepsilon > 0$ は任意であったから

$$-\log \delta_{\mathrm{P}\Delta}(a, \partial\mathfrak{D}) \leq \frac{1}{2\pi} \int_0^{2\pi} -\log \delta_{\mathrm{P}\Delta}(a + Re^{i\theta}v, \partial\mathfrak{D}) d\theta.$$

よって，$-\log \delta_{\mathrm{P}\Delta}(a + \zeta v, \partial\mathfrak{D})$ は劣平均値性を満たす． ∎

4.2.5 （擬凸問題 1） 定理 4.2.1 の逆は成立するか？ さらに，$\mathfrak{D}$ はスタインか？

いささか天下り的ではあるが，擬凸領域を次のように定義する．

定義 4.2.6 (i) $-\infty$ を値として許す実関数 $\psi : \mathfrak{D} \to [-\infty, \infty)$ が**階位関数**であるとは，任意の $c \in \mathbf{R}$ に対し $\mathfrak{D}_c := \{p \in \mathfrak{D} : \psi(p) < c\} \Subset \mathfrak{D}$ が成立することとする．$\mathfrak{D}_c$ を**階位集合**と呼ぶ．

(ii) $\mathfrak{D}$ が**擬凸領域**であるとは，$\mathfrak{D}$ 上に擬凸階位関数 ψ が存在することとする[6]．ψ が $\mathbf{R}$ 値で C^k 級 $(0 \leq k \leq \infty)$ にとれるとき，$\mathfrak{D}$ は C^k **擬凸**であるという．

注意 4.2.7 (i) 多くの文献では，階位関数の定義で連続性を仮定している．また，C^0 擬凸または C^∞ 擬凸を単に擬凸ということが多い．他書を参考にされるときは注意されたい．

(ii) 擬凸階位関数 $\psi : \mathfrak{D} \to [-\infty, \infty)$ は上半連続性しか仮定されていない

---

6)　正則分離性を仮定していないことに注意．

ので，実数 $c < c'$ に対して，$\mathfrak{D}_c \Subset \mathfrak{D}_{c'}$ とは限らないことに注意しよう．もちろん c' を十分大きくとれば，$\mathfrak{D}_c \Subset \mathfrak{D}_{c'}$ が満たされる．したがって，一般に $1/(c - \psi(p))$ は $\mathfrak{D}_c$ の階位関数にならない．つまり $\mathfrak{D}_c$ が擬凸になるかどうか直ちにはわからない（連続性を仮定すれば直ちにわかる）．

注意 4.2.8　これまでに出てきた領域 $\mathfrak{D}/\mathbf{C}^n$ についての顕著な性質を列挙すると：

(i)　$\mathfrak{D}$ は，正則領域である（正則分離性あり）．

(ii)　$\mathfrak{D}$ は，正則凸である．

(iii)　$\mathfrak{D}$ は，スタイン（正則凸＋正則分離）．

(iv)　$-\log \delta_{\mathrm{P}\Delta}(p, \partial\mathfrak{D}) \in \mathcal{P}^0(\mathfrak{D})$．

(v)　$\mathfrak{D}$ は，C^0 擬凸である．

(vi)　$\mathfrak{D}$ は，擬凸である．

(i) は，解析関数の存在領域の観点から最も自然な概念で，歴史的にも発現は最も早い．しかし，解析接続による特徴付けであるため，与えられた領域の"外側"の存在が暗黙のうちに秘められている (extrinsic)．(ii) は，それに比べると完全に領域の内部情報で判別可能な性質である (intrinsic)．単葉領域の場合は，両者は同値（定理 3.2.11）であるが，多葉の場合は現在の（本書での）段階では正則分離性がないので，使いにくい．それを加えたのが (iii) である．(v)⇒(vi) は自明である．

"擬凸問題"とは，(i)〜(vi) が同値であるかどうかを問う．特に (vi)⇒(iii) が要である：

4.2.9　（擬凸問題 2）　擬凸領域は，スタインか？

擬凸問題 1, 4.2.5 と擬凸問題 2, 4.2.9 の関係も含めてこれらは最終的に岡により肯定的に解決された．その証明を与えるのが，この章および次章の目的である．

本格的に擬凸問題の解決に入る前に，注意 4.2.8 にリストアップした性質

の相互関係を調べよう.

定理 4.2.10（岡）　領域 $\mathfrak{D}/\mathbf{C}^n$ が正則凸または擬凸ならば,

$$-\log \delta_{\mathrm{P}\Delta}(p, \partial\mathfrak{D}) \in \mathcal{P}^0(\mathfrak{D}).$$

証明　定理 4.2.1 の証明をまねる. 任意に $p_0 \in \mathfrak{D}$ をとりその多重円板近傍 $\mathrm{P}\Delta \Subset \mathfrak{D}$ をとる. $\mathrm{P}\Delta \subset \mathbf{C}^n$ とみなす. $v \in \mathbf{C}^n \setminus \{0\}$ をとり閉円板

$$\bar{\Delta} = \{p_0 + \zeta v : |\zeta| \leq R\} \subset \mathrm{P}\Delta \subset \mathfrak{D}$$

を考える. 円周 $|\zeta| = R$ 上で $-\log \delta(p_0 + \zeta v, \partial\mathfrak{D})$ のポアソン積分 $u(\zeta)$ をとり, (4.2.3) の正則関数 $g(\zeta)$ を

$$\text{(4.2.11)} \qquad \Im g(0) = 0, \quad g(0) = u(0)$$

となるようにとる. $\Re g = u$ である. 任意の $\varepsilon > 0$ に対し $0 < t < 1$ を 1 に十分近くとれば, $g(t\zeta)$ は $|\zeta| \leq R$ の近傍で正則で

$$|\Re g(t\zeta) - u(\zeta)| < \varepsilon, \quad |\zeta| = R.$$

ゆえに

$$\text{(4.2.12)} \qquad \delta_{\mathrm{P}\Delta}(p_0 + \zeta v, \partial\mathfrak{D}) \geq |e^{-g(t\zeta)-\varepsilon}|, \quad |\zeta| = R.$$

この不等式が $\zeta = 0$ でも成立することを示したい. 任意にベクトル $w \in \mathrm{P}\Delta$ をとり, $\xi \in \mathbf{C}, |\xi| \leq 1$ に対し写像

$$\Psi : (\zeta, \xi) \mapsto p_0 + \zeta v + \xi w e^{-g(t\zeta)-\varepsilon}$$

を考える. $\xi = 0$ ならば, 定義から $\Psi(\{|\zeta| \leq R\}, 0) = \bar{\Delta} \subset \mathfrak{D}$. $|\zeta| = R$ ならば (4.2.12) より

$$\Psi(\{|\zeta| = R\} \times \{|\xi| \leq 1\}) \subset \mathfrak{D}.$$

(4.2.13)　　$K = (\{|\zeta| \leq R\} \times \{0\}) \cup (\{|\zeta| = R\} \times \{|\xi| \leq 1\})\,(\subset \mathbf{C}^2)$

とおくと，$\Psi(K) \Subset \mathfrak{D}$.

- $\mathfrak{D}$ が正則凸ならば $L := \widehat{\Psi(K)}_{\mathscr{O}(\mathfrak{D})} \Subset \mathfrak{D}$.
- $\mathfrak{D}$ が擬凸ならば階位関数 $\chi \in \mathcal{P}(\mathfrak{D})$ がある．階位集合を $\mathfrak{D}_c := \{\chi < c\} \ni \Psi(K)$ ととる．

$K \subset \mathbf{C}^2$ の近傍 Ω_{H}（あるハルトークス領域）で $\Psi : \Omega_{\mathrm{H}} \to \mathfrak{D}_c$ は正則写像であるから，$\chi \circ \Psi \in \mathcal{P}(\Omega_{\mathrm{H}})$. $0 \leq s \leq 1$ について条件

$$\Psi(\{|\zeta| \leq R\} \times \{|\xi| \leq s\}) \subset \mathfrak{D}$$

を満たす s の集合を E とする．$E \ni 0$ であるから $E \neq \emptyset$. 条件より E は開集合である．また，その条件が満たされれば最大値原理より，$\Psi(\{|\zeta| \leq R\} \times \{|\xi| \leq s\}) \subset L$（正則凸の場合），または $\Psi(\{|\zeta| \leq R\} \times \{|\xi| \leq s\}) \subset \mathfrak{D}_c$（擬凸の場合）である．以下，擬凸の場合，$L$ はコンパクト集合 $\overline{\mathfrak{D}}_c$ を表すこととする．すると，いずれの場合でもそのような $s \in E$ の集積点 s' について

$$\Psi(\{|\zeta| \leq R\} \times \{|\xi| \leq s'\}) \subset L \Subset \mathfrak{D}.$$

したがって，E は閉である．よって，$E = [0, 1]$. 特に，$\zeta = 0$, $\xi = 1$ として

$$p_0 + w e^{-g(0)-\varepsilon} \in \mathfrak{D}.$$

$w \in \mathrm{P}\Delta$ は任意であるから，(4.2.11) と合わせて

$$p_0 + e^{-u(0)-\varepsilon} \cdot \mathrm{P}\Delta \subset \mathfrak{D}\,;$$

$$\delta_{\mathrm{P}\Delta}(p_0, \partial\mathfrak{D}) \geq e^{-u(0)-\varepsilon}\,;$$

$$-\log \delta_{\mathrm{P}\Delta}(p_0, \partial\mathfrak{D}) \leq \frac{1}{2\pi} \int_0^{2\pi} -\log \delta_{\mathrm{P}\Delta}(p_0 + Re^{i\theta}v)d\theta + \varepsilon\,;$$

$$-\log \delta_{\mathrm{P}\Delta}(p_0, \partial\mathfrak{D}) \leq \frac{1}{2\pi} \int_0^{2\pi} -\log \delta_{\mathrm{P}\Delta}(p_0 + Re^{i\theta}v)d\theta.$$

よって，$-\log \delta_{\mathrm{P}\Delta}(p, \partial \mathfrak{D}) \in \mathcal{P}^0(\mathfrak{D})$. ∎

上の定理の '擬凸' の部分の逆を示そう．

定理 4.2.14（岡） $\pi : \mathfrak{D} \to \mathbf{C}^n$ を領域とする．もし $-\log \delta_{\mathrm{P}\Delta}(p, \partial \mathfrak{D})$ が多重劣調和ならば，$\mathfrak{D}$ は C^0 擬凸である．

証明 $\mathfrak{D}$ の連続擬凸階位関数を構成する．

（イ）$\pi : \mathfrak{D} \to \mathbf{C}^n$ が有限葉ならば

$$\lambda(p) = \max\{-\log \delta_{\mathrm{P}\Delta}(p, \partial \mathfrak{D}), \|\pi(p)\|\}$$

とおけば，$\lambda(p)$ は連続擬凸階位関数である．

（ロ）$\mathfrak{D}$ が無限葉の場合の証明は，初等的ではあるが，少々長く複雑になるのでいくつかのステップに分けて証明する．

(1) 1 点 $p_0 \in \mathfrak{D}$ をとる．以下，$0 < \rho < \delta_{\mathrm{P}\Delta}(p_0, \partial \mathfrak{D})$ と仮定する．

$$\mathfrak{D}_\rho = \{p \in \mathfrak{D} : \delta_{\mathrm{P}\Delta}(p, \partial \mathfrak{D}) > \rho\} \text{ の } p_0 \text{ を含む連結成分}$$

とおく．$0 < \rho' < \rho$ に対し，$\mathfrak{D}_\rho \subset \mathfrak{D}_{\rho'}$，$\bigcup_{\rho > 0} \mathfrak{D}_\rho = \mathfrak{D}$ が成り立つ．

注意 4.1.21 で述べたように，$\mathbf{C}^n$ 上のルベーグ測度を $d\lambda$ とし，C^∞ 級関数 $\chi(z) \geq 0$ を次のようにとる．

(4.2.15) $$\operatorname{Supp} \chi \subset \mathrm{P}\Delta, \qquad \int_{w \in \mathbf{C}^n} \chi(w) d\lambda(w) = 1.$$

$\varepsilon > 0$ に対し $\chi_\varepsilon(w) = \chi(w/\varepsilon)\varepsilon^{-2n}$ とおくと，

$$\operatorname{Supp} \chi_\varepsilon \subset \varepsilon \mathrm{P}\Delta, \qquad \int_{\mathbf{C}^n} \chi_\varepsilon(w) d\lambda(w) = 1.$$

$d_\rho(p)$ $(p \in \mathfrak{D}_\rho)$ を (3.6.13) で定義される連続関数とする．これまでと同じように，$\mathfrak{D}$ の単葉な領域に含まれる点を扱うときは混乱の恐れがない限り，それを $\mathbf{C}^n$ の点と同一視した書き方をする．$0 < \varepsilon \leq \rho$ に対し d_ρ の滑性化を

$$(d_\rho)_\varepsilon(p) = (d_\rho) * \chi_\varepsilon(p) = \int_{w \in \varepsilon \mathrm{P}\Delta} d_\rho(p+w)\chi_\varepsilon(w)d\lambda(w), \quad p \in \mathfrak{D}_\rho$$

とおく. これは $\mathfrak{D}_\rho$ 上の C^∞ 級関数である.

$\mathrm{P}\Delta$ の多重半径を (r_{0j}) として, $C_0 = \sqrt{\sum_j r_{0j}^2}$ とおく. 定義と (3.6.14) より

$$|(d_\rho)_\varepsilon(p) - d_\rho(p)| \le \varepsilon C_0, \quad p \in \mathfrak{D}_\rho.$$

したがって補題 3.6.15 より次が成立する.

(4.2.16)　　　　$\{p \in \mathfrak{D}_\rho : (d_\rho)_\varepsilon(p) < b\} \Subset \mathfrak{D}, \quad \forall b > 0.$

(2) $p \in \mathfrak{D}$ について $\pi(p) = (z_j) = (x_j + iy_j)$ を複素座標として $x_j, y_j,\ 1 \le j \le n$ の方向ベクトルの一つを $\xi\ (\|\xi\| = 1)$ とし, その方向微分を $\frac{\partial}{\partial \xi}$ と書くことにすると, $h \in \mathbf{R}$ について

$$\lim_{h \to 0} \frac{(d_\rho)_\varepsilon(p + h\xi) - (d_\rho)_\varepsilon(p)}{h} = \frac{\partial(d_\rho)_\varepsilon}{\partial \xi}(p).$$

一方 (3.6.14) より次の評価が成立する.

$$\left| \frac{(d_\rho)_\varepsilon(p + h\xi) - (d_\rho)_\varepsilon(p)}{h} \right|$$
$$= \left| \frac{1}{h} \int_w \{d_\rho(p + h\xi + w) - d_\rho(p + w)\}\chi_\varepsilon(w)d\lambda(w) \right|$$
$$\le \frac{1}{|h|} \int_w |d_\rho(p + h\xi + w) - d_\rho(p + w)| \chi_\varepsilon(w)d\lambda(w)$$
$$\le \frac{1}{|h|}|h| \cdot \|\xi\| = 1.$$

したがって次を得る.

(4.2.17)　　　　$\left| \dfrac{\partial(d_\rho)_\varepsilon}{\partial \xi}(p) \right| \le 1, \quad p \in \mathfrak{D}_\rho,\ 0 < \varepsilon \le \rho.$

$0 < 2\varepsilon \le \rho$ をとり

$$\tilde{d}_{\rho,\varepsilon}(p) = \big((d_\rho)_\varepsilon\big)_\varepsilon(p), \quad p \in \mathfrak{D}_\rho$$

を考える.

$$\frac{\partial \tilde{d}_{\rho,\varepsilon}}{\partial \xi}(p) = \int_w \frac{\partial (d_\rho)_\varepsilon}{\partial \xi}(p+w)\chi_\varepsilon(w)d\lambda(w)$$
$$= \int_w \frac{\partial (d_\rho)_\varepsilon}{\partial \xi}(w)\chi\left(\frac{w-p}{\varepsilon}\right)\frac{1}{\varepsilon^{2n}}d\lambda(w).$$

$\frac{\partial}{\partial \eta}$ を, $\frac{\partial}{\partial \xi}$ と同様に, $x_j, y_j, 1 \le j \le n$ の方向微分の一つとすれば

$$\frac{\partial^2 \tilde{d}_{\rho,\varepsilon}}{\partial \eta \partial \xi}(p) = \int_w \frac{\partial (d_\rho)_\varepsilon}{\partial \xi}(w)\frac{\partial \chi}{\partial \eta}\left(\frac{w-p}{\varepsilon}\right)\frac{-1}{\varepsilon^{2n+1}}d\lambda(w).$$

これと (4.2.17) より次が成立する.

$$(4.2.18) \quad \left|\frac{\partial^2 \tilde{d}_{\rho,\varepsilon}}{\partial \eta \partial \xi}(p)\right| \le \int_w \left|\frac{\partial (d_\rho)_\varepsilon}{\partial \xi}(w)\right| \cdot \left|\frac{\partial \chi}{\partial \eta}\left(\frac{w-p}{\varepsilon}\right)\right|\frac{1}{\varepsilon^{2n+1}}d\lambda(w)$$
$$\le \frac{1}{\varepsilon}\int_w \left|\frac{\partial \chi}{\partial \eta}(w)\right|d\lambda(w) = \frac{C_1}{\varepsilon}.$$

ここで, C_1 は, ε, ρ によらない正定数である.

$$\hat{d}_\rho(p) = \tilde{d}_{\rho,\frac{\rho}{2}}(p), \quad p \in \mathfrak{D}_\rho$$

とおく. (4.2.16) より $\hat{d}_\rho(p)$ についても次が成り立つ.

$$(4.2.19) \qquad \{p \in \mathfrak{D}_\rho : \hat{d}_\rho(p) < b\} \Subset \mathfrak{D}, \quad \forall b > 0.$$

(4.2.18) により $C_2 \gg \frac{2C_1}{\rho}$ をとり

$$(4.2.20) \qquad \varphi_\rho(p) = \hat{d}_\rho(p) + C_2\|\pi(p)\|^2$$

とおくと,

$$\sum_{j,k} \frac{\partial^2 \varphi_\rho}{\partial z_j \partial \bar{z}_k}\xi_j \bar{\xi}_k \ge \|(\xi_j)\|^2$$

が成立するようにできる. 以上をまとめて次の補題を得る.

補題 4.2.21 $\mathfrak{D}_\rho$ 上に C^∞ 級強多重劣調和関数 $\varphi_\rho(p) > 0$ が存在し,

$$\{p \in \mathfrak{D}_\rho : \varphi_\rho(p) < b\} \Subset \mathfrak{D}, \quad \forall b > 0.$$

(3) ここで，$-\log \delta_{\mathrm{P}\Delta}(p, \partial\mathfrak{D})$ が多重劣調和であることを用いる．$-\log \delta_{\mathrm{P}\Delta}(p, \partial\mathfrak{D})$ は，連続関数であることに注意する．$a_1 > 0$ を $\delta_{\mathrm{P}\Delta}(p_0) > e^{-a_1}$ と選び，発散する単調増加数列 $a_1 < a_2 < \cdots < a_j \nearrow \infty$ を一つとり，増大領域列を $\mathfrak{D}_j = \mathfrak{D}_{e^{-a_j}}$ $(j = 1, 2, \dots)$ とおく．$\mathfrak{D}_j \subset \mathfrak{D}_{j+1}$, $\mathfrak{D} = \bigcup_{j=1}^\infty \mathfrak{D}_j$ である．

$\mathfrak{D}_j$ に対し補題 4.2.21 $(\rho = e^{-a_j})$ を適用して得られる C^∞ 級強多重劣調和関数 $\varphi_j(p)$ をとる．ただしここでは，$\varphi_j(p)$ が連続多重劣調和関数であることしか使わない．

任意の $b > 0$ に対し

$$\{p \in \mathfrak{D}_j : \varphi_j(p) < b\} \Subset \mathfrak{D}_{j+1}$$

が成立することに注意する．単調増加列 $b_1 < b_2 < \cdots \nearrow \infty$ を以下のように選ぶ．$b_1 > 0$ を任意にとり

$$\Delta_1 = \{p \in \mathfrak{D}_1 : \varphi_4(p) < b_1\}$$

とおく．

(4.2.22) $$\partial\Delta_1 \subset \{-\log \delta_{\mathrm{P}\Delta}(p) = a_1\} \cup \{\varphi_4(p) = b_1\}$$

が成立する．$\Delta_1 \Subset \mathfrak{D}_2$ であるから $b_2 \gg \max\{2, b_1\}$ をとれば

$$\Delta_2 = \{p \in \mathfrak{D}_2 : \varphi_5(p) < b_2\} \ni \Delta_1$$

が成立する．以下順次，帰納的に $b_j > \max\{j, b_{j-1}\}$ を

$$\Delta_j = \{p \in \mathfrak{D}_j : \varphi_{j+3}(p) < b_j\} \ni \Delta_{j-1}$$

が成立するようにとる．

$$\mathfrak{D} = \bigcup_{j=1}^\infty \Delta_j$$

である.

$\Phi_1(p) = \varphi_4(p) + 1 (> 1)$, $p \in \Delta_4$ とおく. $j \geq 1$ について $\Phi_h(p)$, $1 \leq h \leq j$ が次を満たすように定まったとする.

4.2.23　(i)　$\Phi_h(p)$ は, Δ_{h+3} 上の連続多重劣調和関数である.

(ii)　$\Phi_h(p) > h$, $\forall p \in \Delta_{h+2} \setminus \Delta_{h+1}$, $1 \leq h \leq j$.

(iii)　$\Phi_h(p) = \Phi_{h-1}(p)$, $\forall p \in \Delta_h$, $2 \leq h \leq j$.

Δ_{j+4} 上の連続多重劣調和関数を

$$\psi_{j+1}(p) = \max\{-\log \delta_{\mathrm{P}\Delta}(p, \partial \mathfrak{D}) - a_{j+1}, \varphi_{j+4}(p) - b_{j+1}\}, \quad p \in \Delta_{j+4}$$

とおく.

$$(4.2.24) \qquad\qquad \psi_{j+1}(p) \leq 0, \quad p \in \bar{\Delta}_{j+1},$$

$$\min_{\bar{\Delta}_{j+3} \setminus \Delta_{j+2}} \psi_{j+1}(p) > 0.$$

これより $k_{j+1} > 0$ を十分大きくとれば

$$(4.2.25) \qquad \min_{\bar{\Delta}_{j+3} \setminus \Delta_{j+2}} k_{j+1}\psi_{j+1}(p) > \max\left\{ j + 1, \max_{\bar{\Delta}_{j+2}} \Phi_j(p) \right\}$$

とできる.

$$\Phi_{j+1}(p) = \begin{cases} \max\{\Phi_j(p), k_{j+1}\psi_{j+1}(p)\}, & p \in \Delta_{j+2}, \\ k_{j+1}\psi_{j+1}(p), & p \in \Delta_{j+4} \setminus \Delta_{j+2} \end{cases}$$

とおく (図 4.1). (4.2.25) により, $\partial \Delta_{j+2}$ のある近傍上では,

$$\Phi_{j+1}(p) = k_{j+1}\psi_{j+1}(p)$$

であるから, $\Phi_{j+1}(p)$ は Δ_{j+4} 上の連続多重劣調和関数である. (4.2.24) と (4.2.25) より

$$\Phi_{j+1}(p) = \Phi_j(p), \quad p \in \Delta_{j+1},$$

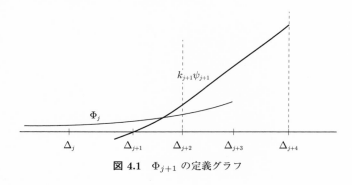

図 4.1 Φ_{j+1} の定義グラフ

$$\Phi_{j+1}(p) > j+1, \quad p \in \Delta_{j+4} \setminus \Delta_{j+2}$$

が成立している. よって帰納的に 4.2.23 を満たす $\Phi_j(p), j = 1, 2, \ldots$ が求まる.

$$\Phi(p) = \lim_{j \to \infty} \Phi_j(p), \quad p \in \mathfrak{D}$$

とおけば, $\Phi(p)$ は $\mathfrak{D}$ 上の連続多重劣調和関数である. 4.2.23 (ii) より

$$\Phi(p) > j, \quad p \in \mathfrak{D} \setminus \Delta_{j+1}, \quad j = 1, 2, \ldots$$

が成立するので, $\Phi(p)$ は階位関数である.

これで定理の証明が完了した. ∎

系 4.2.26 領域 $\mathfrak{D}$ ($/\mathbf{C}^n$) は擬凸ならば C^0 擬凸である.

証明 定理 4.2.14 と定理 4.2.10 より. ∎

注意 4.2.27 (i) この岡の定理により擬凸問題 1, 4.2.5 は擬凸問題 2, 4.2.9 より従うことがわかった.

(ii) 注意 4.2.8 の項目で述べれば, これまでに示したことは, (iii)⇒(i)（定理 3.7.4）；(iii)⇒(ii) 自明；(i)⇒(iv)（定理 4.2.1）；(ii), (vi)⇒(iv)（定理 4.2.10）；(iv)⇒(v)（定理 4.2.14）；(v)⇒(vi) 自明. 最後の難関は (vi)⇒(iii)（擬凸問題 2, 4.2.9）である（肯定的解決：Oka 1941,

VI 1942, 未発表論文 1943, IX 1953).

定理 4.2.28 $\mathfrak{D}$ $(/\mathbf{C}^n)$ を領域とし, Ω_α $(\alpha \in \Gamma)$ をその部分領域の族とする. もし, 任意の Ω_α が擬凸ならば, 共通部分の内点集合 $\left(\bigcap_{\alpha \in \Gamma} \Omega_\alpha\right)^\circ$ の各連結成分は, 擬凸領域である.

証明 定理 4.2.10 より, $-\log \delta_{\mathrm{P}\Delta}(z, \partial\Omega_\alpha)$ は Ω_α で多重劣調和である. $\left(\bigcap_{\alpha \in \Gamma} \Omega_\alpha\right)^\circ$ の連結成分 ω に対して

$$-\log \delta_{\mathrm{P}\Delta}(z, \partial\omega) = \sup_{\alpha \in \Gamma} -\log \delta_{\mathrm{P}\Delta}(z, \partial\Omega_\alpha), \quad z \in \omega$$

が成立し, $-\log \delta_{\mathrm{P}\Delta}(z, \partial\omega)$ は連続である. したがって, 定理 4.1.16, (vi) より $-\log \delta_{\mathrm{P}\Delta}(z, \partial\omega)$ $(z \in \omega)$ は多重劣調和である. 定理 4.2.14 より ω は (C^0) 擬凸である. ∎

【ノート】 注意 4.2.8 に述べた擬凸性 (iv)〜(vi) は実関数の性質が用いられるのみで, 複素関数は多重劣調和性の記述において複素局所座標が使われるだけである. さらに, §4.2.3 以降で述べるように, 擬凸性は $\mathfrak{D}$ の "境界 $\partial\mathfrak{D}$" の局所的性質であることが示される. このような事情が, 当時はこの問題は解決可能な問題とは思われなかった所以なのであろう.

擬凸問題を上述のように整理したのであるが, 問題が提起された当時に "多重劣調和関数" や "擬凸関数" の概念があったわけではないことにも注意したい. 岡は問題を上述のように整理するために擬凸関数の概念を導入した (Oka VI 1942). 同時期, P. ルロンも同様な関数の概念をポテンシャル論的観点から導入している.

4.2.2 — ボッホナーの管定理

3 大問題自体からは少々離れるが, これまで調べてきた諸々の '凸性' が一致する領域のクラスがある. 岡の境界距離定理 4.2.1 の応用としても面白いものがある.

$\varpi : R \to \mathbf{R}^n$ を実の不分岐領域, つまり R はハウスドルフ位相空間で ϖ

は局所同相写像とする．次の形の $\mathbf{C}^n$ 上の領域

$$(4.2.29) \qquad \pi : T_R = R \times \mathbf{R}^n \cong R + i\mathbf{R}^n \ni x + iy \to \varpi(x) + iy \in \mathbf{C}^n$$

を**管状領域** (tube domain) または短く**管** (クダ, tube) と呼び，R を管状領域 T_R の**底** (base) と呼ぶ．多くの文献では，$R \to \mathbf{R}^n$ が単葉の場合を扱っているが，ここでは上述のように一般化して不分岐領域の特別な場合として扱う．この形の単葉領域は，有界対称領域の理論，偏微分方程式論やラプラス積分変換の理論で基本的である．

管状領域の一つのモデルとして，§1.1.4 で扱った巾級数の収束域 $\Omega(f)$ がある．そこでの記号を用いて次のようにおく．

$$T := \{(z_1, \ldots, z_n) \in \mathbf{C}^n : (e^{z_1}, \ldots, e^{z_n}) \in \Omega(f)\} = \log \Omega^*(f) + i\mathbf{R}^n.$$

定理 1.1.23 により，T は凸実領域 $\log \Omega^*(f)$ を底とする凸管状領域である．$f(e^{z_1}, \ldots, e^{z_n})$ は，その上の周期 $2\pi i\mathbf{Z}$ をもつ正則関数である．収束巾級数 f を原点の任意の形状の近傍で与えても，その収束域は $f(e^{z_1}, \ldots, e^{z_n})$ でみれば，必ずその凸包までは解析接続されることを意味する．この凸性は，周期性を外しても成立することを以下で示す．

単葉な場合，T_R が凸であることと $R = \mathrm{co}(R)$ は同値である（$\mathrm{co}(R)$ は R の凸包）．

今，一般的に領域 $\pi : \Omega \to \mathbf{C}^n$ をとる．相異なる 2 点 $p, q \in \Omega$ に対し，$\pi(p), \pi(q)$ を結ぶ線分 $L[\pi(p), \pi(q)]$ をとる．L_p を $\pi^{-1}L[\pi(p), \pi(q)]$ の p を含む連結成分とする．$q \in L_p$ であるとき，$L_p = L[p, q]$ と書くことにする（これは，いつもあるとは限らないことに注意）．$L[p, q]$ は存在すれば，自然なパラメーター

$$(4.2.30) \qquad t \in [0, 1] \to \pi|_{L[p,q]}^{-1}((1-t)\pi(p) + t\pi(q)) \in L[p, q]$$

が入る．

補題 4.2.31 Ω が単葉凸であるためには，任意の相異なる 2 点 $p, q \in \Omega$ に

対し，$L[p,q]$ が存在することが必要十分である．

証明 必要性は明らかである．十分性を示そう．$L[p,q] \subset \Omega$ に対し制限 $\pi|_{L[p,q]} : L[p,q] \rightarrow L[\pi(p), \pi(q)]$ は全単射である．したがって，$\pi(p) \neq \pi(q)$．これは，π が単射であることを意味する．凸性は定義そのものである． ∎

定義 4.2.32 Ω 上の実数値関数 $\psi : \Omega \rightarrow \mathbf{R}$ が**凸**であるとは，上述の任意の $L[p,q] \subset \Omega$ $(p \neq q)$ に対し制限関数 $\psi|_{L[p,q]} : L[p,q] \rightarrow \mathbf{R}$ が (4.2.30) のパラメーター t に関して凸関数であることとする．

$\mathbf{C}^n$ 上の管状領域 T_R の境界距離 $\delta_{P\Delta}(z, \partial T_R)$ を考える．次が成立する．

$$(4.2.33) \qquad \delta_{P\Delta}(p + iy, \partial T_R) = \delta_{P\Delta}(p, \partial T_R), \qquad \forall y \in \mathbf{R}^n.$$

つまり，$p = x + iy$ $(x \in R,\ y \in \mathbf{R}^n)$ とすると $\delta_{P\Delta}(p, \partial T_R)$ は '実部' x だけの関数である．

補題 4.2.34 $-\log \delta_{P\Delta}(p, \partial T_R)$ が多重劣調和ならば，それは凸関数である．

証明 初め，$\delta_{P\Delta}(p, \partial T_R)$ は C^2 級であると仮定する．$\varphi(p) = -\log \delta_{P\Delta}(p, \partial T)$ とおく．$\pi(p) = (z_j) = (x_j + iy_j)$ として局所座標 (z_j) に関して，多重劣調和性の仮定より

$$(4.2.35) \qquad L[\varphi](p; v) = \sum_{j,k} \frac{\partial^2 \varphi}{\partial z_j \partial \bar{z}_k}(p) v_j \bar{v}_k \geq 0, \qquad \forall (v_j) \in \mathbf{C}^n.$$

(4.2.33) より，

$$L[\varphi](p; v) = \frac{1}{4} \sum_{j,k} \frac{\partial^2 \varphi}{\partial x_j \partial x_k}(p) v_j \bar{v}_k \geq 0.$$

したがって，(4.2.30) の t に関して $\frac{d^2 \varphi}{dt^2}(t) \geq 0$ となり，$\varphi(t)$ は凸である．

C^2 級でないときは，$L[p,q]$ を任意に一つとり固定する．$L[p,q] \Subset T_R$ であるから，滑性化 $\varphi_\varepsilon(p)$ $(\varepsilon > 0$ は十分小) をとれば，これは $L[p,q]$ を含

む開集合上で C^∞ 級の多重劣調和関数である．$\varphi_\varepsilon(p)$ も (4.2.33) を満たす．したがって，上で示したように $\varphi_\varepsilon|_{L[p,q]}$ は凸関数である．$L[p,q]$ 上一様に $\varphi_\varepsilon \searrow \varphi$ $(\varepsilon \searrow 0)$ であるから $\varphi|_{L[p,q]}$ も凸になる． ∎

定理 4.2.36　$\mathbf{C}^n$ 上の管状領域 T_R $(\varpi : R \to \mathbf{R}^n)$ について次の条件は同値である．

(i)　T_R は，正則領域である．

(ii)　T_R は，正則凸領域である．

(iii)　T_R は，擬凸領域である．

(iv)　$-\log \delta_{\mathrm{P}\Delta}(z, \partial T_R)$ は（連続）多重劣調和関数である．

(v)　T_R は単葉で凸，すなわちその底 R が $\mathbf{R}^n$ の凸領域である．

証明　(i), (ii), (iii) $\Rightarrow$ (iv)，および (v) $\Rightarrow$ (i), (ii), (iii) は，それぞれこれまで示してきたことの特別な場合である．

(iv) $\Rightarrow$ (v)　2 点 $p, q \in R$ を結ぶ線分 $L[p,q] \subset R$ があるとする．$p = q$ のときは，$L[p,q] = \{p\}$ と退化した線分と考える．補題 4.2.34 より $-\log \delta_{\mathrm{P}\Delta}(p, \partial T_R)$ は連続凸関数であるから，

$$\max_{z \in L[p,q]} -\log \delta_{\mathrm{P}\Delta}(z, \partial T_R) = \max_{p,q} -\log \delta_{\mathrm{P}\Delta}(z, \partial T_R),$$

(4.2.37)
$$\min_{z \in L[p,q]} \delta_{\mathrm{P}\Delta}(z, \partial T_R) = \min_{p,q} \delta_{\mathrm{P}\Delta}(z, \partial T_R).$$

$$S = \{(p,q) \in R^2 : \exists L[p,q] \subset R\} \subset R^2$$

とおく．$S = R^2$ を示せば，補題 4.2.31 により証明は終わる．

明らかに S は非空開集合である．S が R^2 内で閉であることをいえばよい．$(p,q) \in R^2$ を S の集積点とする．点列 $(p_\nu, q_\nu) \in S$ $(\nu = 1, 2, \ldots)$ があって，

$$\lim_{\nu \to \infty} p_\nu = p, \quad \lim_{\nu \to \infty} q_\nu = q, \quad L[p_\nu, q_\nu] \subset R.$$

これと (4.2.37) より，$0 < \rho < \min_{p,q} \delta_{\mathrm{P}\Delta}(z, \partial T_R)$ をとると，

(4.2.38)
$$U_\nu := \bigcup_{z \in L[p_\nu, q_\nu]} (z + \rho \mathrm{P}\Delta) \subset R.$$

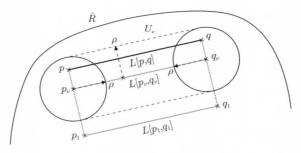

図 4.2 線分 $L[p_\nu, q_\nu]$

十分大きな $\nu_0 \in \mathbf{N}$ をとれば，$\nu \geq \nu_0$ に対し $U_\nu \supset L[p,q]$ がわかる（図 4.2）．よって，$L[p,q] \subset R,\ (p,q) \in S$. ∎

次は，**ボッホナーの管定理**として知られる．

定理 4.2.39（**S. ボッホナー，K. スタイン（2 次元）**）　単葉な管 $T_R\ (\subset \mathbf{C}^n)$ の正則包は，凸包 $T_{\mathrm{co}(R)}$ である．

証明　定理 3.6.10 により，T_R には，それ自身を部分領域として含む正則包 $\pi : \hat{T} \to \mathbf{C}^n$ （現時点では複葉）が存在する．管と正則包の定義より，$\hat{T} = \hat{T} + iy\ (\forall y \in \mathbf{R}^n)$ であるから，$\hat{R} = \pi^{-1}\mathbf{R}^n$（この $\mathbf{R}^n$ は $\mathbf{C}^n = \mathbf{R}^n + i\mathbf{R}^n$ の実部の $\mathbf{R}^n$ である），$\varpi = \pi|_{\hat{R}}$ とおくことにより実不分岐領域

$$\varpi : \hat{R} \longrightarrow \mathrm{co}(R) \subset \mathbf{R}^n$$

が存在して，$\hat{T} = \hat{R} + i\mathbf{R}^n$ と表され，$\hat{T}$ は $\mathbf{C}^n$ 上の管状正則領域である．定理 4.2.36 より，$\hat{T}$ は単葉凸である．したがって，$T = \mathrm{co}(R) + i\mathbf{R}^n$ が従う． ∎

【ノート】　本小節の証明は拙著による[7]．歴史的経緯と関連する話題については章末ノートを参照されたい．

7)　J. Noguchi, A brief proof of Bochner's tube theorem and a generalized tube, arXiv, 2020.

4.2.3 — 擬凸境界

本小節では，領域の境界を考えるために，領域 $\mathfrak{D}/\mathbf{C}^n$ は，特に断らない限り次の条件を満たすとする.

条件 4.2.40　$\mathfrak{D}$ は，単葉領域 $\mathfrak{D} \subset \mathbf{C}^n$，もしくはある領域 $\mathfrak{R}/\mathbf{C}^n$ があって $\mathfrak{D}/\mathbf{C}^n$ はその相対コンパクト部分領域 $\mathfrak{D} \Subset \mathfrak{R}$ である. 後者の場合，$\mathfrak{D}$ は $\mathfrak{R}$ の**有界領域**と呼ばれる.

このような場合は，境界 $\partial \mathfrak{D}$ が閉集合として定義される. 内容的には，有限葉領域の場合にも成立するものがあるが，それは読者自ら考えられたい.

定理 4.2.41　領域 $\mathfrak{D}$ について次は同値である.

(i)　$\mathfrak{D}$ は擬凸である.

(ii)　任意の境界点 $a \in \partial \mathfrak{D}$ に近傍 U が存在して $U \cap \mathfrak{D}$ が擬凸になる.

証明　$\mathfrak{D}$ は擬凸であると仮定する. $\mathfrak{D}$ の階位関数 $\varphi \in \mathcal{P}(\mathfrak{D})$ をとる. 任意の境界点 $a \in \partial \mathfrak{D}$ に対しスタイン近傍 $U \ni a$ をとれば $-\log \delta_{\mathrm{P}\Delta}(p, \partial U) \in \mathcal{P}^0(U)$. $\psi(p) := \max\{\varphi(p), -\log \delta_{\mathrm{P}\Delta}(p, \partial U)\}$ $(p \in U \cap \mathfrak{D})$ とおけば，$\psi \in \mathcal{P}(U \cap \mathfrak{D})$ となり $U \cap \mathfrak{D}$ の階位関数であることも容易にわかる.

逆を示そう. 任意の点 $a \in \partial \mathfrak{D}$ に近傍 U があって $U \cap \mathfrak{D}$ は擬凸になる. 定理 4.2.10 により $-\log \delta_{\mathrm{P}\Delta}(p, \partial(U \cap \mathfrak{D})) \in \mathcal{P}^0(U \cap \mathfrak{D})$. a の近傍 $V \Subset U$ を十分小さくとると

$$-\log \delta_{\mathrm{P}\Delta}(p, \partial(U \cap \mathfrak{D})) = -\log \delta_{\mathrm{P}\Delta}(p, \partial \mathfrak{D}), \quad p \in V \cap \mathfrak{D}.$$

したがって，$-\log \delta_{\mathrm{P}\Delta}(p, \partial \mathfrak{D}) \in \mathcal{P}^0(V \cap \mathfrak{D})$. $\partial \mathfrak{D}$ をそのような V で被覆すれば，$\partial \mathfrak{D}$ の近傍 W があって，$-\log \delta_{\mathrm{P}\Delta}(p, \partial \mathfrak{D}) \in \mathcal{P}^0(W \cap \mathfrak{D})$.

$\mathfrak{D}$ が $\mathfrak{R}$ の有界領域ならば，小さな $c > 0$ に対し，

$$\{p \in \mathfrak{D} : \delta_{\mathrm{P}\Delta}(p, \partial \mathfrak{D}) < c\} \subset W \cap \mathfrak{D}.$$

$\varphi(p) = \max\{-\log \delta_{\mathrm{P}\Delta}(p, \partial \mathfrak{D}), -\log c\}$ とおけば，$\varphi \in \mathcal{P}^0(\mathfrak{D})$ となり階位関数でもある.

$\mathfrak{D} \subset \mathbf{C}^n$ の場合は，$F = \mathfrak{D} \setminus W$ とおくと，F は $\mathfrak{D}$ の閉集合である．$\chi(t)$ $(t \geq 0)$ を t の単調増加凸関数で

$$(4.2.42) \qquad -\log \delta_{\mathrm{P}\Delta}(z, \partial \mathfrak{D}) < \chi(\|z\|), \quad z \in F$$

が成立するようにとる．例えば，$F(r) = F \cap \bar{\mathrm{B}}(r)$ とおき，

$$c_1 > \max_{F(1)} -\log \delta_{\mathrm{P}\Delta}(z, \partial \mathfrak{D})$$

ととる．$\chi(t) = c_1 + k_2(t-1)^+$ $(0 \leq t \leq 2, k_2 > 1)$ とおく．ただし，$(t-1)^+ = \max\{t-1, 0\}$．$k_2 > 1$ を適当にとれば，

$$-\log \delta_{\mathrm{P}\Delta}(z, \partial \mathfrak{D}) < \chi(\|z\|), \quad z \in F(2).$$

$k_3 > k_2$ を適当にとり，$\chi(t) = c_1 + k_2(t-1)^+ + k_3(t-2)^+$ $(0 \leq t \leq 3)$ とおけば，

$$-\log \delta_{\mathrm{P}\Delta}(z, \partial \mathfrak{D}) < \chi(\|z\|), \quad z \in F(3).$$

これを繰り返して $\chi(t)$ を得る．$\chi(\|z\|) \in \mathcal{P}^0(\mathbf{C}^n)$ である．
(4.2.42) より

$$\psi(z) := \max\{-\log \delta_{\mathrm{P}\Delta}(z, \partial \mathfrak{D}), \chi(\|z\|)\}, \quad z \in \mathfrak{D}$$

は，$\mathfrak{D}$ の連続擬凸階位関数である． ∎

注意． この定理 4.2.41 の (ii) の性質を **局所擬凸性** ということにする．$\mathfrak{D}$ の（大域的）擬凸性は局所擬凸性と同じであることがわかった．擬凸問題とは，詰まるところ，この '擬凸' を 'スタイン' として成立するかどうかを問うものである．

さて，無限葉の場合も含めて $\mathfrak{D}/\mathbf{C}^n$ は C^0 擬凸領域であると仮定し，φ をその C^0 擬凸階位関数とする．すると，階位集合 $\mathfrak{D}_c = \{\varphi < c\}$ は，$1/(c - \varphi(p))$ を考えれば（各連結成分が擬凸領域であるという意味で）C^0 擬凸である．しかし，$\mathfrak{D}_c$ は，その定義関数 φ が境界 $\partial \mathfrak{D}_c$ の外側まで多重

劣調和に定義されているという点で，$\mathfrak{D}$ のもつ擬凸性よりもすぐれている．実際，後出の定理 4.2.67 により，このような場合 $a \in \partial\mathfrak{D}$ のスタイン近傍 $U\,(\subset \mathfrak{D})$ をとれば $U \cap \mathfrak{D}$ がスタインになる．この局所スタイン性を足がかりに，$\mathfrak{D}_c$ のスタイン性を導き，それの増大極限である $\mathfrak{D}$ のスタイン性を結論するというのが，議論の流れである．

定義 4.2.43　無限葉の場合も含めて一般に，領域 $\mathfrak{R}/\mathbf{C}^n$ とその部分領域 $\mathfrak{D}/\mathbf{C}^n$ があるとする．$\mathfrak{R}$ 内で境界 $\partial\mathfrak{D}$ が空でないとする．

(i)　点 $a \in \partial\mathfrak{D}$ が**擬凸境界点**であるとは，a のある近傍 $U\,(\subset \mathfrak{R})$ と $\varphi \in \mathcal{P}^0(U)$ があり $U \cap \mathfrak{D} = \{\varphi < 0\}$ と表されることである．任意の $a \in \partial\mathfrak{D}$ が擬凸境界点であるとき，$\partial\mathfrak{D}$ は**擬凸境界**であるという．

(ii)　前項 (i) で，φ を強多重劣調和関数にとれるならば，a を**強擬凸境界点**と呼び，任意の点 $a \in \partial\mathfrak{D}$ が強擬凸境界点であるとき，$\partial\mathfrak{D}$ は**強擬凸境界**であるという．（ここまでは，$\mathfrak{D}$ の有界性は不要．）

(iii)　有界領域 $\mathfrak{D}$ の境界 $\partial\mathfrak{D}$ が強擬凸境界であるとき，$\mathfrak{D}$ を**強擬凸領域**と呼ぶ[8]．

　上述の定義で使われた φ を $a \in \partial\mathfrak{D}$ での $\mathfrak{D}$ または $\partial\mathfrak{D}$ の**定義関数**と呼ぶ．

　$\mathfrak{D}$ を C^0 擬凸領域とし，$\varphi : \mathfrak{D} \to [-\infty, \infty)$ を C^0 擬凸階位関数とする．階位集合 $\mathfrak{D}_c$ の連結成分 $\mathfrak{D}'_c$ の境界 $\partial\mathfrak{D}'_c$ は擬凸境界である．

命題 4.2.44　領域 $\mathfrak{D}$ が擬凸境界 $\partial\mathfrak{D}$ をもてば，$\mathfrak{D}$ は擬凸領域である．特に，強擬凸領域は擬凸領域である．

証明　定理 4.2.41 により，境界の各点 $a \in \partial\mathfrak{D}$ で，たとえば小さな球近傍 $\mathrm{B}(a; r)$ をとり，$\mathrm{B}(a; r) \cap \mathfrak{D}$ が擬凸であることを示せばよい．（ここで a の近傍を $\mathbf{C}^n$ の対応する近傍と同一視している．）必要なら $\mathrm{B}(a; r)$ をさらに小さくとって，$\mathrm{B}(a; r) \cap \partial\mathfrak{D}$ を定義する $\varphi \in \mathcal{P}^0(\mathrm{B}(a; r))$ をとる．

$$\psi(z) = \max\{1/(r - \|z - a\|), -1/\varphi(z)\}, \qquad z \in \mathrm{B}(a; r) \cap \mathfrak{D}$$

---

8)　後出の強レビ境界条件を満たす有界領域を強擬凸領域とする流儀もある．

とおけば, $\psi(z)$ は $\mathrm{B}(a;r)\cap\mathfrak{D}$ の擬凸階位関数である. ∎

可微分関数に関する次の補題は, 随所で使われる.

補題 4.2.45 開集合の対 $V\Subset U\subset\mathfrak{D}$ に対し関数 $\rho\in C^{\infty}(\mathfrak{D})$ で次を満たすものがある.

$$(4.2.46) \qquad \rho\geq 0, \quad \operatorname{Supp}\rho\Subset U, \quad \rho(p)=1 \ (p\in V).$$

証明 開集合 W を $V\Subset W\Subset U$ ととり, W の集合関数を

$$\tau(p)=\begin{cases} 1, & p\in W, \\ 0, & p\in\mathfrak{D}\setminus W \end{cases}$$

とおく. 局所双正則写像 $\pi:\mathfrak{D}\to\mathbf{C}^{n}$ があり, $\bar{W}$ はコンパクトであるので, $\varepsilon>0$ を十分小さくとれば $\tau(p)$ の滑性化 $\tau_{\varepsilon}(p)$ をとることができる. ε を十分小さくとれば, 定義より $\operatorname{Supp}\tau_{\varepsilon}\Subset U$. 他の性質も, 定義より直ちに従う. ∎

以下, $\langle (v_{j}),(w_{j})\rangle=\sum_{j}v_{j}\bar{w}_{j}$ で $\mathbf{C}^{n}$ の標準的エルミート内積を表す.

命題 4.2.47 有界領域 $\mathfrak{D}\Subset\mathfrak{R}$ について次は同値である.

(i) $\mathfrak{D}$ は, 強擬凸領域である.

(ii) $\partial\mathfrak{D}$ の近傍 U と U 上の強多重劣調和関数 φ があって, $U\cap\mathfrak{D}=\{\varphi<0\}$.

証明 (ii)⇒(i) 自明である.

(i)⇒(ii) 仮定より, $\partial\mathfrak{D}$ の有限開被覆 $\{U_{\nu}\}_{\nu=1}^{l}$ と各 U_{ν} 上の強多重劣調和関数 φ_{ν} が存在して

$$U_{\nu}\cap\mathfrak{D}=\{\varphi_{\nu}<0\}, \qquad 1\leq\nu\leq l.$$

$\partial\mathfrak{D}$ の開被覆 $\{V_{\nu}\}_{\nu=1}^{l}$ を $V_{\nu}\Subset U_{\nu}$ ととる. 実数値関数 $\chi_{\nu}\in C^{\infty}(\mathfrak{R})$ を次のようにとる.

$$\chi_\nu \geq 0, \quad \chi_\nu|_{V_\nu} \equiv 1, \quad \mathrm{Supp}\, \chi_\nu \Subset U_\nu.$$

$c > 0$ として

$$\varphi(z) = \sum_{\nu=1}^{l} \left(\chi_\nu^2(z) \varphi_\nu(z) + c \chi_\nu(z) \varphi_\nu^2(z) \right)$$

とおく. 任意に $a \in \partial\mathfrak{D}$ をとり, そこでのレビ形式 $L[\varphi](v) = L[\varphi](a; v)$ ($v \in \mathbf{C}^n \setminus \{0\}$) を計算する. $\|v\| = 1$ とする. a の近傍を $\mathbf{C}^n$ での $\pi(a)$ の近傍と同一視し複素座標 $(z_1, \ldots, z_n)$ を用いる. 記法として次のように書くことにする.

$$\partial\varphi_\nu = \partial\varphi_\nu(a) = \left(\frac{\partial\varphi_\nu}{\partial z_1}(a), \ldots, \frac{\partial\varphi_\nu}{\partial z_n}(a) \right),$$

$$\bar{\partial}\varphi_\nu = \bar{\partial}\varphi_\nu(a) = \left(\frac{\partial\varphi_\nu}{\partial \bar{z}_1}(a), \ldots, \frac{\partial\varphi_\nu}{\partial \bar{z}_n}(a) \right),$$

$$\langle v, \bar{\partial}\varphi_\nu \rangle = \langle v, \bar{\partial}\varphi_\nu(a) \rangle = \sum_{j=1}^{n} v_j \frac{\partial\varphi_\nu}{\partial z_j}(a), \quad v = (v_1, \ldots, v_n).$$

計算により

$$L[\varphi](v)$$

$$= \sum_{\nu=1}^{l} \left(2c\chi_\nu |\langle v, \bar{\partial}\varphi_\nu \rangle|^2 + 4\chi_\nu \Re\left(\langle v, \bar{\partial}\varphi_\nu \rangle \cdot \overline{\langle v, \bar{\partial}\chi_\nu \rangle} \right) + \chi_\nu^2 L[\varphi_\nu](v) \right)$$

$$\geq \sum_{\nu=1}^{l} \left(2c\chi_\nu |\langle v, \bar{\partial}\varphi_\nu \rangle|^2 - 4\chi_\nu |\langle v, \bar{\partial}\varphi_\nu \rangle| \cdot |\langle v, \bar{\partial}\chi_\nu \rangle| + \chi_\nu^2 L[\varphi_\nu](v) \right)$$

$$= \sum_{\nu=1}^{l} 2c\chi_\nu |\langle v, \bar{\partial}\varphi_\nu \rangle|^2 - \sum_{\nu=1}^{l} 4\chi_\nu |\langle v, \bar{\partial}\varphi_\nu \rangle| \cdot |\langle v, \bar{\partial}\chi_\nu \rangle| + \sum_{\nu=1}^{l} \chi_\nu^2 L[\varphi_\nu](v).$$

最後の項は正値であるから, $\eta > 0$ を十分小さくとれば, $|\langle v, \bar{\partial}\varphi_\nu \rangle| \leq \eta$ である項について次が成立する.

$$- \sum_{\nu:|\langle v, \bar{\partial}\varphi_\nu \rangle| \leq \eta} 4\chi_\nu |\langle v, \bar{\partial}\varphi_\nu \rangle| \cdot |\langle v, \bar{\partial}\chi_\nu \rangle| + \sum_{\nu=1}^{l} \chi_\nu^2 L[\varphi_\nu](v) > 0.$$

一方，$|\langle v, \bar{\partial}\varphi_\nu\rangle| > \eta$ については，$c > 0$ を十分大きくとっておけば

$$
\sum_{\nu:|\langle v, \bar{\partial}\varphi_\nu\rangle| > \eta} \left(2c\chi_\nu|\langle v, \bar{\partial}\varphi_\nu\rangle|^2 - 4\chi_\nu|\langle v, \bar{\partial}\varphi_\nu\rangle| \cdot |\langle v, \bar{\partial}\chi_\nu\rangle|\right)
$$

$$
= \sum_{\nu:|\langle v, \bar{\partial}\varphi_\nu\rangle| > \eta} 2\chi_\nu|\langle v, \bar{\partial}\varphi_\nu\rangle| \left(c|\langle v, \bar{\partial}\varphi_\nu\rangle| - 2|\langle v, \bar{\partial}\chi_\nu\rangle|\right)
$$

$$
\geq \sum_{\nu:|\langle v, \bar{\partial}\varphi_\nu\rangle| > \eta} 2\chi_\nu\eta(c\eta - 2|\langle v, \bar{\partial}\chi_\nu\rangle|) \geq 0.
$$

以上より，$L[\varphi]$ は $a \in \partial\mathfrak{D}$ で正値になる．したがって，その近傍で $L[\varphi]$ は正値になり，$\partial\mathfrak{D}$ はコンパクトであるから，$c > 0$ を十分大きくとっておけば，$\partial\mathfrak{D}$ の近傍で正値になる．∎

　上述の証明法はグラウェルト [12] による．強擬凸境界（点）の概念は，今後の議論でなにかと重要な役を果たす．次の問題が擬凸問題解決の重要なステップになる．

4.2.48（擬凸問題 3）　強擬凸領域はスタインか？

4.2.4 — レビ擬凸

　本小節でも条件 4.2.40 を維持する．

　この小節の内容は，岡理論の展開からは，必ずしも必要とするものではないが，歴史的な経緯と定義 4.2.43 の（強）擬凸境界の概念把握には資するところがあると思う．

　（強）擬凸境界点の定義 4.2.43 は，定義関数 $\chi \in \mathcal{P}^0(U)$ のとり方によるもので $\partial\mathfrak{D}$ そのものでは決まらない．ここでは，それを $\partial\mathfrak{D}$ の滑らかさ（特異点がないという意味）を仮定して，$\partial\mathfrak{D}$ 自身の形状（幾何学）の観点から考察する．

　ひとまず，$a \in \partial\mathfrak{D}, \chi \in C^1(U)$ $(U \ni a)$ で

$$U \cap \mathfrak{D} = \{\chi < 0\}, \qquad\qquad U \cap \partial\mathfrak{D} = \{\chi = 0\},$$

(4.2.49)
$$\operatorname{grad} \chi(a') \neq 0, \qquad\qquad a' \in U \cap \partial\mathfrak{D},$$

$$\partial\chi(a') = \left(\frac{\partial\chi}{\partial z_1}(a'), \ldots, \frac{\partial\chi}{\partial z_n}(a') \right) \neq 0, \quad a' \in U \cap \partial\mathfrak{D}$$

と仮定する．2 番目と 3 番目の条件は同値である．陰関数定理により $U \cap \partial\mathfrak{D}$ は C^1 級実 $(2n-1)$ 次元部分多様体(実超曲面)となる．

$a \in U \cap \partial\mathfrak{D}$ で

(4.2.50)
$$\mathbf{T}_a(\partial\mathfrak{D}) = \left\{ (v_j) \in \mathbf{C}^n : \sum_{j=1}^{n} v_j \frac{\partial\chi}{\partial z_j}(a) = 0 \right\}$$

とおき，これを $\partial\mathfrak{D}$ の a で**正則接ベクトル空間**と呼ぶ．χ のレビ形式 $L[\chi](v)$ の $\mathbf{T}_a(\partial\mathfrak{D})$ への制限 $L[\chi]|_{\mathbf{T}_a(\partial\mathfrak{D})}$ を考える．

命題 4.2.51　正則接ベクトル $\mathbf{T}_a(\partial\mathfrak{D})$ は，$\chi \in \mathbf{C}^1(U)$ のとり方によらない．

証明　$\chi_1 \in C^1(U)$ を (4.2.49) を満たす実関数とする．陰関数定理により，$\tau(z) := \chi(z)/\chi_1(z) \in C^0(U)$ であり，

$$\chi(z) = \tau(z)\chi_1(z), \quad \tau(z) > 0, \qquad z \in U.$$

$\chi(a) = \chi_1(a) = 0$ であるから，$h \in \mathbf{R}$ として

$$\begin{aligned}
\frac{\partial\chi}{\partial x_j}(a) &= \lim_{h \to 0} \frac{\chi(a_1, \ldots, a_j + h, \ldots, a_n)}{h} \\
&= \lim_{h \to 0} \tau(a_1, \ldots, a_j + h, \ldots, a_n) \frac{\chi_1(a_1, \ldots, a_j + h, \ldots, a_n)}{h} \\
&= \tau(a) \frac{\partial\chi_1}{\partial x_j}(a).
\end{aligned}$$

同様にして，$\frac{\partial\chi}{\partial y_j}(a) = \tau(a) \frac{\partial\chi_1}{\partial y_j}(a)$．ゆえに，

$$\frac{\partial\chi}{\partial z_j}(a) = \tau(a) \frac{\partial\chi_1}{\partial z_j}(a), \quad \partial\chi(a) = \tau(a)\partial\chi_1(a).$$

したがって，$\mathbf{T}_a(\partial\mathfrak{D})$ は，χ_1 を用いて定義したものと一致する． ∎

定義 4.2.52 $\chi \in C^2(U)$ が (4.2.49) を満たすとする．このとき $a \in U \cap \partial\mathfrak{D}$ が**レビ擬凸点**であるとは，半正値性

$$(4.2.53) \qquad L[\chi](a; v) \geq 0, \qquad v \in \mathbf{T}_a(\partial\mathfrak{D}) \setminus \{0\}$$

が成立することである．これが正値の場合，**強レビ擬凸点**と呼ぶ．任意の $b \in U \cap \partial\mathfrak{D}$ が（強）レビ擬凸点であるとき，$U \cap \partial\mathfrak{D}$ は（強）**レビ擬凸**であるという．

条件 (4.2.53) は，**レビ条件**あるいは**レビ–クルツォスカ条件**と呼ばれる．正値の場合は，**強レビ条件**あるいは**強レビ–クルツォスカ条件**と呼ばれる．

補題 4.2.54 $a \in \partial\mathfrak{D}$ が（強）レビ擬凸点であることは，$\partial\mathfrak{D}$ の a での定義関数のとり方によらない．

証明 $\chi, \chi_1 \in C^2(U)$ を $a \in \partial\mathfrak{D}$ での (4.2.49) を満たす $\partial\mathfrak{D}$ の定義関数とし，χ に関して a は（強）レビ擬凸点であるとする．

$$\chi_1(z) = \tau(z)\chi(z), \quad \tau(z) > 0, \quad z \in U$$

とおく．陰関数定理と計算により $\tau \in C^1(U)$ となる．$v \in \mathbf{T}_a(\partial\mathfrak{D}) \setminus \{0\}$ に対するレビ形式

$$L[\chi_1](a; v) = \left.\frac{\partial^2}{\partial t \partial \bar{t}}\right|_{t=0} \chi_1(a + tv)$$

を計算する．まず，

$$\frac{\partial}{\partial \bar{t}}\chi_1(a + tv)$$
$$= \tau(a + tv)\sum_{j=1}^{n}\frac{\partial\chi}{\partial\bar{z}_j}(a + tv)\bar{v}_j + \chi(a + tv)\sum_{j=1}^{n}\frac{\partial\tau}{\partial\bar{z}_j}(a + tv)\bar{v}_j.$$

次に

$$\frac{\partial^2}{\partial t \partial \bar{t}}\bigg|_{t=0} \chi_1(a+tv) = \lim_{t \to 0} \frac{1}{t}\left(\frac{\partial \chi_1}{\partial \bar{t}}(a+tv) - \frac{\partial \chi_1}{\partial \bar{t}}(a)\right)$$

を計算するのだが, $\chi(a) = \sum_{j=1}^{n} \frac{\partial \chi}{\partial \bar{z}_j}(a)\bar{v}_j = \sum_{j=1}^{n} \frac{\partial \chi}{\partial z_j}(a)v_j = 0$ に注意すると, 次を得る.

$$L[\chi_1](a;v) = \tau(a)L[\chi](a;v), \quad v \in \mathbf{T}_a(\partial \mathfrak{D}) \setminus \{0\}.$$

これより主張は直ちに従う. ∎

補題 4.2.55 $a \in \partial \mathfrak{D}$ が, (i) 強擬凸境界点であることと (ii) 強レビ擬凸点であることは同値である.

証明 (i)⇒(ii) は自明である.

(ii) を仮定する. その定義関数を $\chi \in C^2(U)$ とする. $c > 0$ は後に決める定数として

$$\varphi(z) = e^{c\chi(z)} - 1, \quad z \in U$$

とおく. φ は a での $\partial \mathfrak{D}$ の定義関数である. $v \in \mathbf{C}^n \setminus \{0\}$ に対し

$$L[\varphi](a;v) = ce^{c\chi}\Big(L[\chi](a;v) + c|\langle v, \overline{\partial \chi}(a)\rangle|^2\Big).$$

ここで, $\overline{\partial \chi}(a)$ は $\partial \chi(a)$ の複素共役ベクトルを表す. $\mathbf{T}_a(\partial \mathfrak{D})$ は $\overline{\partial \chi}(a)$ の直交補空間であるから

$$v = w \oplus \zeta \overline{\partial \chi}(a), \quad w \in \mathbf{T}_a(\partial \mathfrak{D}), \ \zeta \in \mathbf{C}$$

と直交分解すると,

$$L[\varphi](a;v) = c\Bigg(L[\chi](a;w) + 2\Re \zeta \left\langle \overline{\partial \chi}(a), \left(\sum_k \frac{\partial^2 \chi}{\partial z_k \partial \bar{z}_j}(a)w_k\right)_j\right\rangle$$
$$+ |\zeta|^2 L[\chi](a;\overline{\partial \chi}(a)) + c|\zeta|^2 \|\overline{\partial \chi}(a)\|^2\Bigg).$$

仮定の $L[\varphi]|_{\mathbf{T}(\partial \mathfrak{D})}$ の正値性から, a によらない正定数 $C_1 > 0$ を十分小さく

とり，$C_2, c > 0$ を十分大きくとれば，次が成立する．

$$L[\chi](a; w) \geq C_1 \|w\|^2,$$

$$\left| \left\langle \overline{\partial \chi}(a), \left(\sum_k \frac{\partial^2 \chi}{\partial z_k \partial \bar{z}_j}(a) w_k \right)_j \right\rangle \right| \leq C_2 \|w\|,$$

$$c - \left| L[\chi]\left(a; \frac{1}{\|\overline{\partial \chi}(a)\|} \overline{\partial \chi}(a) \right) \right| > c' > 0.$$

ここに，c' は a によらない定数である（c を大きくとれば c' もいくらでも大きくとれることに注意）．よって，次が従う．

$$L[\varphi](a; v) \geq \frac{c}{2}\left(C_1 \|w\|^2 + c' \|\partial \chi(a)\|^2 |\zeta|^2 \right)$$
$$+ \frac{c}{2}\left(C_1 \|w\|^2 - 4C_2 \|w\| \cdot |\zeta| + c' \|\partial \chi(a)\|^2 |\zeta|^2 \right).$$

$c' \|\partial \chi(a)\|^2 C_1 > 4C_2^2$ と c' をとれば，2 次式の判別式より上式右辺の第 2 項は非負である．ゆえに

$$L[\varphi](a; v) \geq \frac{c}{2}\left(C_1 \|w\|^2 + c' \|\partial \chi(a)\|^2 |\zeta|^2 \right) > 0.$$

したがって，φ は a の近傍で強多重劣調和になる． ∎

注意 4.2.56 上述の補題は，レビ形式の正値性を半正値性に緩めても成立することが知られている．しかし，証明は上述のように単に計算によるものでなく，定理 4.2.41 の証明に似た議論を必要とする（例えば，[16] Theorem 2.6.12 参照）．ここでは，特に必要としないので割愛する．

命題 4.2.57 $\mathfrak{D}$ は領域 $\mathfrak{R}/\mathbf{C}^n$ の有界領域とする．各点 $a \in \partial \mathfrak{D}$ が強レビ擬凸点ならば，$\partial \mathfrak{D}$ の近傍 U $(\subset \mathfrak{R})$ と U 上の強多重劣調和関数 φ が存在して $\partial \mathfrak{D}$ 上 $\partial \varphi \neq 0$, $U \cap \mathfrak{D} = \{\varphi < 0\}$ と表される．特に，φ は $\partial \mathfrak{D}$ の任意の点で強レビ条件を満たす．

証明 補題 4.2.55 と命題 4.2.47 より． ∎

歴史的には，**擬凸問題**は次の形で問われた．

4.2.58（レビ問題, [2] Kap. IV）　有界領域 $\mathfrak{D}$ ($\Subset \mathfrak{R}$) の境界が強レビ擬凸ならば, $\mathfrak{D}$ は正則領域か？

【ノート】　その後, 多くの擬凸概念が創出され, 相互の関係が調べられた. 多くの概念が創出されたということは, 擬凸の概念があいまいであった証左であろう.（定義されたそれぞれの擬凸性があいまいであったとの意ではない.）岡は, ハルトークス領域のハルトークス現象に戻り, 本書で述べた擬凸関数（多重劣調和関数）による擬凸性の概念を得て, 擬凸問題を解決した. そのような趣旨から, 岡はこの問題を擬凸問題 1・2（4.2.5 および 4.2.9）と定式化し, **ハルトークスの逆問題**と呼んだ. すでに見たように, 上述のレビ問題は擬凸問題 3（問題 4.2.48）に含まれる.

　次の章でレビ問題の肯定的解決を与えるのであるが, 実際にはレビ条件を用いるのではなく, 境界が強擬凸関数（強多重劣調和関数）で定義される擬凸問題 3, 4.2.48 を証明する. この事情は, 後の別証明であるグラウェルトの方法や, ヘルマンダーによる L^2-$\bar{\partial}$ 法においても同様である.

4.2.5 — 強擬凸境界点とスタイン領域

　$\pi : \mathscr{R} \to \mathbf{C}^n$ を領域とする. 有界領域 $\mathfrak{D} \Subset \mathscr{R}$ とその境界 $\partial\mathfrak{D}$ を考える. $\bar{\mathfrak{D}}$ の近傍 U で定義された実連続関数 λ があり,

$$\mathfrak{D} = \{\lambda < 0\}, \qquad \partial\mathfrak{D} = \{\lambda = 0\}$$

であると仮定する. 今, $p_0 \in \partial\mathfrak{D}$ の近傍 V で λ は強多重劣調和であるとする. 以降, p_0 の近傍での話となるので, $V \subset \mathbf{C}^n$ とみなし, 平行移動で $p_0 = 0 \in \mathbf{C}^n$ とする. $\lambda(z)$ は $z = 0$ を中心としてテイラー展開される：

$$(4.2.59) \qquad \lambda(z) = \Re\left\{ 2\sum_{j=1}^{n} \frac{\partial\lambda}{\partial z_j}(0)z_j + \sum_{j,k} \frac{\partial^2\lambda}{\partial z_j \partial z_k}(0)z_j z_k \right\}$$
$$+ \sum_{j,k} \frac{\partial^2\lambda}{\partial z_j \partial \bar{z}_k}(0)z_j \bar{z}_k + o(\|z\|^2).$$

$r_0 > 0$ を小さくとれば

$$\sum_{j,k} \frac{\partial^2 \lambda}{\partial z_j \partial \bar{z}_k}(0) z_j \bar{z}_k + o(\|z\|^2) \geq \frac{1}{2} \sum_{j,k} \frac{\partial^2 \lambda}{\partial z_j \partial \bar{z}_k}(0) z_j \bar{z}_k > 0, \quad 0 < \|z\| < r_0.$$

(t, z) に関する正則関数を

$$(4.2.60) \qquad P(z) = \left\{ 2 \sum_{j=1}^n \frac{\partial \lambda}{\partial z_j}(0) z_j + \sum_{j,k} \frac{\partial^2 \lambda}{\partial z_j \partial z_k}(0) z_j z_k \right\},$$
$$f(t, z) = t - P(z)$$

とおく.$(0,0)$ の近傍で t を実軸に制限し $t > 0$ とすると,$f(t,z) = 0$ ならば,$\lambda(z) > t > 0$.$t = 0$ ならば,

$$\bar{\mathfrak{D}} \cap \{f(0, z) = 0\} \cap \{\|z\| < r_0\} = \{0\}.$$

$\Sigma_t = \{z : f(t, z) = 0\}$ とおくと,小さな $\delta_0 > 0$ に対し

$$(4.2.61) \qquad \left(\bigcup_{0 \leq t \leq \delta_0} \Sigma_t \right) \cap \{\|z\| = r_0\} \cap \bar{\mathfrak{D}} = \emptyset.$$

したがって,$\bar{\mathfrak{D}}$ の近傍 $U' \subset U$ を十分 $\bar{\mathfrak{D}}$ に近く(図 4.3 参照),閉区間 $[0, \delta_0]$ の複素平面 $\mathbf{C}$ 内の連結近傍 V を十分小さくとれば,

$$\{(t, z) \in V \times U' : f(t, z) = 0\} \Subset V \times \{\|z\| < r_0\}.$$

$W_0 = V \times (U' \cap \{\|z\| < r_0\})$ とおくと,$W := V \times U'$ の複素超曲面 $\{f(t, z) = 0\} \cap W$ は W_0 の複素超曲面になっている.$W_1 = (V \times U') \setminus \{f(t, z) = 0\}$ とおくと,$W = W_0 \cup W_1$(開被覆)であり

$$(4.2.62) \qquad g_0 = \frac{1}{f(t, z)} \quad ((t, z) \in W_0); \qquad g_1 = 0 \quad ((t, z) \in W_1)$$

とおくと $\{(W_j, g_j)\}_{j=0,1}$ は W のクザン I 分布である.

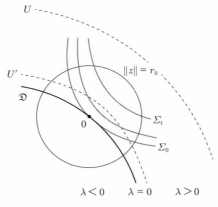

図 4.3　強擬凸境界点

以上をまとめると次のようになる.

補題 4.2.63　記号は上述の通りとする. 境界点 $p_0 \in \partial \mathfrak{D}$ $(\pi(p_0) = z_0)$ の近傍で $\lambda(p)$ は強多重劣調和であるとする.

(i) p_0 の小さな近傍 U_0 と $\delta_0 > 0$ が存在して, U_0 の点 p と $\pi(p) = z$ を同一視する. 新しいパラメーター $t \in [0, \delta_0]$ について 1 次, z について 2 次の多項式 $f(t, z)$ が存在して, $\Sigma_t = \{z : f(t, z) = 0\}$ とおくと次を満たす.

$(4.2.64)$

    (i)　$z_0 \in \Sigma_0$.

    (ii)　$\Sigma_t \cap \Sigma_{t'} = \emptyset, \quad t \neq t' \in [0, \delta_0]$.

    (iii)　$\left(\bigcup_{0 \le t \le \delta_0} \Sigma_t \right) \cap \bar{\mathfrak{D}} \cap U_0 = \{z_0\}$.

    (iv)　$\left(\bigcup_{0 \le t \le \delta_0} \Sigma_t \right) \cap \partial U_0 \cap \bar{\mathfrak{D}} = \emptyset$.

ここで, $U_0 = \{z : \|z - z_0\| < r_0\}$ (r_0 は小) の形にとることができ, $r_0 > 0$ は任意に小さくできる.

(ii) $\bar{\mathfrak{D}}$ の小さな近傍 U' と $[0, \delta_0]$ の近傍 V $(\subset \mathbf{C})$ があって, $W := V \times U'$ 上に $(4.2.62)$ で与えられる ($f(t, z) = 0$ を極集合とする) クザン I 分布が存在する.

(iii) $\bar{\mathfrak{D}}$ がスタイン近傍をもてば, U' をスタインにとって, $W = V \times U'$ 上において上述のクザン I 分布は, 解 $G(t,z) \in \mathscr{M}(W)$ をもつ. 特に $G(0,z)$ は $p_0 \in \partial\mathfrak{D}$ で極をもち, $\bar{\mathfrak{D}} \setminus \{p_0\}$ では正則である.

例 4.2.65 強擬凸領域の典型例である単位開球 $\mathrm{B}(1) = \{\|z\| < 1\}$ $(\Subset \mathbf{C}^n)$ を考えよう. 座標を $z = (z_1, \ldots, z_n) \in \mathbf{C}^n$ として境界点 $p_0 = (p_{0j}) = (1, 0, \ldots, 0) \in \partial\mathrm{B}(1)$ で補題 4.2.63 の Σ_t を求めよう. $\lambda(z) := \|z\|^2 - 1$ は強多重劣調和関数で, $\mathrm{B}(1) = \{\lambda(z) < 0\}$. Σ_t は (4.2.60) の $f(t,z)$ で決まる. $\frac{\partial \lambda}{\partial z_j} = \bar{z}_j$ であるから,

$$f(t,z) = t - 2(z_1 - 1), \quad \Sigma_t = \left\{ z_1 = 1 + \frac{t}{2} \right\}$$

で与えられる. 特に, $\Sigma_0 = \{z_1 = 1\}$ であり,

$$\left(\bigcup_{t \geq 0} \Sigma_t \right) \cap \overline{\mathrm{B}(1)} = \{p_0\}.$$

注意 4.2.66 上述の Σ_t の構成法はこれから随所で使われる. 目標は, 境界点 $p_0 \in \partial\mathfrak{D}$ に対し p_0 だけで無限に発散する $\mathfrak{D}$ 上の正則関数を作ることである. ここでは, $p_0 \in \partial\mathfrak{D}$ が強擬凸境界点ならば, その周りで局所的に, あるいは $\mathfrak{D}$ 上のクザン I 分布としては構成可能であることを示した. $n = 1$ ならば, 境界 $p_0 \in \partial\mathfrak{D}$ に対して有理関数 $1/(z - p_0)$ を考えればよい. $n \geq 2$ では, p_0 の周りで強多重劣調和な関数 $\lambda(p)$ から (4.2.60) で定義される $1/P(z)$ がその役をするのである. 岡は (強) 多重劣調和関数の概念をこのことのために考案した. しかし, 有効なのは局所的で, 一変数の場合は $1/(z - p_0)$ がすでに $\mathbf{C}$ 上の関数になっているのと比較すると, ギャップは大きい.

定理 4.2.67 $\pi : \mathfrak{D} \to \mathbf{C}^n$ をスタイン領域, $\lambda : \mathfrak{D} \to [-\infty, \infty)$ を多重劣調和関数とする. このとき, $\mathfrak{D}_c = \{p \in \mathfrak{D} : \lambda(p) < c\}$ は $\mathscr{O}(\mathfrak{D})$ 凸で, したがってスタインである.

証明　（イ）初め λ は強多重劣調和であると仮定する．コンパクト部分集合 $K \Subset \mathfrak{D}_c$ を任意にとる．$\mathfrak{D}$ はスタインであるから $\widehat{K} := \widehat{K}_\mathfrak{D} \Subset \mathfrak{D}$．$\widehat{K} \subset \mathfrak{D}_c$ を示そう．

$$c_0 = \max_{\widehat{K}} \ \lambda = \lambda(z_0), \quad z_0 \in \widehat{K}$$

とおく．$c_0 < c$ を示せばよい．$c_0 \geq c$ と仮定する．$z_0 \notin K$ である．$\mathcal{O}(\mathfrak{D})$ 解析的多面体 $\mathrm{P} \ni \widehat{K}$ をとる．補題 4.2.63 を $\mathfrak{D} = \mathfrak{D}_{c_0}, p_0 = z_0$ として適用すると，その (i) より t について 1 次，z について 2 次の多項式 $f(t, z)$，$\Sigma_t = \{z : f(t, z) = 0\}$ が存在して (4.2.64) を満たしている．補題 4.2.63 (ii) の U' に対し，P をあらかじめ十分小さく選んでおけば $U' \supset \mathrm{P}$ が成立する．$\mathbf{C}$ 内で連結近傍 $V \supset [0, \delta_0]$（閉実区間）をとると $W := V \times \mathrm{P}$ はスタインである．(4.2.62) の W 上のクザン I 分布 $\{(W_j, g_j)\}_{j=1,2}$ を考える．定理 3.4.32 により W 上の有理型関数 $G(t, z)$ で，

$$(4.2.68) \qquad G(t, z) - \frac{1}{f(t, z)} \in \mathcal{O}(W_0)$$

となるものが存在する．$G(t, z)$ は，$[0, \delta_0] \times K$ 上で正則であるから

$$M := \max_{[0, \delta_0] \times K} |G(t, z)| < \infty.$$

(4.2.68) より，ある $t_0 \in (0, \delta_0)$ があって $|G(t_0, z_0)| > M + 1$, $G(t_0, z) \in \mathcal{O}(\widehat{K})$．作り方から

$$\max_{z \in K} |G(t_0, z)| \leq M < M + 1 < |G(t_0, z_0)|,$$
$$K \cup \{z_0\} \subset \widehat{K}.$$

岡近似定理 3.7.7 より，$G(t_0, z)$ は $\mathcal{O}(\mathfrak{D})$ の元で $\widehat{K}$ 上一様近似できる．すると，$z_0 \notin \widehat{K}$ となり，矛盾が出る．

　（ロ）λ は一般の多重劣調和関数とする．コンパクト集合 $K \Subset \mathfrak{D}_c$ をとり，$\widehat{K} := \widehat{K}_\mathfrak{D} \Subset \mathfrak{D}$ とおく．$\mathcal{O}(\mathfrak{D})$ 解析的多面体 P, $\widehat{K} \Subset \mathrm{P} \Subset \mathfrak{D}$ をとる．P は，$\mathcal{O}(\mathfrak{D})$ 凸であるから $\widehat{K}_\mathrm{P} = \widehat{K}$．

$c' \in \mathbf{R}$ を

$$\max_K \lambda < c' < c$$

ととる. $\varepsilon_0 := \min \left\{ \delta_{\mathrm{B}}(z, \partial \mathfrak{D}) : z \in \bar{\mathrm{P}} \right\}$, $0 < \varepsilon < \varepsilon_0$ として λ の滑性化 λ_ε を考える. 次を示したい.

主張 4.2.69 十分小さな任意の $\varepsilon > 0$ に対し

$$K \subset \{\lambda_\varepsilon(p) < c'\} \cap \mathrm{P}.$$

∵) 任意に $p \in K$ をとる. $\lambda(p) < c'' < c'$ と c'' をとる. λ は上半連続なので, p のある近傍 U で $\lambda < c''$. 十分小さな任意の $\varepsilon > 0$ に対して

$$\lambda_\varepsilon(p) \leq c'' < c'.$$

よって p のある近傍 $U' \subset U$ で $\lambda_\varepsilon(p') < c'$ $(\forall p' \in U')$. K はコンパクトであるから, かかる U' の有限個で被覆される. ゆえに, 十分小さな任意の $\varepsilon > 0$ に対し, $\{\lambda_\varepsilon < c'\} \cap \mathrm{P} \supset K$. □

$\bar{\mathrm{P}}$ の近傍で

$$\tilde{\lambda}_\varepsilon^{\varepsilon'}(p) = \lambda_\varepsilon(p) + \varepsilon' \|\pi(p)\|^2, \qquad \varepsilon' > 0$$

とおく. $\bar{\mathrm{P}}$ はコンパクトであるから

$$M := \max_{\bar{\mathrm{P}}} \|\pi(p)\|^2 < \infty.$$

$\tilde{\lambda}_\varepsilon^{\varepsilon'}(p)$ は, $\bar{\mathrm{P}}$ の近傍上の強多重劣調和関数で,

$$\lambda_\varepsilon(p) \leq \tilde{\lambda}_\varepsilon^{\varepsilon'}(p) \leq \lambda_\varepsilon(p) + \varepsilon' M, \qquad p \in \bar{\mathrm{P}}.$$

ε' を $c' + \varepsilon' M < c$ となるように小さく選ぶと, 次の包含関係が成立する:

$$K \Subset \{\lambda_\varepsilon < c'\} \cap \mathrm{P} \subset \left\{ \tilde{\lambda}_\varepsilon^{\varepsilon'} < c' + \varepsilon' M \right\} \cap \mathrm{P} \subset \{\lambda_\varepsilon < c' + \varepsilon' M\} \cap \mathrm{P}$$

$$\subset \{\lambda < c\} \cap \mathrm{P}.$$

P はスタインであるから（イ）の結果から

$$\widehat{K}_{\mathrm{P}} \Subset \left\{ \tilde{\lambda}_{\varepsilon}^{\varepsilon'} < c' + \varepsilon' M \right\} \cap \mathrm{P} \subset \{\lambda < c\} \cap \mathrm{P}.$$

よって，$\widehat{K} = \widehat{K}_{\mathrm{P}} \Subset \mathfrak{D}_c.$ ■

系 4.2.70 $\lambda : \mathbf{C}^n \to [-\infty, \infty)$ を多重劣調和関数とすると，任意の $c \in \mathbf{R}$ に対して $\{z \in \mathbf{C}^n : \lambda(z) < c\}$ の任意の連結成分は正則領域である.

　つまり，単葉領域の場合ならば，擬凸領域を定義する多重劣調和関数が $\mathbf{C}^n$ 全体で定義されていれば，擬凸問題はこの系で解決されている.

【ノート】　§4.2.2 で紹介した定理 4.2.39 は，S. ボッホナー (Bochner) の管定理 ([4] 1938) としてよく知られているが，これは前年に有界正則関数について示していたもの ([3]) を有界条件をとり除いたものであった. 証明はルジャンドル多項式展開を用いる大変技巧的なものである. K. スタイン (Stein [35] 1937) も同時期，楕円 (ellipse) を用いる異なる証明法で独立に 2 次元の場合に示している. この定理は，等質空間の理論，超関数論や偏微分方程式論での重要性から，爾来，種々の証明が与えられてきた. 本書の証明は著者による（p.165 脚注 7）参照）.

　ヘルマンダー [16] には，スタインの方法に近い楕円を用いて n 次元の場合の証明が紹介されているが，かなり複雑である. 本書の証明で使われた (4.2.37) はフリッチェ–グラウェルト [10] p. 87 にある演習問題のヒントに示唆された. 上述の証明では正則包の存在を用いた. 同テキストでは，多葉領域の概念はその演習問題に続く次の節で与えられているので，想定している情況は異なるようである. 定理 4.2.36 は阿部(誠)[9] による. いずれにしても，これらは岡の境界距離定理 4.2.1 の恰好の応用になっている. 章末問題 8, 9 も参照されたい.

　ヘルマンダー [16] p. 43 Example には偏微分方程式論との関係，小松（彦）

---

9)　M. Abe, Tube domains over $\mathbf{C}^n$, Memoirs Fac. Sci., Kyushu Univ. Ser. A **39** (2) (1985), 253–259.

[18] には，佐藤超関数の基本部分で使われる柏原による局所化の証明が述べられている．さらには，ハルトークス現象には理論物理の場の量子論で基本的な N. ボゴリューボフのくさびの刃定理への応用もある（Rudin [34] とその文献表を参照）．

問　題

1.　コンパクト集合上，上半連続関数は最大値をとることを証明せよ．

2.　(4.1.2) を示せ．

3.　開集合 $U \subset \mathbf{C}^n$ 上の関数 $\varphi : U \to [-\infty, \infty)$ について上半連続であることと，任意の点 $a \in U$ において $\varlimsup_{z \to a} \varphi(z) \leq \varphi(a)$ が成立することは同値であることを証明せよ．

4.　上半連続関数は局所的に単調減少連続関数列の極限であることを証明せよ．

5.　φ を領域 $U \subset \mathbf{C}$ 上の劣調和関数で $\varphi \not\equiv -\infty$ とする．任意の円板 $\Delta(a; r) \Subset U$ の周 $C(a; r)$ 上 φ は可積分であることを証明せよ．

6.　（アダマール (Hadamard) の三円定理）　正数 $R_2 > R_1 > 0$ をとり，$\varphi(z)$ を閉円環領域 $\{z \in \mathbf{C} : R_1 \leq |z| \leq R_2\}$ の近傍で劣調和な関数とする．$R_1 \leq r \leq R_2$ に対し，$M_\varphi(r) = \max_{\{|z|=r\}} \varphi(z)$ とおく．このとき次を示せ．

$$M_\varphi(r) \leq \frac{(\log R_2 - \log r) M_\varphi(R_1) + (\log r - \log R_1) M_\varphi(R_2)}{\log R_2 - \log R_1}.$$

ゆえに，$M_\varphi(r)$ は $\log r$ の凸関数である（したがって連続にもなる）．
ヒント：$\psi(z) = \varphi(z) - \alpha \log |z|$ $(\alpha \in \mathbf{R})$ は，劣調和である．α を $M_\psi(R_1) = M_\psi(R_2)$ が成り立つようにとる．劣調和関数の最大値原理より $M_\psi(r) = M_\varphi(r) - \alpha \log r \leq M_\psi(R_1)$．

7.　実数 $\alpha < \beta$ をとり，1 次元管状領域を $T = \{z + iy \in \mathbf{C} : \alpha < x < \beta, y \in \mathbf{R}\}$ とおく．T 上の連続関数 $\varphi(z)$ が，$\varphi(z) = \varphi(z+iy)$ $(\forall y \in R)$

を満たすならば, $\varphi(z)$ が劣調和関数であるために $\varphi(x)$ $(\alpha < x < \beta)$ が x の凸関数であることが必要十分であることを示せ.

ヒント：滑性化を用いる.

8. $\Omega \subset \mathbf{C}^n$ をラインハルト領域 (第 1 章問題 5) とする. その対数像を $\log \Omega = \{(\log |z_j|) \in \mathbf{R}^n : (z_j) \in \Omega, \forall z_j \neq 0\}$ と定義する. 一方, 実領域 $R \subset \mathbf{R}^n$ に対しラインハルト領域を

$$\exp R = \{(z_j) \in \mathbf{C}^n : |z_j| < e^{\rho_j},\ 1 \le j \le n,\ \exists (\rho_j) \in R\}$$

と定める. このとき, 原点を含むラインハルト領域 Ω の正則包は $\exp \mathrm{co}(\log \Omega)$ であることを証明せよ.

ヒント：定理 4.2.39 を使う.

9. 整関数 $f \in \mathscr{O}(\mathbf{C}^n)$ に対し, $Q = \{x = (x_j) \in \mathbf{R}^n : f(x+iy) \neq 0,\ \forall y \in \mathbf{R}^n\}$ とおく. Q の任意の連結成分は凸であることを示せ.

注：これは, $f(z)$ が多項式の場合でも非自明である. [17] には, 偏微分方程式論への応用がある.

10. 二つの実領域 $R, Q \subset \mathbf{R}^n$ $(n \ge 2)$ をとり, 実虚直積型の領域 $\Omega = R + iQ \subset \mathbf{C}^n$ を考える. Ω が正則領域であるためには, R, Q が共に（アファイン）凸であることが必要十分なことを証明せよ.

ヒント：$\partial\Omega \supset (\partial R + iQ) \cup (R + i\partial Q)$ の点の近くで $-\log \delta_{\mathrm{P}\Delta}(z, \partial\Omega)$ が多重劣調和であることを用いる[10].

11. $\mathfrak{D}/\mathbf{C}^n$ を領域とする. $v \in \mathbf{C}^n \setminus \{0\}$ を一つの方向ベクトルとする. $z \in \mathfrak{D}$ に対して

$$R_v(z) = \sup\{\rho > 0 : z + \zeta v \in \mathfrak{D},\ \forall |\zeta| < \rho\}$$

とおく. $\mathfrak{D}$ が正則領域ならば, $-\log R_v(z)$ は多重劣調和であることを証明せよ.

この $R_v(z)$ を v に関する $\mathfrak{D}$ の**ハルトークス半径** (Hartogs radius) と

---

10) この結果は, 梶原壌二著, 複素関数論, 森北出版 (1968) 定理 7.6.6 で擬凸問題の解決を用いて示されている.

呼ぶ.

ヒント：座標の線形変換で $v = (1, 0, \ldots, 0)$ としてよい．小さな $t > 0$ を
とり多重円板 $P\Delta_t = \{(z_1, z_2, \ldots, z_n) : |z_1| < 1, \ |z_j| < t, \ 2 \le j \le n\}$
とおく．$t \searrow 0$ とするとき，$\delta_{P\Delta_t}(z, \partial \mathfrak{D})$ は増加して $R_v(z)$ に収束する
（$R_v(z)$ は，少なくとも下半連続）.

12. $M \in \mathbf{R}$, $D \subset \mathbf{C}$ を領域とし，二変数の正則関数 $f(z, w)$ が，
$\Omega = \{(z, w) : z \in D, \Re w > M\}$ で正則とする．各点 $z_0 \in D$ に対
し，$\{z = z_0, \Re w > s\}$ の近傍へ $f(z, w)$ が解析接続されるような
$s \in \mathbf{R}$ の下限を $\sigma(z_0)$ と書く．$z \in D$ の関数として $\sigma(z)$ は劣調和であ
ることを示せ.

ヒント：関数族 $\mathscr{F} = \{f(z, w + ib) : b \in \mathbf{R}\}$ の元全てについての存在
域 $\tilde{\Omega}$ をとれば，$\tilde{\Omega} = \{(z, w) : z \in D, \Re w > \tau(z)\}$ が成立し，かつこ
れは正則領域である．方向ベクトル $v = (0, 1)$ に関するハルトークス
半径を $R_v(z, w) (= R_v(z, w + ib), b \in \mathbf{R})$ とすると，$-\log R_v(z, w)$
は多重劣調和である．$T > M$ を任意にとると，$\tau(z) = T - R_v(z, T)$.
$\log(T - \tau(z))^{-1}$ は，$z \in D$ の劣調和関数である．$\log(1 - \tau(z)/T)^{-T}$
は，z について劣調和，$T > M$ について単調減少，$T \nearrow \infty$ とすると
極限は $\tau(z)$. [11]

13. $\mathfrak{D}/\mathbf{C}^n$ を領域とする．$\Omega_{\mathrm{H}} \subset \mathbf{C}^2$ を任意のハルトークス領域（§1.1（ロ）
参照），$\Psi : \Omega_{\mathrm{H}} \to \mathfrak{D}$ を任意の正則写像とするとき，Ψ が必ず Ω_{H} の正
則包（二重円板）$\hat{\Omega}_{\mathrm{H}}$ から $\mathfrak{D}$ への正則写像 $\hat{\Psi} : \hat{\Omega}_{\mathrm{H}} \to \mathfrak{D}$ に解析接続さ
れるとき，$\mathfrak{D}$ は**ハルトークス擬凸**であるという.

$\mathfrak{D}/\mathbf{C}^n$ がハルトークス擬凸ならば，$-\log \delta_{P\Delta}(p, \partial \mathfrak{D}) \in \mathcal{P}^0(\mathfrak{D})$ を示せ.
ヒント：岡の定理 4.2.10 の証明をまねる．特に (4.2.13) 以降の議論を
吟味する.

14. $\mathfrak{D}$ を $\mathbf{C}^n$ 上の領域とする．コンパクト部分集合 $K \Subset \mathfrak{D}$ の $\mathcal{P}(\mathfrak{D})$ 凸包

---

11) これは，少々難しい．Bochner–Martin, Several Complex Variables, Princeton
Univ. Press, 1948, Chap. 7 §8 より.

（多重劣調和凸包）を

$$\widehat{K}_{\mathcal{P}(\mathfrak{D})} = \left\{ z \in \mathfrak{D} : u(z) \leq \max_K u, \ \forall u \in \mathcal{P}(\mathfrak{D}) \right\}$$

と定義する．$\mathfrak{D}$ がスタインならば，$\widehat{K}_{\mathcal{P}(\mathfrak{D})} = \widehat{K}_{\mathfrak{D}}$ が成立することを示せ．

15. $\mathfrak{D}/\mathbf{C}^n$ を領域として，$\mathfrak{D}_\nu \subset \mathfrak{D}$ $(\nu = 1, 2, \ldots)$ を部分領域の列とする．各 $\mathfrak{D}_\nu$ は擬凸で，単調増加 $\mathfrak{D}_\nu \subset \mathfrak{D}_{\nu+1}$ かつ $\mathfrak{D} = \bigcup_{\nu=1}^{\infty} \mathfrak{D}_\nu$ であるとする．このとき，$\mathfrak{D}$ は擬凸であることを示せ．

16. $\mathbf{C}^n$ において座標を用いて，$|z_1| < |z_2| < \cdots < |z_n|$ で定義される領域は，正則領域であることを示せ．

17. 例 4.2.65 において境界点 $p_0 = (p_{01}, \ldots, p_{0n}) \in \partial \mathrm{B}(1)$ を任意にとるとき，Σ_t を与える式を座標を用いて書け．

第5章

擬凸領域 II —— 問題の解決

前章で，擬凸問題は '擬凸領域はスタインか' という問題に集約された．本章で，それを肯定的に解決する．強擬凸境界をもつ有界領域はスタイン（正則分離かつ正則凸）であることを示すのが大きな山である．証明は岡の未発表論文（1943 年）に基づくフレドホルム第 2 種型の積分方程式を用いるオリジナルのものと，H. グラウェルトによる L. シュヴァルツのコンパクト作用素に関する有限次元性定理を用いるものを与える．それぞれの証明に良さがある．

5.1　評価付き上空移行

5.1.1 — 線形位相空間からの準備

本書では線形空間は全て複素数体上定義されているとする．E を線形空間とする．一般に，E と $\mathbf{C}$ の代数演算が連続になる位相構造を E がもつとき，E を**線形位相空間**と呼ぶ．

そのような位相構造の導入法の一つにセミノルム系による以下の方法がある．E の**セミノルム** $\|x\|$ $(x \in E)$ とは，次の条件を満たす実関数である．

(i)　$\|x\| \geq 0, \quad x \in E.$

(ii)　$\|\lambda x\| = |\lambda| \cdot \|x\|, \quad \lambda \in \mathbf{C}, x \in E.$

(iii)　$\|x + y\| \leq \|x\| + \|y\|, \quad x, y \in E.$

$\|x\| = 0$ となるのは $x = 0$ に限るとき，$\|x\|$ はノルムと呼ばれる．ノルムは自然に E に距離位相を誘導する．

E にセミノルム系 $\|x\|_j$ $(j = 1, 2, \ldots)$ が与えられているとする．任意の点 $a \in E$，有限集合 $\Gamma \subset \mathbf{N}$ と $\varepsilon_j > 0$ $(j \in \Gamma)$ に対し

(5.1.1)　　　$U(\Gamma, \{\varepsilon_j\}_{j\in\Gamma}) = \{x \in E : \|x\|_j < \varepsilon_j,\ \forall j \in \Gamma\}$

で定義される集合族を考えると，これは 0 の基本近傍系を与えることが容易に確かめられる．一般の点 $a \in E$ では，$a + U(\Gamma, \{\varepsilon_j\}_{j\in\Gamma})$ の族を基本近傍系とすることにより E に位相が定義される．このとき，E がハウスドルフ空間であることと，任意の $x \in E$ に対しある $j \in \mathbf{N}$ で $\|x\|_j \neq 0$ であることとは同値である．本書では，これを常に仮定する．

　2 点 $x, y \in E$ に対し，

(5.1.2)　　　$d(x, y) = \sum_{j=1}^{\infty} \frac{1}{2^j} \cdot \frac{\|x-y\|_j}{1 + \|x-y\|_j}$

とおく．関数 $t/(1+t)$ は $t \geq 0$ について単調増加である．また計算により，

$$\frac{t+s}{1+t+s} - \frac{t}{1+t} - \frac{s}{1+s} \leq 0, \quad t, s \geq 0$$

であるから，$d(x, y)$ は，距離の公理を満たす．$d(x, y)$ は線形空間の代数演算に関して次の不変性をもつことに注意しよう．

(5.1.3)　　　$d(x+v, w+v) = d(x, w), \quad d(-x, 0) = d(x, 0).$

補題 5.1.4　線形位相空間 E の位相は，$d(x, y)$ による距離位相と同相である．

証明　二つの位相は，ベクトル空間の平行移動で不変であるから，E の原点で比較すればよい．$r > 0$ に対し $U(r) = \{x \in E : d(x, 0) < r\}$ とおく．

$$\sum_{j=N}^{\infty} \frac{1}{2^j} \cdot \frac{\|x-y\|_j}{1 + \|x-y\|_j} < \sum_{j=N}^{\infty} \frac{1}{2^j} = \frac{1}{2^{N-1}}$$

に注意すると次がわかる：

5.1.5　　(i)　0 の任意の近傍 $U(\Gamma, \{\varepsilon_j\}_{j\in\Gamma})$ に対し，ある $U(r)$ があって，$U(r) \subset U(\Gamma, \{\varepsilon_j\}_{j\in\Gamma})$.

(ii) 任意の近傍 $U(r)$ に対し，ある $U(\Gamma, \{\varepsilon_j\}_{j\in\Gamma})$ があって，$U(\Gamma, \{\varepsilon_j\}_{j\in\Gamma}) \subset U(r)$.

したがって，二つの位相は同相である. ▌

定義 5.1.6 上で定義した距離 $d(x,y)$ が完備であるとき，E を**フレッシェ** (Fréchet) **空間**と呼ぶ.

定義 5.1.7 位相空間 F が**ベール** (Baire) **空間**であるとは，任意の内点を含まない可算個の閉部分集合 $G_\nu (\subset F)$ $(\nu \in \mathbf{N})$ に対し和集合 $\bigcup_{\nu\in\mathbf{N}} G_\nu$ も内点を含まないこととする. 線形位相空間でかつベール空間であるものを**線形ベール空間**と呼ぶ.

注意 5.1.8 (i) ベール空間ではないものの例としては，$\mathbf{Q}$ に $\mathbf{R}$ からの（距離）位相を誘導して位相空間としたものがある. もちろん，一点集合 $\{a\} \subset \mathbf{Q}$ は閉集合をなし，$\mathbf{Q}$ 自身は可算集合であるから，$\{a\}$ の可算和で表される. しかし，$\{a\}$ は内点を含まない.

(ii) 定義 5.1.7 で G_ν が有限個ならば，有限和 $\bigcup G_\nu$ が内点を含むことはない（章末問題 1 参照）.

命題 5.1.9 完備距離空間は，ベールである.

証明 X を距離 $d(x,y)$ をもつ完備距離空間とする. 内点を含まない閉集合 $A_\nu \subset X$, $\nu = 1, 2, \ldots$ をとり和集合 $A = \bigcup_{\nu=1}^{\infty} A_\nu$ とおく. $a \in X$, $r > 0$ に対し

$$U(a; r) = \{x \in X : d(a, x) < r\}$$

とおく. 任意の $U(a;r)$ に対し $U(a;r) \not\subset A$ を示せばよい. $U(a;r) \setminus A_1 \neq \emptyset$ であるから $x_1 \in U(a;r) \setminus A_1$ をとる. A_1 は閉集合であるから $0 < r_1 < 1/2$ があって $\overline{U(x_1; r_1)} = \{x \in X : d(x, x_1) \leq r_1\} \subset U(a;r) \setminus A_1$. 同様に，$U(x_1; r_1) \setminus A_2 \neq \emptyset$ であるから，$x_2 \in U(x_1; r_1) \setminus A_2$, $0 < r_2 < 1/2^2$ が存在して $\overline{U(x_2; r_2)} \subset U(x_1; r_1) \setminus A_2$. 帰納的に，

$$\overline{U(x_\nu; r_\nu)} \subset U(x_{\nu-1}; r_{\nu-1}) \setminus \bigcup_{\mu=1}^{\nu} A_\mu, \quad 0 < r_\nu < \frac{1}{2^\nu}, \ \nu = 1, 2, \ldots.$$

$\{x_\nu\}_{\nu=1}^\infty$ はコーシー列をなすので極限 $c = \lim_{\nu \to \infty} x_\nu \in X$ がある. 作り方から, 任意の $\nu \in \mathbf{N}$ に対して

$$c \in \overline{U(x_\nu; r_\nu)} \setminus \bigcup_{\mu=1}^{\nu} A_\mu.$$

したがって, $c \in U(a; r) \setminus \bigcup_{\mu=1}^\infty A_\mu$.　∎

系 5.1.10　フレッシェ空間はベールである.

定理 5.1.11（バナッハの開写像定理）　E をフレッシェ空間, F を線形ベール空間とする. $A : E \to F$ が連続線形全射ならば, A は開写像である.

証明　E はフレッシェであるから, (5.1.2) で定義される完備距離 $d(x, w)$ をもつ. $d(x, w)$ は (5.1.3) に加えて次の性質をもつことに注意する.

$$(5.1.12) \qquad d(x + w, 0) \le d(x + w, w) + d(w, 0) = d(x, 0) + d(w, 0).$$

$U(\varepsilon) = \{x \in E : d(x, 0) < \varepsilon\}$, $\varepsilon > 0$ とおく. 任意の $\varepsilon > 0$ に対し $A(U(\varepsilon))$ が $0 \in F$ を内点として含むことを示せば十分である. まず次を示そう.

主張 5.1.13　閉包 $\overline{A(U(\varepsilon))}$ は原点 $0 \in E$ を内点として含む.

∵）　演算 $(x, y) \in E \times E \to x - y \in E$ の連続性より, $0 \in E$ の近傍 W があって $W - W \subset U(\varepsilon)$. $E = \bigcup_{\nu=1}^\infty \nu W$ であるから, $F = \bigcup_{\nu=1}^\infty \nu \overline{A(W)}$. $\nu \overline{A(W)}$ は閉集合であるから, 仮定により, ある $\nu_0 \in \mathbf{N}$ があり, $\nu_0 \overline{A(W)}$ は内点を含む. したがって, $\overline{A(W)}$ も内点 x_0 を含む. よって 0 は $\overline{A(W)} - x_0$ の内点である.

$$0 \in \overline{A(W)} - x_0 \subset \overline{A(W)} - \overline{A(W)} = \overline{A(W - W)} \subset \overline{A(U(\varepsilon))}.$$

よって，0 は $\overline{A(U(\varepsilon))}$ の内点である． □

主張 5.1.13 により，$0 \in F$ の近傍 V があって $V \subset \overline{A(U(\varepsilon))}$ が成立する．$U_\nu = U\left(\frac{\varepsilon}{2^{\nu+1}}\right)$, $\nu = 1, 2, \dots$ とおく．各 $\overline{A(U_\nu)}$ に対し $0 \in F$ の近傍 V_ν を $V_\nu \subset \overline{A(U_\nu)}$, $V_\nu \supset V_{\nu+1}$, $\bigcap_{\nu=1}^\infty V_\nu = \{0\}$ が成立するようにとる．次がわかれば，証明は終わる．

主張 5.1.14 $A(U(\varepsilon)) \supset V_1$.

∵) 任意に $y = y_1 \in V_1$ をとる．$y_1 \in \overline{A(U_1)}$ であるから $(y_1 - V_2) \cap A(U_1) \neq \emptyset$．ある $y_2 \in V_2$, $x_1 \in U_1$ があって，$y_1 - y_2 = A(x_1)$ となる．$y_2 \in \overline{A(U_2)}$ であるから，$(y_2 - V_3) \cap A(U_2) \neq \emptyset$．$y_3 \in V_3$, $x_2 \in U_2$ があって，$y_2 - y_3 = A(x_2)$ が成立する．以下帰納的に，$x_\nu \in U_\nu$ と $y_\nu \in V_\nu$ を

$$y_\nu - y_{\nu+1} = A(x_\nu), \quad \nu = 1, 2, \dots$$

と選ぶ．$\{V_\nu\}_\nu$ のとり方から，$\lim_{\nu \to \infty} y_\nu = 0$．

(5.1.15) $\qquad y = y_1 = A(x_1) + y_2 = A(x_1) + A(x_2) + y_3$

$$= \cdots = \sum_{j=1}^\nu A(x_j) + y_{\nu+1} = A\left(\sum_{j=1}^\nu x_j\right) + y_{\nu+1}.$$

$\sum_{\nu=1}^\infty x_\nu$ の収束を調べる．$x_\nu \in U_\nu = U\left(\frac{\varepsilon}{2^{\nu+1}}\right)$ より，任意の $\nu, \mu \in \mathbf{N}$ に対して (5.1.12) を用いて計算すると

$$d\left(\sum_{j=1}^\nu x_j, \sum_{j=1}^{\nu+\mu} x_j\right) = d\left(0, \sum_{j=\nu+1}^{\nu+\mu} x_j\right) \leq \sum_{j=\nu+1}^{\nu+\mu} d(0, x_j) < \frac{\varepsilon}{2^{\nu+1}}.$$

したがって，$\sum_{\nu=1}^\infty x_\nu$ はコーシー条件を満たす級数で，収束する．極限を $w = \sum_{\nu=1}^\infty x_\nu$ とおくと，(5.1.15) より $y = A(w)$ となる．また

$$d(0, w) \leq \sum_{\nu=1}^\infty d(0, x_\nu) \leq \sum_{\nu=1}^\infty \frac{\varepsilon}{2^{\nu+1}} = \frac{1}{2}\varepsilon < \varepsilon.$$

よって，$A(U(\varepsilon)) \supset V_1$ が示された.　∎

例 5.1.16　有限次元線形空間は，フレッシェである．その他，フレッシェ空間の例は多くあるが，複素解析では次が重要である.

(1) $\Omega \subset \mathbf{C}^n$ を領域とする．部分領域による増大被覆 $\{\Omega_j\}_{j=1}^{\infty}$ を

$$(5.1.17) \qquad \emptyset \neq \Omega_j \Subset \Omega_{j+1}, \qquad \Omega = \bigcup_{j=1}^{\infty} \Omega_j$$

ととる．$\mathscr{O}(\Omega)$ のセミノルム系

$$\|f\|_{\bar{\Omega}_j} = \max_{\bar{\Omega}_j} |f|, \quad j = 1, 2, \dots, \quad f \in \mathscr{O}(\Omega)$$

をとる．このセミノルム系 $\|f\|_{\bar{\Omega}_j}, \, j \in \mathbf{N}$ により $\mathscr{O}(\Omega)$ はフレッシェ空間になる．この $\mathscr{O}(\Omega)$ の位相は，広義一様収束の位相と同値である.

(2) 不分岐領域 $\pi : \mathfrak{D} \to \mathbf{C}^n$ の場合も，命題 3.6.16 の $\mathfrak{D}_\nu$ を用いてセミノルム系

$$\|f\|_\nu = \sup_{\mathfrak{D}_\nu} |f| \ (= \max_{\bar{\mathfrak{D}}_\nu} |f|), \quad f \in \mathscr{O}(\mathfrak{D}), \, \nu = 1, 2, \dots$$

を導入すれば，$\mathscr{O}(\mathfrak{D})$ はフレッシェ空間になる.

5.1.2 — 評価付き上空移行

さて，次が目的の補題である.

補題 5.1.18（評価付き上空移行）　$\mathrm{P}\Delta$ を多重円板，$\Sigma \subset \mathrm{P}\Delta$ を複素部分多様体，$L \Subset \mathrm{P}\Delta$ を任意のコンパクト部分集合とする．任意の有界な $f \in \mathscr{O}(\Sigma)$ に対し，ある $F \in \mathscr{O}(\mathrm{P}\Delta)$ が存在して，

$$F|_\Sigma = f, \qquad \|F\|_L \leq C \|f\|_\Sigma.$$

ここで，$C > 0$ は f によらない正定数である.

証明　$\mathscr{O}(\mathrm{P}\Delta)$ と $\mathscr{O}(\Sigma)$ はフレッシェ空間である．特に $\mathscr{O}(\Sigma)$ はベール空間

である．上空移行定理 2.4.13 より制限写像

$$A : F \in \mathscr{O}(\mathrm{P}\Delta) \longrightarrow F|_\Sigma \in \mathscr{O}(\Sigma)$$

は連続線形全射である．$U = \{F \in \mathscr{O}(\mathrm{P}\Delta) : \|F\|_L < 1\}$ は $\mathscr{O}(\mathrm{P}\Delta)$ の 0 の近傍である．開写像定理 5.1.11 により，$A(U)$ は $\mathscr{O}(\Sigma)$ の 0 のある近傍を含む．したがって，あるコンパクト部分集合 $K \Subset \Sigma$ と $\varepsilon > 0$ があって，

$$A(U) \supset \{f \in \mathscr{O}(\Sigma) : \|f\|_K < \varepsilon\}.$$

よって，$C = 1/\varepsilon$ ととればよい． ∎

5.2 強擬凸領域

本節の目標は擬凸問題 3, 4.2.48 の解決である．$\pi : \mathfrak{R} \to \mathbf{C}^n$ を領域とする．$\mathfrak{D} \Subset \mathfrak{R}$ を有界領域とする．

補題 5.2.1 $\mathfrak{D}$ が強擬凸領域ならば，$\mathfrak{D}$ はスタインである．

注意．もともとのレビ問題 4.2.58 は，この補題で解決している．

5.2.1 — 岡の方法

（イ）岡の接合補題．強擬凸領域 $\mathfrak{D}$ $(\Subset \mathfrak{R}) \overset{\pi}{\to} \mathbf{C}^n$ が，$z_1 = x_1 + iy_1$ として，$\mathfrak{D}$ は $x_1 < 0$ の部分と $x_1 > 0$ の部分に広がっているとする．$a_2 < 0 < a_1$ をとり

$$(5.2.2) \quad \mathfrak{D}_1 = \mathfrak{D} \cap \{x_1 < a_1\}, \quad \mathfrak{D}_2 = \mathfrak{D} \cap \{x_1 > a_2\}, \quad \mathfrak{D}_3 = \mathfrak{D}_1 \cap \mathfrak{D}_2 \neq \emptyset$$

とする．

注意．$\mathfrak{D}_\nu$ $(\nu = 1, 2, 3)$ は，一般に複数（有限個）の連結成分をもつ場合もある．

　記述の簡素化のために，閉包（閉領域）$\bar{\mathfrak{D}}$ が**スタイン**とは $\bar{\mathfrak{D}}$ がいくらで
も小さなスタイン近傍をもつこととする．このとき $\mathfrak{D}$ 自身もスタインであ
る（系 3.2.12, 定理 3.7.4 参照）．

補題 5.2.3（岡の接合補題（Oka's Heftungslemma）**）**　閉包 $\bar{\mathfrak{D}}_\nu$ $(\nu = 1, 2)$
がスタインならば，$\bar{\mathfrak{D}}$ もスタインである．

注意 5.2.4　定理 4.2.67 により $\bar{\mathfrak{D}}_3$ は，スタインである．

　ここのアイデアは，補題 5.2.1 の $\bar{\mathfrak{D}}$ を全ての複素座標の実部と虚部に平行
な平面で十分細かく細分すると，$\bar{\mathfrak{D}}$ の細分された各部分は単葉なスタイン領
域に含まれる．次に，これを逆に縦横につなげてスタインになる部分を拡張
し，ついには $\bar{\mathfrak{D}}$ 全体にしようというのが方針である．

　補題 5.2.3 の $\bar{\mathfrak{D}}$ がスタインであることを示すのにクザン I 問題を用いる．

補題 5.2.5　閉包 $\bar{\mathfrak{D}}_\nu$ $(\nu = 1, 2)$ はスタインと仮定する．$f \in \mathscr{O}(\bar{\mathfrak{D}}_3)$ に対
し，$f_\nu \in \mathscr{O}(\bar{\mathfrak{D}}_\nu)$ $(\nu = 1, 2)$ で

$$f_1(z) - f_2(z) = f(z), \quad z \in \mathfrak{D}_3$$

となるものがある．

　（ロ）積分方程式．　補題 5.2.5 の証明の準備をする．記号は，上述のもの
を維持する．$r > r_0 > 0$ を十分大きくとり，次のように二重近傍をとる．

$$\pi(\mathfrak{D}) \Subset \mathrm{P}\Delta_0 = \{(z_j) : |z_j| < r_0\} \Subset \mathrm{P}\Delta = \{(z_j) : |z_j| < r\}.$$

　z_1 平面内に，後にクザン積分をするための線分

$$\ell = \{z_1 = it : -r_0 \le t \le r_0\}$$

をとる（向きは t が増加する方向）．

　$a_2 < -\delta < 0 < \delta < a_1$ となるように $\delta > 0$ をとり，

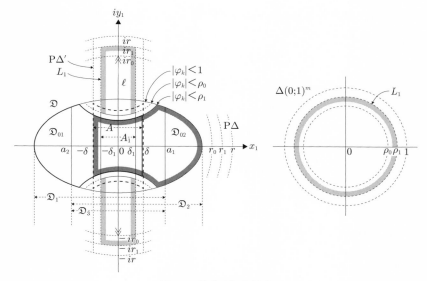

図 5.1 接合強擬凸領域

$$\mathrm{P}\Delta' = \mathrm{P}\Delta \cap \{|x_1| < \delta\}$$

とおく. $\varphi_k \in \mathscr{O}(\mathfrak{D}_3)$, $1 \leq k \leq m$ を次の条件が満たされるようにとる（図 5.1 を参照）.

5.2.6（接合条件） (i) $\mathfrak{D}_3' = \{z \in \mathfrak{D}_3 : |\varphi_k(z)| < 1,\ 1 \leq k \leq m\}$ とするとき,

$$(\partial\mathfrak{D}_3') \setminus \partial\mathfrak{D}_3 \Subset \{a_2 < x_1 < a_1\},$$
$$(\partial\mathfrak{D}_3) \setminus \partial\mathfrak{D}_3' \ni (\partial\mathfrak{D}_3) \cap \{|x_1| \leq \delta\}.$$

(ii) $A := \mathfrak{D}_3' \cap \{|x_1| < \delta\} \Subset \mathfrak{D}_3$, $\varphi(z) = (\varphi_1(z), \ldots, \varphi_m(z))$ $(z \in A)$ とおくとき, 岡写像

(5.2.7) $$A \ni z \longmapsto (z, \varphi(z)) \in \widetilde{\mathrm{P}\Delta}' := \mathrm{P}\Delta' \times \Delta(0;1)^m$$

は固有埋め込みである.

補題 5.2.8　任意のコンパクト部分集合 $K \Subset \mathfrak{D}$ に対して，上の $\{\varphi_k\}_{k=1}^m \subset \mathscr{O}(\mathfrak{D}_3)$ を，

$$K \cap \mathfrak{D}_3 \subset \mathfrak{D}_3'$$

を満たし，かつ接合条件 5.2.6 を満たすようにとることができる．

証明　各点 $q \in (\partial\mathfrak{D}_3) \cap \{|x_1| \leq \delta\}$ で補題 4.2.63 (iii) を適用して $\bar{\mathfrak{D}}_3 \setminus \{q\}$ 上で正則な関数 $\varphi(p)$ で，q で極 $(|\varphi(q)| = \infty^{1)})$ をもつものをとる．$\varphi(p)$ に十分小さな定数 $(\neq 0)$ を掛ければ

$$\|\varphi\|_K < 1, \qquad \{|\varphi| \geq 1\} \cap \{x_1 = a_1, a_2\} \cap \bar{\mathfrak{D}}_3 = \emptyset.$$

$q \in \{|\varphi| > 1\} \cap (\partial\mathfrak{D}_3) \cap \{|x_1| \leq \delta\}$ であり，$(\partial\mathfrak{D}_3) \cap \{|x_1| \leq \delta\}$ はコンパクトであるから，かかる有限個の φ_k で

$$\left(\bigcup_{k=1}^m \{|\varphi_k| > 1\} \right) \cap (\partial\mathfrak{D}_3) \cap \{|x_1| \leq \delta\} \supset (\partial\mathfrak{D}_3) \cap \{|x_1| \leq \delta\}$$

を満たすようにできる．$\bar{\mathfrak{D}}_3$ はスタイン（注意 5.2.4）であるから，(5.2.7) が単射になるように $\{\varphi_k\}$ をさらに増やして接合条件 (ii) が満たされるようにできる．　∎

ρ_0, ρ_1 $(0 < \rho_0 < \rho_1 < 1)$ を共に 1 に近くとり，r_1 $(r_0 < r_1 < r)$ を r に近く，δ_1 $(0 < \delta_1 < \delta)$ を δ に近くとり固定する．$\mathfrak{D}_{0\nu}$ $(\nu = 1, 2)$ を $\mathfrak{D}_\nu$ の点で $\mathfrak{D}_3$ 内では $|\varphi_k| < \rho_0$ $(1 \leq k \leq m)$ と制限をかけた開集合とする．まず，補題 5.2.5 を少し狭めた $\mathfrak{D}_{01}, \mathfrak{D}_{02}$ 上で解く．ここが岡の方法の主要部分で，証明も少々長くなる．

補題 5.2.9　上述の記号のもとで，ある $f_\nu \in \mathscr{O}(\mathfrak{D}_{0\nu})$ $(\nu = 1, 2)$ が存在して

$$f_1(z) - f_2(z) = f(z), \quad z \in \mathfrak{D}_{01} \cap \mathfrak{D}_{02}.$$

---

1) $\underline{\lim}_{p \to q} |\varphi(p)| = \infty$ の意味である．今後，この意味でこの書き方を用いる．

証明　$w = (w_k)_{1 \le k \le m} \in \mathbf{C}^m$ と書き,

$$L_1 = \{(z,w) \in \mathbf{C}^n \times \mathbf{C}^m : |x_1| \le \delta_1, \ \forall \ |z_j| \le r_1, \ \forall \ |w_k| \le \rho_1\} \ \big(\in \widetilde{\mathrm{P}\Delta}'\big)$$

とおく. $g \in \mathscr{O}(A)$, $\|g\|_A \le M \ (< \infty)$ を考える. 岡写像 (5.2.7) で評価付き上空移行し (補題 5.1.18), ある $G(z,w) \in \mathscr{O}\big(\widetilde{\mathrm{P}\Delta}'\big)$ があって,

(5.2.10)　　$G(z, \varphi(z)) = g(z) \ (z \in A), \quad \|G\|_{L_1} \le C\|g\|_A \le CM.$

$G(z,w)$ の ℓ に沿うクザン積分 (分解) を考える:

$$G_\nu(z,w) = \frac{1}{2\pi i} \int_\ell \frac{G(t,z',w)}{t - z_1} dt, \quad \nu = 1,2,$$
$$|z_1| < r_0, \ z' = (z_2, \ldots, z_n), \ |z_j| < r, \ 2 \le j \le n,$$
$$w = (w_k), \ |w_k| < 1, \ 1 \le k \le m.$$

ただし, G_1 は G の ℓ より左側の分枝で ℓ を越えて $\{x_1 < \delta\}$ まで解析接続しておき, G_2 は G の ℓ より右側の分枝で ℓ を越えて $\{x_1 > -\delta\}$ まで解析接続しておく:

$$G_1(z,w) - G_2(z,w) = G(z,w), \quad |x_1| < \delta, \ |z_1| < r_0,$$
$$|z_j| < r, \ 2 \le j \le n, \quad |w_k| < 1, \ 1 \le k \le m.$$

ここで, $w = \varphi(z) \ (z \in A)$ を代入して $g_\nu(z) = G_\nu(z, \varphi(z)) \in \mathscr{O}(A) \ (\nu = 1,2)$ とおくと

$$g_\nu(z_1, z') = \frac{1}{2\pi i} \int_\ell \frac{G(t, z', \varphi(z_1, z'))}{t - z_1} dt, \quad \nu = 1,2,$$
$$g_1(z) - g_2(z) = g(z), \quad z \in A.$$

(大ざっぱに言って, 各 g_ν の定義域を $\mathfrak{D}_\nu$ へ拡張したい.)

$\Gamma_0 = \prod_{k=1}^m \{|w_k| = \rho_0\}$ として, コーシーの積分表示を使うと

$$G(z,w) = \frac{1}{(2\pi i)^m} \int_{\Gamma_0} \frac{G(z, u_1, \ldots, u_m)}{(u_1 - w_1) \cdots (u_m - w_m)} du_1 \cdots du_m,$$
$$|w_k| < \rho_0.$$

$u_0 = t$, $u = (u_1, \ldots, u_m)$, $\tilde{u} = (u_0, u)$, $d\tilde{u} = du_0 du_1 \cdots du_m$ とおく．（以下変数 z_1 に注目．）$\nu = 1, 2$ に対し，次のようにおく．

$$G_\nu(z_1, z', w) = \frac{1}{(2\pi i)^{m+1}} \int_{\ell \times \Gamma_0} \frac{G(u_0, z', u)}{(u_0 - z_1)(u_1 - w_1) \cdots (u_m - w_m)} d\tilde{u},$$

$$\chi(\tilde{u}, z_1, z') = \frac{1}{(2\pi i)^{m+1}(u_0 - z_1)(u_1 - \varphi_1(z_1, z')) \cdots (u_m - \varphi_m(z_1, z'))},$$

$$g_\nu(z_1, z') = \int_{\ell \times \Gamma_0} \chi(\tilde{u}, z_1, z') G(u_0, z', u) d\tilde{u}, \ z \in A \cap \bigcap_{k=1}^m \{|\varphi_k(z)| < r_0\}.$$

$\ell \times \Gamma_0 \subset \mathbf{C}^{m+1}$ の柱状近傍 V（スタイン）で十分小さなものをとり，

$$\chi(\tilde{u}, z_1, z') \in \mathscr{M}(V \times \mathfrak{D}_3).$$

この極集合は，$V \times \mathfrak{D}_3$ 内の閉集合をなし，実超平面 $x_1 = a_\nu$（$\nu = 1, 2$）に交わらないので，$V \times (\mathfrak{D}_1 \cap \{x_1 < a_2'\})$（$a_2' > a_2$ は a_2 に十分近くとる）では，0 として $V \times \mathfrak{D}_1$ 上のクザン I 分布が得られる．$V \times \mathfrak{D}_1$ はスタインであるからクザン I を解いて（定理 3.7.9），

$$\exists \chi_1(\tilde{u}, z_1, z') \in \mathscr{M}(V \times \mathfrak{D}_1), \quad \chi - \chi_1|_{V \times \mathfrak{D}_3} \in \mathscr{O}(V \times \mathfrak{D}_3).$$

同様にして

$$\exists \chi_2(\tilde{u}, z_1, z') \in \mathscr{M}(V \times \mathfrak{D}_2), \quad \chi - \chi_2|_{V \times \mathfrak{D}_3} \in \mathscr{O}(V \times \mathfrak{D}_3).$$

この $\chi_\nu(\tilde{u}, z)$（$\nu = 1, 2$）は $\chi(\tilde{u}, z)$ と同じ極を維持したまま，変数 z は定義域が $\mathfrak{D}_3$ から各 $\mathfrak{D}_\nu$ へ拡張されていることに注意する．クザン I を使って，コーシー核 χ の定義域の拡張を図ったことになる．χ を χ_ν で置き換えれば当然誤差が生じる．その誤差を評価付きで小さくするべく χ_ν を調整する．

$V \times \mathfrak{D}_3$ は，$\mathscr{O}(V \times \mathfrak{D}_\nu)$ 凸（$\nu = 1, 2$）であり，$(\ell \times \Gamma_0) \times \bar{A} \Subset V \times \mathfrak{D}_3$ であるから，岡近似定理 3.7.7 より任意の $\varepsilon > 0$ に対して

$$\exists \gamma_\nu \in \mathcal{O}(V \times \mathfrak{D}_\nu), \quad \|\chi - \chi_\nu - \gamma_\nu\|_{(\ell \times \Gamma_0) \times \bar{A}} < \frac{\varepsilon}{2}, \quad \nu = 1, 2,$$

$$K_\nu := \chi - \chi_\nu - \gamma_\nu \in \mathcal{O}(V \times \mathfrak{D}_\nu), \quad \|K_\nu\|_{(\ell \times \Gamma_0) \times \bar{A}} < \frac{\varepsilon}{2}.$$

次のようにおく.

(5.2.11)

$$
\begin{aligned}
I_\nu(G)(z_1, z') &= \int_{\ell \times \Gamma_0} (\chi(\tilde{u}, z_1, z') - K_\nu(\tilde{u}, z_1, z')) G(u_0, z', u) d\tilde{u} \\
&= \int_{\ell \times \Gamma_0} (\chi_\nu(\tilde{u}, z_1, z') + \gamma_\nu(\tilde{u}, z_1, z')) G(u_0, z', u) d\tilde{u}, \\
& \qquad \nu = 1, 2,
\end{aligned}
$$

$$I_\nu(G)(z) \in \mathcal{O}(\mathfrak{D}_{0\nu}), \quad \nu = 1, 2.$$

つづいて, 次のようにおく.

$$g_0(z) = I_1(G)(z) - I_2(G)(z) = g(z) - \int_{\ell \times \Gamma_0} (K_1 - K_2) G d\tilde{u},$$

$$K = K_1 - K_2 \in \mathcal{O}(V \times \mathfrak{D}_3), \quad \|K\|_{(\ell \times \Gamma_0) \times \bar{A}} < \varepsilon,$$

$$K(G)(z) = \int_{\ell \times \Gamma_0} K(\tilde{u}, z) G(u_0, z', u) d\tilde{u} \in \mathcal{O}(\mathfrak{D}_3),$$

$$\|K(G)\|_{\bar{A}} \le (2r_0)(2\pi\rho_0)^m \varepsilon \|G\|_{L_1} \le \varepsilon C_1 C M.$$

ここで, $C_1 = (2r_0)(2\pi\rho_0)^m$ とおいた. 次の積分方程式が成立している.

$$g(z) = K(G)(z) + g_0(z), \quad z \in A.$$

• g から g_0 が決まったのであるが, g_0 については

$$g_0 = g - K(G) = I_1(G) - I_2(G)$$

とクザン I 問題が解けている.

• これを逆に考えて, 与えられた関数 $f \in \mathcal{O}(A)$ を $g_0 = f$ (非斉次項) として, **フレドホルム (Fredholm) 第 2 種型の積分方程式**

$$(5.2.12) \qquad g(z) = K(G)(z) + f(z), \quad z \in A$$

を満たす $g \in \mathcal{O}(A)$ を見つければ，それを使って

$$f \, (= g_0) = I_1(G) - I_2(G)$$

とクザン I 問題が解けることになる[2]．

　以下，(5.2.12) を次の帰納的手順による逐次近似法により解く：

(i)　$f_0 = f \in \mathcal{O}(\mathfrak{D}_3)$ とおく．$\|f_0\|_A \leq M \; (< \infty)$.

(ii)　$f_0 \rightsquigarrow F_0 \in \mathcal{O}\big(\widetilde{\mathrm{P\Delta}}'\big)$, $F_0|_A = f_0$, $\|F_0\|_{L_1} \leq CM$（評価付き上空移行）.

(iii)　$f_1 = K(F_0) \in \mathcal{O}(\mathfrak{D}_3)$, $\|f_1\|_A \leq \varepsilon C_1 C M$.

(iv)　$f_1 \rightsquigarrow F_1 \in \mathcal{O}\big(\widetilde{\mathrm{P\Delta}}'\big)$, $F_1|_A = f_1$, $\|F_1\|_{L_1} \leq \varepsilon C_1 C^2 M$（評価付き上空移行）.

(v)　$f_2 = K(F_1) \in \mathcal{O}(\mathfrak{D}_3)$, $\|f_2\|_A \leq (\varepsilon C_1 C)^2 M$.

$\qquad \vdots$

(vi)　$f_\mu = K(F_{\mu-1}) \in \mathcal{O}(\mathfrak{D}_3)$, $\|f_\mu\|_A \leq (\varepsilon C_1 C)^\mu M$.

(vii)　$f_\mu \rightsquigarrow F_\mu \in \mathcal{O}\big(\widetilde{\mathrm{P\Delta}}'\big)$, $F_\mu|_A = f_\mu$, $\|F_\mu\|_{L_1} \leq C(\varepsilon C_1 C)^\mu M$（評価付き上空移行）.

(viii)　$\theta := \varepsilon C_1 C < 1$ と $\varepsilon > 0$ をとる.

(ix)　$\|f_\mu\|_A \leq \theta^\mu M$.

(x)　$\|F_\mu\|_{L_1} \leq \theta^\mu C M$.

(xi)　$g = f_0 + f_1 + f_2 + \cdots \in \mathcal{O}(A)$, A 上一様収束（優級数収束），有界.

(xii)　$G = F_0 + F_1 + F_2 + \cdots \in \mathcal{O}(L_1^\circ)$（ここで L_1° は L_1 の内点集合），

---

2)　このアイデアは，Oka, Proc. Imperial Acad. Tokyo (1941) および Oka VI, Tôhoku Math. J. **49** (1942) で発表された，2 次元単葉領域に対してヴェイユ積分を用いて擬凸問題を解決した方法から来ている．この逆転の発想は，非自明である．ここでの書き方は岡の未発表論文 XI (1943) からとった．Oka IX (1953) では示している内容は同じなのであるが，積分方程式 (5.2.12) は式としては書かれていない．通常のフレドホルム第 2 種積分方程式では $g = G$ であるが，ここでは G は g の評価付き上空移行である．

L_1 上一様収束（優級数収束）.

(xiii) $G(z, \varphi(z)) = g(z)$, $z \in A_1 := \{|x_1| < \delta_1, |\varphi_k(z)| < r_1, 1 \leq k \leq m\}$ ($\Subset A$) (G は g の上空移行になっている). かつ,

$$g = f_0 + K(F_0) + K(F_1) + \cdots = K(G) + f_0$$

が成立している.

主張 5.2.13 以上の準備のもとで,

$$I_1(G)(z) - I_2(G)(z) = g(z) - K(G)(z) = f(z), \quad z \in \mathfrak{D}_{01} \cap \mathfrak{D}_{02} \cap A_1.$$

実際, f_μ, F_μ ($\mu = 0, 1, 2, \ldots$) を上述の帰納的構成法により得られたものとすると,

$$I_1(F_\mu) - I_2(F_\mu) = f_\mu - K(F_\mu), \quad \mu \geq 0.$$

$\mu = 0, 1, \ldots, N$ について辺々の和をとると, $f_0 = f$, $f_{\mu+1} = K(F_\mu)$ であるから,

$$I_1\left(\sum_{\mu=0}^{N} F_\mu\right) - I_2\left(\sum_{\mu=0}^{N} F_\mu\right) = \sum_{\mu=0}^{N} f_\mu - K\left(\sum_{\mu=0}^{N} F_\mu\right) = f - K(F_N).$$

$N \to \infty$ とすると $K(F_N)(z) \to 0$ ($z \in A_1$) であるから

(5.2.14)

$$I_1(G)(z) - I_2(G)(z) = g(z) - K(G)(z) = f(z), \quad z \in \mathfrak{D}_{01} \cap \mathfrak{D}_{02} \cap A_1.$$

これで積分方程式 (5.2.12) が $z \in \mathfrak{D}_{01} \cap \mathfrak{D}_{02} \cap A_1$ で解けたことになる.

ここで, $I_\nu(G)$ ($\nu = 1, 2$) は $\mathfrak{D}_{0\nu}$ で正則であり, δ_1 は δ にいくらでも近くとっておけるので, 一致の定理より上式 (5.2.14) は, $\mathfrak{D}_{01} \cap \mathfrak{D}_{02}$ で成立する. ∎

補題 5.2.5 の証明. 条件により与えられた $\bar{\mathfrak{D}}$ を含む少し大きい強擬凸領域 $\tilde{\mathfrak{D}} \Supset \bar{\mathfrak{D}}$ で, 閉包 $\bar{\tilde{\mathfrak{D}}}$ がスタインであり, $f \in \mathscr{O}\left(\bar{\tilde{\mathfrak{D}}}\right)$ であるものをとる. 同様に, $\tilde{\mathfrak{D}}_\nu$ ($\nu = 1, 2$) を定義し, 上述の議論を $\tilde{\mathfrak{D}}_\nu$ ($\nu = 1, 2$) に対し行う.

補題 5.2.8 により,$\tilde{\mathfrak{D}}_{0\nu} \supset \mathfrak{D}_\nu$ $(\nu = 1, 2)$ が成立するようにとることができる.ゆえに,得られた $I_\nu \in \mathscr{O}\left(\tilde{\mathfrak{D}}_{0\nu}\right)$ を $\mathfrak{D}_\nu$ に制限すれば求める解 f_ν が得られる.　∎

岡の接合補題 5.2.3 の証明.　（イ）上と同じく,二重に強擬凸領域

$$\tilde{\mathfrak{D}} = \tilde{\mathfrak{D}}_1 \cup \tilde{\mathfrak{D}}_2 \ni \tilde{\mathfrak{D}}' = \tilde{\mathfrak{D}}'_1 \cup \tilde{\mathfrak{D}}'_2 \ni \bar{\mathfrak{D}} = \mathfrak{D}_1 \cup \mathfrak{D}_2$$

をとっておく.$\tilde{\mathfrak{D}}_\nu, \tilde{\mathfrak{D}}'_\nu$ $(\nu = 1, 2)$ はスタインである.$\tilde{\mathfrak{D}}'$ がスタインであることを示したい.$q \in \partial\tilde{\mathfrak{D}}'$ で極をもち $\overline{\tilde{\mathfrak{D}}'} \setminus \{q\}$ で正則な関数を作りたい.$q \in \partial\tilde{\mathfrak{D}}'_1$ とする.座標の平行移動で $q \notin \overline{\tilde{\mathfrak{D}}'_2}$ としてよい.補題 4.2.63 (iii) により $f \in \mathscr{M}(\tilde{\mathfrak{D}}'_1)$ で,q で極 ($|f(q)| = \infty$) をもち $\overline{\tilde{\mathfrak{D}}'_1} \setminus \{q\}$ で正則な関数がある.補題 5.2.5 より $f_\nu \in \mathscr{O}(\tilde{\mathfrak{D}}'_\nu)$ で次を満たすものがある.

$$f_2(z) - f_1(z) = f(z), \quad z \in \tilde{\mathfrak{D}}'_1 \cap \tilde{\mathfrak{D}}'_2.$$

$F = f + f_1 = f_2$ は $\tilde{\mathfrak{D}}'$ 上の有理型関数で,$q \in \partial\tilde{\mathfrak{D}}'$ で極 ($|F(q)| = \infty$) をもち $\overline{\tilde{\mathfrak{D}}'} \setminus \{q\}$ で正則である.したがって,$\tilde{\mathfrak{D}}'$ は正則凸である.

（ロ）正則分離性を示すために,$\tilde{\mathfrak{D}}' \xrightarrow{\pi} \mathbf{C}^n$ は葉数が 2 以上であるとする.相異なる 2 点 $p_1, p_2 \in \tilde{\mathfrak{D}}'$,$z_0 := \pi(p_1) = \pi(p_2)$ をとる.z_0 を端点として任意に一つとった方向へ伸びる $\mathbf{C}^n$ 内の半直線 L を考える.$\pi^{-1}L$ の p_ν を含む連結成分を L_ν $(\nu = 1, 2)$ とする.$\tilde{\mathfrak{D}}'$ は有界であるから,L_ν は境界 $\partial\tilde{\mathfrak{D}}'$ に交わる.L 上に端点 z_0 を出発点として無限遠方のもう一方の端点へ向かって動く動点 P を考える.対応して L_ν 上の動点 Q_ν $(\pi(Q_\nu) = P)$ が定まる.どちらでも良いが仮に Q_1 が Q_2 より先にまたは同時に $\partial\tilde{\mathfrak{D}}'$ に到達したとする.その点を $q_1 \in L_1 \cap \partial\tilde{\mathfrak{D}}'$ とし,対応する L_2 上の点を $q_2 \in L_2 \cap \overline{\tilde{\mathfrak{D}}'}$,$\pi(q_1) = \pi(q_2)$ とする.$q_1 \neq q_2$ である.上述の F を得たのと同じ議論で,$q_1 \in \partial\tilde{\mathfrak{D}}'$ で極 ($|g(q_1)| = \infty$) をもち $\overline{\tilde{\mathfrak{D}}'} \setminus \{q_1\}$ で正則な関数 g をとる.解析接続の一致の定理より,局所的に変数 $z - z_0$ の収束巾級数として

(5.2.15) $$\underline{g}_{p_1} \neq \underline{g}_{p_2}.$$

したがって，$\tilde{\mathfrak{D}}' \to \mathbf{C}^n$ は正則分離である.[3]

以上で，$\tilde{\mathfrak{D}}'$ がスタインであることが示された．$\tilde{\mathfrak{D}}'$ は $\tilde{\mathfrak{D}}$ にいくらでも近くにとれるスタイン近傍で，$\partial\mathfrak{D}$ は強擬凸境界であるから定理 4.2.67 により $\mathfrak{D}$ もスタインである.∎

（ハ）補題 5.2.1 の証明. (a) $\bar{\mathfrak{D}}$ を実・虚座標軸に平行な実超平面で分割し，各々の小閉領域がスタインであるようにしたい.

$\partial\mathfrak{D}$ の定義関数（強多重劣調和関数）を λ とする．$p_0 \in \partial\mathfrak{D}$ に対しそのスタイン近傍 V を λ が強多重劣関数として定義されている開集合に含まれているようにとれば，定理 4.2.67 より $V \cap \mathfrak{D}$ はスタインである.

同様の議論により閉近傍 $\bar{V}$ および $\bar{V} \cap \bar{\mathfrak{D}}$ もスタインにとることができる.

(b) 複素座標 $z_j = x_{2j-1} + ix_{2j}$ $(1 \leq j \leq n)$ と実部・虚部を定める．十分大きな $N \in \mathbf{N}$ をとれば，

$$\pi(\bar{\mathfrak{D}}) \in \{(x_k) : -N < x_k < N,\ 1 \leq k \leq 2n\}.$$

閉直方体 $E_0 = \{(x_k) : -N \leq x_k \leq N,\ 1 \leq k \leq 2n\}$ とおく．各 x_k について分割

$$(5.2.16) \qquad -N = c_{k0} < c_{k1} < \cdots < c_{kL} = N \quad (1 \leq k \leq 2n)$$

をとり，$E_{h_1 h_2 \ldots h_{2n}} = \{(x_k) : c_{kh_k-1} \leq x_k \leq c_{kh_k},\ 1 \leq k \leq 2n\}$ $(1 \leq h_1, \ldots, h_{2n} \leq L)$ とおく．(a) の議論より，分割 (5.2.16) を十分細かくとれば，$(\pi^{-1}E_{h_1 h_2 \ldots h_{2n}}) \cap \bar{\mathfrak{D}}$ の全ての非空連結成分 $\bar{\mathfrak{D}}^{(l)}_{h_1 h_2 \ldots h_{2n}}$（$l$ は有限個）は単葉かつスタインとなる．$h_2, h_3, \ldots, h_{2n}$ を任意に止めて，h_1 を $h_1 = 1, 2, \ldots, L-1$ と動かして，順に $\bar{\mathfrak{D}}^{(l)}_{1h_2 \ldots h_{2n}}$ と辺 $x_1 = c_{11}$ を共有する $\bar{\mathfrak{D}}^{(l')}_{2h_2 \ldots h_{2n}}$ に岡の接合補題 5.2.3 を適用して $\bar{\mathfrak{D}}^{(l)}_{1h_2 \ldots h_{2n}} \cup \bar{\mathfrak{D}}^{(l')}_{2h_2 \ldots h_{2n}}$ がス

---

3) この正則分離性の証明法は岡の未発表論文 XI (1953) からとった．発表された Oka IX (1953) では異なる方法で示されている．Gunning–Rossi [13] では，有限射の順像に関する連接定理を使うなど，かなり難しい議論によっている．この XI (1953) の証明法は，著者の知る限り発表された文献にはなく，したがって今の時点でもオリジナルである.

タインであることがわかる．次に，$\bar{\mathfrak{D}}_{1h_2\ldots h_{2n}}^{(l)} \cup \bar{\mathfrak{D}}_{2h_2\ldots h_{2n}}^{(l')}$ と $x_1 = c_{12}$ を共有する $\bar{\mathfrak{D}}_{3h_2\ldots h_{2n}}^{(l'')}$ を接合する．この操作を，$h_1 = L-1$ まで行う．これを全ての連結成分 $\bar{\mathfrak{D}}_{1h_2\ldots h_{2n}}^{(l)}$ に対し行う．接合されたスタインな各連結成分を $\bar{\mathfrak{D}}_{h_2\ldots h_{2n}}^{(l)}$ とする．それらに対して同じ操作を x_2 について行う．これを順次 x_{2n} まで行う．かくして，$\bar{\mathfrak{D}}$ がスタインであることが従う．　∎

注意．以上の準備で，最終目標である岡の擬凸定理 5.3.1 は間近である．この方面を初めて学ぶ読者は，先に岡の擬凸定理 5.3.1 とその証明を済ませた後に，あるいは §5.3 を読み全体像を理解した後に，次小節へ進むことを勧める．

5.2.2 — グラウェルトの方法

(1) 線形位相空間．　グラウェルトの方法では，線形位相空間の方でもう一頑張りしておく．

E を §5.1.1 でのようにセミノルム系 $\|\cdot\|_j$ $(j \in \mathbf{N})$ をもつ（ハウスドルフ）線形位相空間とする．次の基礎的性質から始めよう．

命題 5.2.17　E を線形ベール空間とし，$F \subset E$ を閉部分空間とすると，商空間 E/F もベールである．

証明　$q : E \to E/F$ を商写像とする．定義により，q は開写像である．したがって，部分集合 $G \subset E/F$ が内点を含まなければ，$q^{-1}G$ も内点を含まない．したがって，内点を含まない可算個の閉集合 $G_\nu \subset E/F$ $(\nu \in \mathbf{N})$ に対し，合併集合 $\bigcup_{\nu \in \mathbf{N}} G_\nu$ が内点を含むことはない．　∎

命題 5.2.18　E の有限次元線形部分空間は閉である．

証明　F を E の有限次元線形部分空間とする．その基底 $\{v_j\}_{j=1}^q$ をとり，$v_0 = 0$ とおく．$v_0, v_1, \ldots, v_h$ $(0 \le h \le q)$ で張られる線形部分空間を F_h $(\subset F)$ とする．証明は，h についての帰納法による．F_0 は仮定（ハウスドルフ性）により閉である．F_{h-1} $(1 \le h \le q)$ は閉であると仮定する．

任意に $x \in F_h \setminus F_{h-1}$ をとり

$$x = y + \alpha v_h, \quad y \in F_{h-1},\ \alpha \in \mathbf{C} \setminus \{0\}$$

と表す. α は一意的に定まる. $v_h \notin F_{h-1}$ であるから帰納法の仮定によりある $N \in \mathbf{N}$ と $\delta > 0$ があって

$$(v_h + \{u \in E : \|u\|_j < \delta,\ 1 \leq j \leq N\}) \cap F_{h-1} = \emptyset.$$

$v_h - (1/\alpha)x = -(1/\alpha)y \in F_{h-1}$ であるから上式より

$$(1/\alpha)x \notin \{u \in E : \|u\|_j < \delta,\ 1 \leq j \leq N\},$$

$$\max_{1 \leq j \leq N} \|(1/\alpha)x\|_j \geq \delta,$$

(5.2.19) $\qquad |\alpha| \leq \dfrac{1}{\delta} \max_{1 \leq j \leq N} \|x\|_j, \quad x \in F_h.$

最後の式は $\alpha = 0$ のときも自明に成立していることに注意する.

F_h の点列 $\{x_\nu\}_{\nu=1}^{\infty}$ が $x_0 \in E$ に収束しているとする.

$$x_\nu = y_\nu + \alpha_\nu v_h, \quad y_\nu \in F_{h-1}, \quad \nu = 1, 2, \dots$$

と書く. 任意の $\varepsilon > 0$ に対してある番号 $M \in \mathbf{N}$ があって

$$\max_{1 \leq j \leq N} \|x_\nu - x_\mu\| < \varepsilon\delta, \quad \nu, \mu \geq M.$$

これと (5.2.19) より

$$|\alpha_\nu - \alpha_\mu| < \varepsilon, \quad \nu, \mu \geq M.$$

したがって $\{\alpha_\nu\}$ はコーシー列をなし, 収束する. $\lim \alpha_\nu = \alpha_0$ とすると $\lim y_\nu = y_0 = x_0 - \alpha_0 v_h$ となり, F_{h-1} は閉なので $y_0 \in F_{h-1}$. よって

$$x_0 = y_0 + \alpha_0 v_h \in F_h.$$

よって F_h は閉である. ∎

　線形位相空間の間の連続線形写像 $\psi : E \to F$ が**完全連続（コンパクト作用素）**であるとは，E の原点の近傍 U で $\psi(U)$ の F 内の閉包がコンパクトになるものが存在することをいう.

定理 5.2.20（**L. シュヴァルツ**[4]）　E をフレッシェ空間，F を線形ベール空間とする. $\phi : E \to F$ を連続線形全射とし，$\psi : E \to F$ を完全連続線形写像（コンパクト作用素）とする. このとき，像 $(\phi + \psi)(E)$ は閉部分空間で余核 $\mathrm{Coker}(\phi + \psi) := F/(\phi + \psi)(E)$ は有限次元である.

証明[5]　(0) 証明が少し長くなるので，まず大まかな方針を述べておこう.

　「局所コンパクト位相空間は有限次元である」ということの証明をまねる. 証明は，概略以下のように進む. 仮定より $0 \in E$ の近傍 $U = -U$ で $K := \overline{\psi(U)}$ がコンパクトなものがある. 開写像定理 5.1.11 より $V = \phi(U)$ は開集合（$0 \in F$ の近傍）である. K はコンパクトであるから，有限個の点 $b_j \in K, 1 \leq j \leq l$ があって $K \subset \bigcup_{j=1}^{l} \left(b_j + \frac{1}{2}V \right)$. $\{b_j\}_{1 \leq j \leq l}$ の張る線形部分空間を $G \subset F$ とすると，$F \to H := F/((\phi + \psi)(E) + G)$（商をとれたとして）による V の像 W は $0 \in H$ の開近傍である. 作り方から，$W \subset \frac{1}{2}W$ を満たす. したがって，$W \subset \left(\frac{1}{2} \right)^{\nu} W$ $(\forall \nu \in \mathbf{N})$. よって，$W = \{0\}$. ゆえに，$F/(\phi + \psi)(E) \cong G/(G \cap (\phi + \psi)(E))$ は有限次元である. しかし，$(\phi + \psi)(E) + G$ が閉空間であることが示されていないので，議論は不十分である. 以下実際には，これらのことを同時に証明することになる.

---

4)　これを "L. シュヴァルツのフレドホルム定理" (L. Schwartz' Fredholm theorem, the Fredholm Theorem of L. Schwartz) と呼ぶ文献もある (A. Huckleberry, Jahresber. Dtsch. Math.Ver. **115** (2013), 21-45). これは，A. Andreotti によるとのことである (A. Huckleberry). この命名はあまり使われていないのであるが，フレドホルム作用素の概念内容からするとたいへん当を得ている.

5)　以下の証明は，拙著 [23] 第 2 版 §7.3.3 による. この定理の証明は従来かなり長いもので，多く 20～30 頁かかっていた（例えば [23] 第 1 版 §7.3 参照）. そのため証明を略する本が多かった（例えば，一松 [15], ガニング–ロッシ [13] など）. ここの証明で大幅に簡短化した. アイデアは，J.-P. ドゥマーイ (Demailly) による.

(1) $\phi_0 = \phi + \psi : E \to F$ とおく. 有限次元線形部分空間 $S \subset F$ があって ϕ_0 と商写像 $F \to F/S$ の合成を $\check{\phi}_0$ とするとき, $\check{\phi}_0$ が全射であることを示せば十分である. なぜならば, まず $S = S' \oplus (S \cap \phi_0(E))$ と S を直和分解する. 代数的に $F = \phi_0(E) \oplus S'$ となる. S' は有限次元であるから, 線形位相空間としてフレッシェである. また $\mathrm{Ker}\,\phi_0$ は閉であるから商空間 $E/\mathrm{Ker}\,\phi_0$ はハウスドルフである. 次の連続線形全射と全単射を考える.

$$\widetilde{\phi}_0 : x \oplus y \in E \oplus S' \to \phi_0(x) + y \in F,$$
$$\widehat{\phi}_0 : [x] \oplus y \in \widehat{E} := (E/\mathrm{Ker}\,\phi_0) \oplus S' \to \phi_0(x) + y \in F.$$

定理 5.1.11 により $\widetilde{\phi}_0$ は開写像であるから, $\widehat{\phi}_0$ も開写像である. したがって, $\widehat{\phi}_0$ は線形位相同型であることがわかった. $(E/\mathrm{Ker}\,\phi_0) \oplus \{0\}$ $(\subset \widehat{E})$ は閉であるから $\widehat{\phi}_0((E/\mathrm{Ker}\,\phi_0) \oplus \{0\}) = \phi_0(E)$ は閉である. $\mathrm{Coker}\,\phi_0 = F/\phi_0(E) \cong S'$ となるので, $\mathrm{Coker}\,\phi_0$ は有限次元である.

上記 S の存在を示そう. 仮定により, $0 \in E$ のある凸近傍 U_0 で $-U_0 = U_0$ を満たし, かつ $K := \overline{\psi(U_0)}$ がコンパクトなものがある. ϕ は全射なので, 定理 5.1.11 により $V_0 := \phi(U_0)$ は開である. 開被覆 $K \subset \bigcup_{b \in K}(b + \frac{1}{2}V_0)$ を考えると, K はコンパクトであるから, 有限個の点 $b_j \in K$, $1 \le j \le l$ があって $K \subset \bigcup_{j=1}^{l}(b_j + \frac{1}{2}V_0)$. $S = \langle b_1, \ldots, b_l \rangle$ を b_j, $1 \le j \le l$ で張られる有限次元部分空間とする. 命題 5.2.18 により S は閉であるから, 命題 5.2.17 より商空間 F/S は線形ベール空間になることに注意する. $\pi : F \to F/S$ を商写像とする. $\widetilde{V}_0 = \pi(V_0)$ とおく. $\widetilde{K} = \pi(K)$ はコンパクトである. $\widetilde{K} \subset \frac{1}{2}\widetilde{V}_0$ となっている. F を F/S で置き換えて,

$$K \subset \frac{1}{2}V_0$$

が初めから満たされているとして, ϕ_0 が全射であることを示せば良い.

(2) $\phi_0(E)$ は F の線形部分空間であるから, 次より $\phi_0(E) = F$ が従う.

主張 5.2.21 上述の仮定の下で, $\phi_0(E) \supset V_0$.

∵) 任意の $y_0 \in V_0$ をとる. ある $x_0 \in U_0$ があって $\phi(x_0) = y_0$.

$$y_1 := y_0 - \phi_0(x_0) = -\psi(x_0) \in K \subset \frac{1}{2}V_0 = \phi\left(\frac{1}{2}U_0\right)$$

であるから，ある $x_1 \in \frac{1}{2}U_0$ で $\phi(x_1) = y_1$ となるものがある．

$$y_2 := y_1 - \phi_0(x_1) = -\psi(x_1) \in \psi\left(\frac{1}{2}U_0\right) = \frac{1}{2}\psi(U_0)$$
$$\subset \frac{1}{2}K \subset \frac{1}{2^2}V_0 = \phi\left(\frac{1}{2^2}U_0\right).$$

したがって，$x_2 \in \frac{1}{2^2}U_0$ があって $y_2 = \phi(x_2)$. 以下順次，$x_\nu \in \frac{1}{2^\nu}U_0$, $y_\nu = \phi(x_\nu)$, $\nu = 1, 2, \ldots$ を

$$y_{\nu+1} = y_\nu - \phi_0(x_\nu) \in \frac{1}{2^\nu}K \subset \phi\left(\frac{1}{2^{\nu+1}}U_0\right)$$

が満たされるようにとることができる．F の任意のセミノルム $\|\cdot\|_j$ に対しある $M_j > 0$ が存在して，$\|y\|_j \le M_j$ $(\forall y \in K)$. ゆえに，

$$\|y_\nu\|_j \le \frac{M_j}{2^{\nu-1}} \to 0, \qquad \nu \to \infty.$$

したがって，

(5.2.22) $$\lim_{\nu \to \infty} y_\nu = 0,$$

$$y_{\nu+1} = y_\nu - \phi_0(x_\nu) = \cdots = y_0 - \phi_0\left(\sum_{j=0}^{\nu} x_j\right).$$

$\sum_{j=0}^{\infty} x_j$ が収束するようにとり直せることを示したい．$d(\cdot, \cdot)$ を (5.1.2) で定義される E の完備距離とし，$U(r) = \{x \in E : d(x, 0) < r\}$ と書く．$0 \in E$ の基本近傍系 $\{U_p\}_{p=0}^{\infty}$ を次のようにとる．

(i)　U_0 はすでにとってあるが，$U_0 \subset U(1)$ が成り立っているとしてよい．さらに，$U_p \subset U(2^{-p})$, $p = 1, 2, \ldots$ が成り立つ．

(ii)　各 U_p は，凸かつ対称（$-U_p = U_p$）である．

(iii)　$U_{p+1} \subset \frac{1}{2}U_p$, $p = 0, 1, \ldots$.

K の開被覆

$$K \subset \phi\left(\left(\bigcup_{\mu=1}^{\infty} 2^{\mu} U_p\right) \cap \frac{1}{2} U_0\right) = \bigcup_{\mu=1}^{\infty} \phi\left((2^{\mu} U_p) \cap \frac{1}{2} U_0\right)$$

を考えると，ある $N(p)\,(\geq 1)$ が存在して

$$(5.2.23) \qquad K \subset \phi\left(\left(2^{N(p)} U_p\right) \cap \frac{1}{2} U_0\right)$$

となる．$N(p) < N(p+1)\,(p=1,2,\ldots)$ が成立しているとしてよい．$0 \leq \nu \leq N(1)$ に対しては上でとった x_ν をとり

$$\tilde{x}_0 = x_0 + \cdots + x_{N(1)}$$

とおく．以下順に，$N(p) < \nu \leq N(p+1)\,(p=1,2,\ldots)$ に対しては $(5.2.23)$ より

$$\frac{1}{2^{\nu-1}} K \subset \phi\left(\left(\frac{1}{2^{\nu-N(p)-1}} U_p\right) \cap \frac{1}{2^\nu} U_0\right)$$

が成立し，$y_\nu \in \frac{1}{2^{\nu-1}} K$ であったから，$x_\nu \in \left(\frac{1}{2^{\nu-N(p)-1}} U_p\right) \cap \frac{1}{2^\nu} U_0$ を $\phi(x_\nu) = y_\nu$ が成立するようにとることができる．すると

$$\tilde{x}_p := x_{N(p)+1} + \cdots + x_{N(p+1)} \in \left(1 + \frac{1}{2} + \cdots + \frac{1}{2^{N(p+1)-N(p)-1}}\right) U_p$$

$$\subset 2U_p \subset U_{p-1} \subset U\left(\frac{1}{2^{p-1}}\right);$$

$$(5.2.24) \qquad d(\tilde{x}_p, 0) < \frac{1}{2^{p-1}}.$$

任意の $p > q > q_0$ に対し，$(5.1.12)$ と $(5.2.24)$ を使って

$$d\left(\sum_{\nu=0}^{p} \tilde{x}_\nu, \sum_{\nu=0}^{q} \tilde{x}_\nu\right) \leq \sum_{\nu=q+1}^{p} d(\tilde{x}_\nu, 0) < \sum_{\nu=q+1}^{p} \frac{1}{2^{\nu-1}}$$

$$< \frac{1}{2^{q-1}} \leq \frac{1}{2^{q_0}} \to 0 \quad (q_0 \to \infty).$$

よって $\sum_{\nu=0}^{\infty} \tilde{x}_\nu$ はコーシー条件を満たす級数となり，d は完備であるから極限 $w = \sum_{\nu=0}^{\infty} \tilde{x}_\nu$ が存在する．$(5.2.22)$ で $p \to \infty$ とすれば，$y_0 = \phi_0(w)$．よって，$\phi_0(E) \supset V_0$. ▮

例 5.2.25 $\mathfrak{R}/\mathbf{C}^n$ を領域として，有界領域 $\mathfrak{D} \Subset \mathfrak{R}$ をとる．制限写像

$$\psi : f \in \mathscr{O}(\mathfrak{R}) \longrightarrow f|_{\mathfrak{D}} \in \mathscr{O}(\mathfrak{D})$$

は，フレッシェ空間から線形ベール空間への完全連続写像である．

(2) 1 次コホモロジー．　領域 $\mathfrak{D}(/\mathbf{C}^n)$ の開被覆 $\mathscr{U} = \{U_\alpha\}_{\alpha \in \Gamma}$ をとる．任意の $\mathfrak{D}$ の開被覆に対し，局所有限な高々可算（Γ が高々可算）開被覆が常に存在するので[6]，§3.4 でと同様に，開被覆といえば高々可算かつ局所有限なもののみを考える．

次のようにおく：

(5.2.26)　　　$C^0(\mathscr{U}, \mathscr{O}) = \{(f_\alpha)_{\alpha \in \Gamma} : f_\alpha \in \mathscr{O}(U_\alpha, \mathscr{O}), \ \alpha \in \Gamma\}$,

　　　　　　　$C^1(\mathscr{U}, \mathscr{O}) = \{(f_{\alpha\beta}) : f_{\alpha\beta} \in \mathscr{O}(U_\alpha \cap U_\beta), \ \ \alpha, \beta \in \Gamma\}$.

ただし，便宜上 $U_\alpha \cap U_\beta = \emptyset$ に対しては，$f_{\alpha\beta} = 0$ が対応しているものとする．$C^\nu(\mathscr{U}, \mathscr{O})$ $(\nu = 0, 1)$ は，自然な方法で $\mathbf{C}$ 上の線形空間をなし，その元を（正則関数の）ν 次**コチェイン**と呼ぶ．1 次コチェイン $(f_{\alpha\beta})$ で次の**コサイクル条件**を満たすものを（正則関数の）1 次**コサイクル**と呼ぶ．

(5.2.27)　　　$\begin{aligned} &f_{\alpha\beta} + f_{\beta\alpha} = 0 && (U_\alpha \cap U_\beta \ \text{上}), \\ &f_{\alpha\beta} + f_{\beta\gamma} + f_{\gamma\alpha} = 0 && (U_\alpha \cap U_\beta \cap U_\gamma \ \text{上}). \end{aligned}$

ここで，$U_\alpha \cap U_\beta = \emptyset$ あるいは $U_\alpha \cap U_\beta \cap U_\gamma = \emptyset$ のときは，それぞれの条件は満たされているものと考える．1 次コサイクルの全体を $Z^1(\mathscr{U}, \mathscr{O})$ で表す．$Z^1(\mathscr{U}, \mathscr{O})$ は $C^1(\mathscr{U}, \mathscr{O})$ の線形部分空間をなす．線形写像

(5.2.28)　　　$\delta : (f_\alpha) \in C^0(\mathscr{U}, \mathscr{O}) \to (f_{\alpha\beta}) := (f_\beta - f_\alpha) \in C^1(\mathscr{U}, \mathscr{O})$

は**コバウンダリー作用素**と呼ばれる．容易に

$$B^1(\mathscr{U}, \mathscr{O}) := \delta(C^0(\mathscr{U}, \mathscr{O})) \subset Z^1(\mathscr{U}, \mathscr{O})$$

がわかる．線形空間としての商空間

---

6)　第 3 章問題 13 による．

(5.2.29) $$H^1(\mathscr{U}, \mathscr{O}) = Z^1(\mathscr{U}, \mathscr{O})/B^1(\mathscr{U}, \mathscr{O})$$

を（$\mathfrak{D}$ 上の正則関数の）**1 次被覆コホモロジー**と呼ぶ.

例 5.2.30 $\mathfrak{D}$ 上のクザン I 分布 $\{(U_\alpha, f_\alpha)\}_{\alpha \in \Gamma}$ $(f_\alpha \in \mathscr{M}(U_\alpha))$ を考える.

(5.2.31) $$f_{\alpha\beta} = f_\alpha - f_\beta \in \mathscr{O}(U_\alpha \cap U_\beta) \quad (U_\alpha \cap U_\beta \neq \emptyset)$$

とおくと, $(f_{\alpha\beta}) \in Z^1(\mathscr{U}, \mathscr{O})$ である. これを**クザン I 分布** $\{(U_\alpha, f_\alpha)\}_{\alpha \in \Gamma}$ **から誘導された** 1 次コサイクルと呼ぶ. その 1 次被覆コホモロジー類 $[(f_{\alpha\beta})] \in H^1(\mathscr{U}, \mathscr{O})$ が 0 であるとは, ある $(g_\alpha) \in C^0(\mathscr{U}, \mathscr{O})$ があって, $(f_{\alpha\beta}) = \delta(g_\alpha)$ と表されることである. つまり, $f_{\alpha\beta} = g_\beta - g_\alpha$. したがって

$$f_\alpha + g_\alpha = f_\beta + g_\beta, \quad U_\alpha \cap U_\beta \text{ 上}$$

が成立する. g_α は正則であるから, これはクザン I 問題が解けたことになる.

逆の成立も容易に確かめられる.

$\mathscr{V} = \{V_\lambda\}_{\lambda \in \Lambda}$ を $\mathscr{U} = \{U_\alpha\}_{\alpha \in \Gamma}$ の細分 $(\phi : \Lambda \to \Gamma)$ とする. $\mathscr{U}$ の 0, 1 次コチェインの関数の制限を通して, 次の線形写像が定義される.

$$\phi^* : (f_\alpha) \in C^0(\mathscr{U}, \mathscr{O}) \to (f_{\phi(\lambda)}|_{V_\lambda}) \in C^0(\mathscr{V}, \mathscr{O}),$$
$$\phi^* : (f_{\alpha\beta}) \in C^1(\mathscr{U}, \mathscr{O}) \to (f_{\phi(\lambda)\phi(\beta)}|_{V_\lambda \cap V_\lambda}) \in C^1(\mathscr{V}, \mathscr{O}).$$

定義より

$$\phi^*(Z^1(\mathscr{U}, \mathscr{O})) \subset Z^1(\mathscr{V}, \mathscr{O}), \quad \phi^*(B^1(\mathscr{U}, \mathscr{O})) \subset B^1(\mathscr{V}, \mathscr{O}).$$

したがって, 次の線形写像が誘導される.

(5.2.32) $$\phi^* : H^1(\mathscr{U}, \mathscr{O}) \to H^1(\mathscr{V}, \mathscr{O}).$$

$\mathscr{V}$ が他の対応 $\psi : \Lambda \to \Gamma$ で $\mathscr{U}$ の細分になっている場合, $f = (f_{\alpha\beta}) \in$

$Z^1(\mathscr{U}, \mathscr{O})$ に対して

$$\theta(f) = (f_{\phi(\lambda)\psi(\lambda)}|_{V_\lambda}) \in C^0(\mathscr{V}, \mathscr{O})$$

とおくと，計算により次がわかる.

(5.2.33) $$\delta \circ \theta(f) = \psi^* f - \phi^* f.$$

したがって，

(5.2.34) $$\psi^* = \phi^* : H^1(\mathscr{U}, \mathscr{O}) \to H^1(\mathscr{V}, \mathscr{O}).$$

$\mathfrak{D}$ の二つの開被覆に対して，共通の細分が必ず存在する. $\mathfrak{D}$ の開被覆の全体は，細分 $\mathscr{U} \prec \mathscr{V}$ $(\mu : \mathscr{V} \to \mathscr{U})$ の関係で順序集合（有向族）になる. $\mathscr{U} \prec \mathscr{V} \prec \mathscr{W}$ に対し，次の可換図式が成立する.

$$
\begin{array}{ccc}
H^1(\mathscr{U}, \mathscr{O}) & \longrightarrow & H^1(\mathscr{V}, \mathscr{O}) \\
& \searrow \circlearrowright & \downarrow \\
& & H^1(\mathscr{W}, \mathscr{O}).
\end{array}
$$

互いに素な合併集合

$$\Xi^1(\mathscr{O}) = \bigsqcup_{\mathscr{U}} H^1(\mathscr{U}, \mathscr{O})$$

をとる. 2 元 $f \in H^1(\mathscr{U}, \mathscr{O}) \subset \Xi^1(\mathscr{O})$, $g \in H^1(\mathscr{V}, \mathscr{O}) \subset \Xi^1(\mathscr{O})$ が同値 $f \sim g$ であるとは，$\mathscr{U}$ と $\mathscr{V}$ に共通のある細分 $\mathscr{W}$

$$\mu : \mathscr{W} \to \mathscr{U}, \qquad \nu : \mathscr{W} \to \mathscr{V}$$

が存在して，

$$\mu^*(f) = \nu^*(g) \in H^1(\mathscr{W}, \mathscr{O})$$

が成立することと定義する. この同値関係による $\Xi^1(\mathscr{O})$ の商として**帰納的極限** (inductive limit, direct limit) と呼ばれる線形空間が次のように定義

される.

$$(5.2.35) \qquad H^1(\mathfrak{D}, \mathscr{O}) = \varinjlim_{\mathscr{U}} H^1(\mathscr{U}, \mathscr{O}) = \Xi^1(\mathscr{O})/\sim.$$

これを $\mathfrak{D}$ 上の正則関数の **1 次（チェック（Čech））コホモロジー**と呼ぶ.

命題 5.2.36 自然な準同型 $H^1(\mathscr{U}, \mathscr{O}) \to H^1(\mathfrak{D}, \mathscr{O})$ は単射である.

証明 $f = (f_{\alpha\beta}) \in Z^1(\mathscr{U}, \mathscr{O})$ を任意の 1 次コサイクルとする. $U_\alpha \cap U_\beta \cap U_\gamma$ 上で次が成立している.

$$(5.2.37) \qquad f_{\alpha\beta} + f_{\beta\gamma} + f_{\gamma\alpha} = 0.$$

この $(f_{\alpha\beta})$ の $H^1(\mathfrak{D}, \mathscr{O})$ 内の像 $[(f_{\alpha\beta})] = 0$ であるとする. すると, $\mathscr{U}$ の細分 $\mathscr{V} = \{V_\lambda\}_{\lambda \in \Lambda} \succ \mathscr{U} = \{U_\alpha\}_{\alpha \in \Phi}$ $(\phi : \Lambda \to \Phi)$ と $(g_\lambda) \in C^0(\mathscr{V}, \mathscr{O})$ が存在して, $\delta(g_\lambda) = (f_{\phi(\lambda)\phi(\mu)})$ となる. つまり, $V_\lambda \cap V_\mu$ 上で次が成立する.

$$(5.2.38) \qquad f_{\phi(\lambda)\phi(\mu)} = g_\mu - g_\lambda.$$

$U_\alpha = \bigcup_\lambda (V_\lambda \cap U_\alpha)$ に注意して, 各 $V_\lambda \cap U_\alpha$ 上で $h_{\alpha\lambda} := g_\lambda + f_{\phi(\lambda)\alpha}$ と定める. $V_\lambda \cap V_\mu \cap U_\alpha$ 上では (5.2.37), (5.2.38) より

$$h_{\alpha\lambda} - h_{\alpha\mu} = g_\lambda - g_\mu + f_{\phi(\lambda)\alpha} - f_{\phi(\mu)\alpha}$$
$$= f_{\phi(\mu)\phi(\lambda)} + f_{\phi(\lambda)\alpha} + f_{\alpha\phi(\mu)} = 0.$$

したがって $(h_{\alpha\lambda})$ は, $h_\alpha \in \Gamma(U_\alpha, \mathscr{O})$ を $h_\alpha|_{U_\alpha \cap V_\lambda} = h_{\alpha\lambda}$ として決める. $U_\alpha \cap U_\beta$ 上では, 任意の $x \in U_\alpha \cap U_\beta$ に対し, $V_\lambda \ni x$ と選ぶことにより

$$h_\beta(x) - h_\alpha(x) = h_{\beta\lambda}(x) - h_{\alpha\lambda}(x)$$
$$= g_\lambda(x) + f_{\phi(\lambda)\beta}(x) - g_\lambda(x) - f_{\phi(\lambda)\alpha}(x)$$
$$= f_{\phi(\lambda)\beta}(x) - f_{\phi(\lambda)\alpha}(x) = f_{\alpha\beta}(x).$$

これは, $(h_\alpha) \in C^0(\mathscr{U}, \mathscr{O})$, $\delta(h_\alpha) = (f_{\alpha\beta})$ を意味する. よって, 1 次被覆コホモロジーにおいて $[(f_{\alpha\beta})] = 0 \in H^1(\mathscr{U}, \mathscr{O})$ となる. ∎

注意 5.2.39　例 5.2.30 の記号を用いると, $\mathfrak{D}$ 上のクザン I 分布 $\{(U_\alpha, f_\alpha)\}_{\alpha \in \Gamma}$ が誘導する 1 次コサイクル f が定義する 1 次コホモロジー類 $[f] \in H^1(\mathfrak{D}, \mathscr{O})$ が 0 であることと, もとのクザン I 分布が解をもつことは同値となる. 特に, $H^1(\mathfrak{D}, \mathscr{O}) = 0$ ならば, クザン I 分布は常に可解である.

定理 5.2.40　領域 $\mathfrak{D}$ $(/\mathbf{C}^n)$ 上の任意の連続クザン分布が解をもつことと, $H^1(\mathfrak{D}, \mathscr{O}) = 0$ は同値である.

証明　$\{(U_\alpha, f_\alpha)\}_{\alpha \in \Gamma}$ を $\mathfrak{D}$ 上の任意の連続クザン分布とする. f_α は U_α 上の連続関数で

$$f_{\alpha\beta} := f_\alpha - f_\beta \in \mathscr{O}(U_\alpha \cap U_\beta)$$

とおくと, $f = (f_{\alpha\beta})$ は 1 次コサイクルになる. $H^1(\mathfrak{D}, \mathscr{O}) = 0$ ならば, 命題 5.2.36 よりある $g = (g_\alpha) \in C^0(\mathscr{U}, \mathscr{O})$ があって, $\delta(g) = (f)$ である. すなわち, $U_\alpha \cap U_\beta$ 上

$$f_\alpha + g_\alpha = f_\beta + g_\beta.$$

これは連続クザン分布 $\{(U_\alpha, f_\alpha)\}$ の解を与える.

逆を示そう. $\mathfrak{D}$ の任意の開被覆 $\mathscr{U} = \{U_\alpha\}_{\alpha \in \Gamma}$ に対し $H^1(\mathscr{U}, \mathscr{O}) = 0$ を示せばよい. $\mathscr{U}$ は高々可算かつ局所有限であることに注意する. 命題 3.4.16 と同様にして, $\mathscr{U}$ に従属する 1 の分割 $\{\chi_\alpha\}_{\alpha \in \Gamma}$ をとる :

$$0 \leq \chi_\alpha \in C^0(U_\alpha), \quad \mathrm{Supp}\, \chi_\alpha \subset U_\alpha, \quad \sum_{\alpha \in \Gamma} \chi_\alpha = 1.$$

元 $f = (f_{\alpha\beta}) \in Z^1(\mathscr{U}, \mathscr{O})$ を任意にとる. $\chi_\gamma f_{\alpha\gamma}$ を $U_\alpha \setminus U_\gamma$ 上では 0 として U_α 上の連続関数とする.

(5.2.41)
$$g_\alpha = \sum_\gamma \chi_\gamma f_{\alpha\gamma}$$

とおく．g_α は U_α 上の連続関数である．コサイクル条件を用いる簡単な計算により $g_\alpha - g_\beta = f_{\alpha\beta} \in \mathscr{O}(U_\alpha \cap U_\beta)$ であることがわかる．ゆえに，$\{g_\alpha\}$ は連続クザン分布である．仮定により，$\mathfrak{D}$ 上の連続関数 G で次を満たすものがある．

$$h_\alpha := G - g_\alpha \in \mathscr{O}(U_\alpha), \quad \forall U_\alpha.$$

$h = (h_\alpha) \in C^0(\mathscr{U}, \mathscr{O}), \delta(h) = f$ がわかる．したがって，$[f] = 0$. ∎

これと岡の定理 3.7.9 より次が従う．

定理 5.2.42（岡） $\mathfrak{D}\ (/\mathbf{C}^n)$ がスタイン領域ならば，$H^1(\mathfrak{D}, \mathscr{O}) = 0$.

全ての U_α がスタインである $\mathfrak{D}$ の開被覆 $\{U_\alpha\}$ を**スタイン被覆**と呼ぶ．

補題 5.2.43 $\mathscr{U} = \{U_\alpha\}_{\alpha \in \Gamma}$ を領域 $\mathfrak{D}$ のスタイン被覆とすると，自然な準同型

$$H^1(\mathscr{U}, \mathscr{O}) \to H^1(\mathfrak{D}, \mathscr{O})$$

は同型である．

証明 命題 5.2.36 で単射性はわかっているので，全射であることをいえばよい．任意に元 $[f] \in H^1(\mathfrak{D}, \mathscr{O})$ をとる．ある開被覆 $\mathscr{V} = \{V_\lambda\}_{\lambda \in \Lambda}$ があって $f = (f_{\lambda\mu}) \in Z^1(\mathscr{V}, \mathscr{O})$ と表される．$\mathscr{V}$ は $\mathscr{U}$ の細分 $\phi : \Lambda \to \Gamma$ であるとして一般性を失わない．$\mathscr{V}$ に従属する 1 の分割を用いて，(5.2.41) と同様にして $\mathscr{V}$ に関する連続クザン分布 $\{g_\lambda\}_{\lambda \in \Lambda}$ を作る：

$$g_\lambda - g_\mu = f_{\lambda\mu} \in \mathscr{O}(V_\lambda \cap V_\mu).$$

各 U_α について被覆 $U_\alpha = \bigcup_\lambda (U_\alpha \cap V_\lambda)$ を考えると，U_α はスタインであるから U_α 上の連続関数 G_α で

$$G_\alpha - g_\lambda \in \mathscr{O}(U_\alpha \cap V_\lambda), \quad \forall V_\lambda$$

となるものがある．$h_{\alpha\beta} := G_\alpha - G_\beta$ とおくと，任意の V_λ に対して

$$h_{\alpha\beta} = G_\alpha - g_\lambda - (G_\beta - g_\lambda) \in \mathscr{O}(U_\alpha \cap U_\beta \cap V_\lambda).$$

したがって，$h_{\alpha\beta} \in \mathscr{O}(U_\alpha \cap U_\beta)$ となり $(h_{\alpha\beta}) \in Z^1(\mathscr{U}, \mathscr{O})$.

$$f_{\lambda\mu} - h_{\phi(\lambda)\phi(\mu)} = (g_\lambda - G_{\phi(\lambda)}) - (g_\mu - G_{\phi(\mu)})$$

となり，右辺初めの括弧内は V_λ で正則，第 2 の括弧内は V_μ で正則である．したがって，

$$(f_{\lambda\mu}) - \phi^*(h_{\alpha\beta}) \in B^1(\mathscr{V}, \mathscr{O}), \quad [f] \in \phi^* H^1(\mathscr{U}, \mathscr{O}). \qquad \blacksquare$$

(3) グラウェルトの定理.　H. グラウェルトによる有限次元性定理を示そう．

定理 5.2.44（グラウェルト）　$\mathfrak{D}$ を領域 $\mathfrak{R}$ の強擬凸領域とすると，

$$\dim_{\mathbf{C}} H^1(\mathfrak{D}, \mathscr{O}) < \infty.$$

注意 5.2.45　岡の方法では，$\mathfrak{D}$ が強擬凸領域ならば $H^1(\mathfrak{D}, \mathscr{O}) = 0$ を直接証明したことになる．

証明　仮定により：

5.2.46　$\partial\mathfrak{D}$ の近傍 T で定義された強多重劣調和関数 φ と $c > 0$ を次のようにとる．

$$\mathfrak{D} \cap T = \{\varphi < 0\}, \quad \partial\mathfrak{D} = \{\varphi = 0\} \subset \{-c < \varphi < c\} \Subset T.$$

$\mathfrak{D} \setminus \{-c < \varphi < 0\}$ 上では値 $-c$ として φ を $\tilde{\mathfrak{D}} := \mathfrak{D} \cup T$ 上の連続多重劣調和関数として拡張しておく．

　ステップ 1.　各点 $q \in \partial\mathfrak{D}$ の近傍として単葉な開球近傍 $U = \mathrm{B}(q; \delta) \Subset T$ をとる．定理 4.2.67 より $U \cap \mathfrak{D}$ はスタインである．$V = \mathrm{B}(q; \delta/2) \Subset U$ と二重に近傍をとる．$V \cap \mathfrak{D}$ もスタインである．$\partial\mathfrak{D}$ はコンパクトであるからこのような $q_i \in \partial\mathfrak{D}$ を中心とする二重近傍 $V_i \Subset U_i$ の有限個で覆うことが

できる.

$$(5.2.47) \qquad \partial \mathfrak{D} \subset \bigcup_{i=1}^{l} V_i \Subset \bigcup_{i=1}^{l} U_i.$$

$\mathfrak{D} \setminus \bigcup_{i=1}^{l} V_i$ はコンパクトであるから，有限個の二重球近傍

$$(5.2.48) \quad V_i = \mathrm{B}(q_i; \delta_i/2) \Subset U_i = \mathrm{B}(q_i; \delta_i) \Subset \mathfrak{D}, \qquad i = l+1, \ldots, L$$

で覆うことができる．被覆 $\mathscr{V} = \{\mathfrak{D} \cap V_i\}$ と $\mathscr{U} = \{\mathfrak{D} \cap U_i\}$ はスタイン被覆である．したがって，補題 5.2.43 より

$$(5.2.49) \qquad H^1(\mathfrak{D}, \mathscr{O}_{\mathfrak{D}}) \cong H^1(\mathscr{V}, \mathscr{O}_{\mathfrak{D}}) \cong H^1(\mathscr{U}, \mathscr{O}_{\mathfrak{D}}).$$

ステップ 2. C^∞ 級関数 $c_1(z) \geq 0$ を

$$\mathrm{Supp}\, c_1 \Subset U_1, \qquad c_1|_{V_1} = 1$$

ととる．$\varepsilon > 0$ を十分小さく選べば，$\varphi_\varepsilon(z) := \varphi(z) - \varepsilon c_1(z)$ は，T 上で強多重劣調和である．

$$(5.2.50) \qquad W_1 = U_1 \cap \{\varphi_\varepsilon < 0\}$$

とおく（図 5.2 参照）．$\varepsilon > 0$ を十分小さくとれば，やはり定理 4.2.67 より W_1 はスタインで

$$\overline{V_1 \cap \mathfrak{D}} \Subset W_1.$$

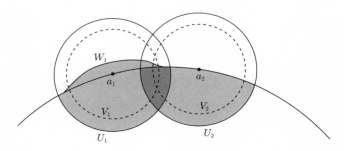

図 5.2 膨らませ 1

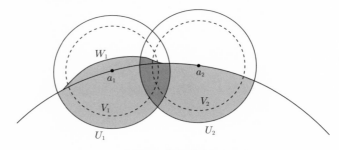

図 5.3 膨らませ 2

さらに U_1 と交わりをもつ他の U_j について，$\{z \in U_j : \varphi_\varepsilon(z) < 0\}$ もスタインである（図 5.3 参照）．次のようにおく．

$$U_1^{(1)} = W_1, \qquad\qquad U_j^{(1)} = U_j \cap \mathfrak{D}, \quad j \geq 2,$$
$$\mathscr{U}^{(1)} = \{U_j^{(1)}\}_{j=1}^L, \quad \mathfrak{D}^{(1)} = \bigcup_{j=1}^L U_j^{(1)}.$$

$\mathscr{U}^{(1)}$ は，スタイン被覆であり，$U_{j_0}, U_{j_1} \in \mathscr{U}$ $(j_0 \neq j_1)$ と同じ添字対 (j_0, j_1) をもつ $U_{j_0}^{(1)}, U_{j_1}^{(1)} \in \mathscr{U}^{(1)}$ に対し $U_{j_0} \cap U_{j_1} = U_{j_0}^{(1)} \cap U_{j_1}^{(1)}$ が成立している．したがって，次の等式と全射が得られる．

(5.2.51)
$$Z^1(\mathscr{U}, \mathscr{O}_\mathfrak{D}) = Z^1(\mathscr{U}^{(1)}, \mathscr{O}_{\mathfrak{D}^{(1)}}),$$
$$H^1(\mathfrak{D}^{(1)}, \mathscr{O}_{\mathfrak{D}^{(1)}}) \cong H^1(\mathscr{U}^{(1)}, \mathscr{O}_{\mathfrak{D}^{(1)}}) \to H^1(\mathscr{U}, \mathscr{O}_\mathfrak{D}) \cong H^1(\mathfrak{D}, \mathscr{O}_\mathfrak{D}) \to 0.$$

ステップ 3. $\mathfrak{D}^{(1)}$ の被覆を次のようにとり換える．W_1 は (5.2.50) ですでにとった．

$$W_j = \mathfrak{D}^{(1)} \cap U_j, \qquad j \geq 2,$$
$$\mathscr{W} = \{W_j\}_{j=1}^L$$

とおく．W_j は全てスタインである．よって，

$$(5.2.52) \qquad H^1(\mathfrak{D}^{(1)}, \mathscr{O}_{\mathfrak{D}^{(1)}}) \cong H^1(\mathscr{W}, \mathscr{O}_{\mathfrak{D}^{(1)}}).$$

ステップ 4. $\mathfrak{D}^{(1)} = \bigcup_j W_j$ と W_2 に対しステップ 2 とステップ 3 の操作を行う. これを l 回繰り返して, $U_i \cap \partial\mathfrak{D}$, $i = 1, 2, \ldots, l$ を全て少し外側へ膨らませる. でき上がった $\partial\mathfrak{D}$ の被覆を

$$\tilde{U}_1, \ \tilde{U}_2, \ \ldots, \ \tilde{U}_l$$

とする（図 5.4）. $l + 1$ 番目以降は変えずに,

$$\tilde{U}_i = U_i, \qquad l + 1 \leq i \leq L$$

とする.

$$\tilde{\mathscr{U}} = \{\tilde{U}_i\}_{i=1}^L, \qquad \tilde{\mathfrak{D}} = \bigcup_{i=1}^L \tilde{U}_i$$

とおく. 作り方と (5.2.51) より次が成立することになる.

$$(5.2.53) \qquad V_i \Subset \tilde{U}_i, \qquad 1 \leq i \leq L,$$

$$\tilde{\rho} : H^1(\tilde{\mathscr{U}}, \mathscr{O}_{\tilde{\mathfrak{D}}}) \to H^1(\mathscr{V}, \mathscr{O}_{\mathfrak{D}}) \to 0.$$

ここで, $\tilde{\rho}$ は制限写像から誘導される自然な準同型で全射である. したがって次の全射が得られる.

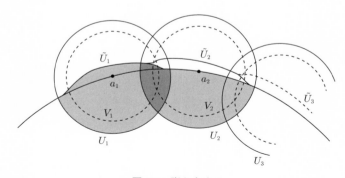

図 5.4 膨らませ 3

(5.2.54)　$\Psi : \xi \oplus \eta \in Z^1(\tilde{\mathscr{U}}, \mathscr{O}_{\tilde{\mathfrak{D}}}) \oplus C^0(\mathscr{V}, \mathscr{O}_{\mathfrak{D}}) \to \rho(\xi) + \delta\eta \in Z^1(\mathscr{V}, \mathscr{O}_{\mathfrak{D}})$.

ここで, $\rho : Z^1(\tilde{\mathscr{U}}, \mathscr{O}_{\tilde{\mathfrak{D}}}) \to Z^1(\mathscr{V}, \mathscr{O}_{\mathfrak{D}})$ は, $\tilde{U}_\alpha \cap \tilde{U}_\beta$ から $V_\alpha \cap V_\beta$ 上への制限写像で,

$$H^1(\mathscr{V}, \mathscr{O}_{\tilde{\mathfrak{D}}}) = Z^1(\mathscr{V}, \mathscr{O}_{\tilde{\mathfrak{D}}})/\delta C^0(\mathscr{V}, \mathscr{O}_{\tilde{\mathfrak{D}}})$$

が定義であった. $V_\alpha \cap V_\beta \Subset \tilde{U}_\alpha \cap \tilde{U}_\beta$ であるから ρ は完全連続である. シュヴァルツの定理 5.2.20 により,

$$\mathrm{Coker}(\Psi - \rho) = Z^1(\mathscr{V}, \mathscr{O}_{\mathfrak{D}})/\delta C^0(\mathscr{V}, \mathscr{O}_{\mathfrak{D}}) = H^1(\mathscr{V}, \mathfrak{D}_{\mathfrak{D}})$$

は有限次元である. よって (5.2.49) より $\dim H^1(\mathfrak{D}, \mathscr{O}_{\mathfrak{D}}) < \infty$ がわかった. ∎

　以上の証明法は, **膨らませ法** (bumping method) と呼ばれ, 特異点をもつ複素空間の場合も有効である ([23] 第 8 章参照).

　(4) 補題 5.2.1 の証明. （イ）（正則凸）$\partial\mathfrak{D}$ を定義するその近傍では強多重劣調和な関数 φ を 5.2.46 のようにとる. $\mathfrak{D} = \{\varphi < 0\}$ である. 任意の境界点 $p_0 \in \partial\mathfrak{D}$ に対し, (4.2.60) で定義された関数 $P(z)$ をとる. (4.2.62) を $t = 0$ に制限すると, 十分小さな $r > 0$ に対し $U' = \mathfrak{D}_r = \{\varphi < r\}$ として p_0 の近傍で極 $g = \frac{1}{P(z)}$ のクザン I 分布を得る. $g_k = \frac{1}{P(z)^k}$ $(k = 1, 2, \ldots)$ も同様に $\mathfrak{D}_r$ 上のクザン I 分布を定める. それらが誘導する 1 次コサイクルを $f_k \in H^1(\mathfrak{D}_r, \mathscr{O})$ $(k = 1, 2, \ldots)$ とする. グラウェルトの定理 5.2.44 により線形空間 $H^1(\mathfrak{D}_r, \mathscr{O})$ は有限次元であるから, 有限個の $c_1, c_2, \ldots, c_k \in \mathbf{C}$ $(c_k \neq 0)$ が存在して

$$c_1 f_1 + c_2 f_2 + \cdots + c_k f_k = 0 \in H^1(\mathfrak{D}_r, \mathscr{O}).$$

したがって, $\mathfrak{D}_r$ 上の有理型関数 $F(z)$ で, p_0 の近傍で

(5.2.55)
$$F(z) - \sum_{j=1}^{k} \frac{c_j}{P(z)^j}$$

が正則，その他では極をもたないものが存在する．$c_k \neq 0$ であるから，$|F(p_0)| = \infty$，$F \in \mathscr{O}(\bar{\mathfrak{D}} \setminus \{p_0\})$ である．$\partial \mathfrak{D}$ の任意の点でこのような関数 F が存在するので，$\mathfrak{D}$ は正則凸である．

（ロ）（正則分離）　$p_1, p_2 \in \mathfrak{D}$，$p_1 \neq p_2$，$\pi(p_1) = \pi(p_2)$ とする．岡の接合補題 5.2.3 の証明（ロ）の議論と同様で，そこでの記号を用いる．ここでは，$q_1 \in \partial \mathfrak{D}$ での極を (5.2.55) にある

$$\sum_{j=1}^{k} \frac{c_j}{P(z)^j}, \quad c_k \neq 0$$

として，もう一方の q_2 では正則とするクザン I 分布を解いて $\mathfrak{D}_r$ 上の有理型関数 g を構成する．$g \in \mathscr{O}(\mathfrak{D})$ であり，解析接続の一致の定理より (5.2.15) と同様に，$\underline{g}_{p_1} \neq \underline{g}_{p_2}$ となる．

以上より，$\mathfrak{D}$ はスタインである． ∎

5.3　岡の擬凸定理

二つの方法（岡，グラウェルト）で証明された補題 5.2.1 を用いて，最終目標である擬凸問題の解決を与えよう．

定理 5.3.1（**岡の擬凸定理**（1943/53））　擬凸領域はスタインである．

証明　$\pi : \mathfrak{D} \to \mathbf{C}^n$ を擬凸領域とし，$\varphi : \mathfrak{D} \to [-\infty, \infty)$ を擬凸階位関数とする．1 点 $p_0 \in \mathfrak{D}$ を固定する．$\varphi(p_0) < c_1 < c_2 < c_3 \, (\in \mathbf{R})$ を任意にとり $\mathfrak{D}_\nu$ を階位集合 $\{\varphi < c_\nu\} \, (\Subset \mathfrak{D})$ の p_0 を含む連結成分とする（$\nu = 1, 2, 3$）．$\varepsilon > 0$ を十分小さくとり φ の滑性化 $\varphi_\varepsilon(p)$ を $\bar{\mathfrak{D}}_3$ 上でとる．$\|\pi(p)\|^2$ は強多重劣調和関数であるから

$$\tilde{\varphi}_\varepsilon(p) = \varphi_\varepsilon(p) + \varepsilon \|\pi(p)\|^2, \quad p \in \bar{\mathfrak{D}}_3$$

は強多重劣調和である．ここで，c_3 を $\bar{\mathfrak{D}}_2 \Subset \mathfrak{D}_3$ となるように必要ならさら

に大きくとる．$\varepsilon > 0$ を十分小さくとれば

$$\mathfrak{D}_2 \Subset \mathfrak{D}_3' := \{p \in \mathfrak{D}_3 : \tilde{\varphi}_\varepsilon(p) < c_3\}$$

が満たされる．補題 5.2.1 より $\mathfrak{D}_3'$ はスタイン領域である．φ は $\mathfrak{D}_3'$ 上の多重劣調和関数で，$\mathfrak{D}_\nu$ ($\nu = 1, 2$) はその階位集合の連結成分であるから，定理 4.2.67 よりスタインでかつ $\mathfrak{D}_1$ は $\mathscr{O}(\mathfrak{D}_2)$ 凸であることがわかる．したがって，スタイン領域対 $(\mathfrak{D}_1, \mathfrak{D}_2)$ はルンゲ対である．

任意に単調増加発散列 $c_\nu \nearrow \infty$ ($\nu = 1, 2, \ldots,\ c_1 > \varphi(p_0)$) をとり，$\mathfrak{D}_\nu$ を $\{\varphi < c_\nu\}$ の p_0 を含む連結成分とすれば，$\mathfrak{D} = \bigcup_{\nu=1}^\infty \mathfrak{D}_\nu$ となる．定理 3.7.8 より $\mathfrak{D}$ がスタインであることがわかる．

これで岡の擬凸定理の証明が完結した．∎

これまでの結果をまとめると，次のようになる．

定理 5.3.2　$\mathfrak{D}$ ($/\mathbf{C}^n$) を領域，その境界距離を $\delta_{\mathrm{P}\Delta}(p, \partial\mathfrak{D})$ とする．次の 7 条件は同値である．

(i)　$\mathfrak{D}$ はスタインである．

(ii)　$\mathfrak{D}$ は正則凸である．

(iii)　$\mathfrak{D}$ は C^0 擬凸である．

(iv)　$\mathfrak{D}$ は擬凸である．

(v)　$-\log \delta_{\mathrm{P}\Delta}(p, \partial\mathfrak{D})$ は多重劣調和である．

(vi)　$\mathfrak{D}$ はハルトークス擬凸（第 4 章問題 13）である．

(vii)　$\mathfrak{D}$ は正則領域である．

証明は，これまで示してきたことからの系であるが，内容的に独立したものもあるので定理とした．証明は読者に任せよう（章末問題 7）．

領域に特異点を許すとどうなるかは意義深い問題である．特異点を許した複素空間と呼ばれる空間が定義される（例えば，[23] §6.9）．複素空間上でも多重劣調和関数や強多重劣調和関数が定義される．$\mathbf{C}^n$ 上の領域ということからは離れるが次が成立する．

定理 5.3.3 複素空間 X が次の 2 条件を満たせば，スタインである.

 (i) X は C^0 擬凸である.

 (ii) X は強多重劣調和関数をもつ.

　証明は複素空間の定義さえ押さえれば，本章で述べた証明と同様の手法で証明される（Narasimhan [20], Andreotti–Narasimhan [1]，西野 [21] 第 9 章，野口 [23] 第 8 章など参照).

注意 5.3.4 実は (i) での C^0 の仮定も落とせることが知られている[7]．つまり，単に上半連続な擬凸階位関数が存在すればよい．本書の不分岐領域 $\mathfrak{D}/\mathbf{C}^n$ に対する擬凸性の定義 4.2.6 では，C^0 は仮定されていないことに注意しよう.

系 5.3.5 複素空間 X は，強擬凸階位関数をもてば，スタインである.

　X を n 次元複素空間として，$\pi : X \to \mathbf{C}^n$ が分岐領域になっている場合を考える（注意 3.6.3 参照).この場合も擬凸問題は，擬凸階位関数が X 上大域的に存在すれば，正しいことが知られている.

定理 5.3.6（[1] Theorem 3 参照）　分岐領域 $\pi : X \to \mathbf{C}^n$ 上に C^0 擬凸階位関数[8]が存在すれば，X はスタインである.

　さて分岐領域に対する擬凸問題は，次のように述べられる.

問題 5.3.7（分岐領域の擬凸問題）　X は複素空間として $\pi : X \to \mathbf{C}^n$ を分岐領域とする．任意の点 $z \in \mathbf{C}^n$ に対しある近傍 U が存在して逆像 $\pi^{-1}U$ がスタインならば，X はスタインか？

　しかしながら，この分岐領域の擬凸問題 5.3.7 は，J.E. フォルナエス [8] により 2 次元 2 葉の場合の反例が与えられ，この形のままでは成立しないこ

---

7)　V. Vîjîitu, Holomorphic convexity of pseudoconvex surfaces, preprint, 2020.
8)　注意 5.3.4 参照.

ととなった．結局問題は，次を問うものとなった．

問題 5.3.8　定理 5.3.6 と問題 5.3.7 非成立の間を分けているものは何か？

注意 5.3.9　　(i)　定理 5.3.2 (i) の条件，$-\log \delta_{\mathrm{P}\Delta}(p, \partial \mathfrak{D})$ の多重劣調和性
は，$\mathfrak{D}$ の "境界" 付近で成立していれば十分である．例えば，ある
$c > 0$ があり $\{p \in \mathfrak{D} : \delta_{\mathrm{P}\Delta}(p, \partial \mathfrak{D}) < c\}$ で $-\log \delta_{\mathrm{P}\Delta}(p, \partial \mathfrak{D})$ が多重
劣調和ならば十分である．

(ii)　系 5.3.5 は定理 5.3.3 の直接的な結果であり，簡潔でよいのだが，こ
のようにまとめると $\mathbf{C}^n$ の不分岐領域に対する擬凸問題の解決を含ま
ない．定理 5.3.3 の形だとそれを含む．微妙なところである．

【ノート】　擬凸問題は 'レビ問題' といわれることが多い（例えば，I. Lieb
[19][9]）．これを最終的に解決した未発表論文 VII〜XI（1943，日本語，[32]
遺稿集第 I 巻）を，分岐領域の場合をも扱うべく考え出された '連接定理' を
使う形にまとめ直して，中間報告として発表された Oka IX の中 (Jpn. J.
Math. **23** (1953), p. 138; [30], p. 211) では，次のように題されている：[10]

B. Problème inverse de Hartogs.—Point de départ.
（B. The Inverse Problem of Hartogs.—Point of Departure.
　B. ハルトークスの逆問題．—出発点．）

本書も第 1 章でハルトークス現象の説明から始めた．上述の定理 5.3.2 (vi)
は，まさにそこへ立ち戻った命題文である．レビ問題 4.2.58 では境界の可微
分性が仮定されているが，定理 5.3.2 では境界の可微分性は何も仮定されて
いない．岡は，そこまで原点に戻って問題を考えていた．擬凸問題としては

---

9)　このサーベイ論文は，レビ問題について問題の起こりから解説を始め，ヨーロッパの
当時の研究状況がうかがえる好著である．岡の仕事についても多くの頁を割き，詳述
している．ただ，岡論文の引用において雑誌の名前の省略形で 'Jap.' を使っている点
だけは，いただけない．'Japanese'，'Japan' とフルスペッリングするか，略すなら
'Jpn.' とすべきであろう．

10)　括弧内の訳は，本著者による．

領域の境界の可微分性を仮定することにより境界の問題として明確に捉えられたのであるが，その解決は可微分性を仮定しない擬凸性（擬凸関数・多重劣調和関数）の概念を新たに導入することによりなされたことは興味深い．

　岡の方法では，強擬凸領域 $\mathfrak{D}$ で連続クザン問題が常に可解，つまり $H^1(\mathfrak{D}, \mathcal{O}) = 0$ を直接示したことになる．証明の鍵である岡の接合補題 5.2.3 は，"Oka's Heftungslemma" と呼ばれる．このドイツ語風命名はアンドゥレオッチ–ナラシムハーン [1] による．岡の論文は仏文で，アンドゥレオッチ–ナラシムハーンの論文は英文であるから，どうして独文風の命名にしたのか不思議である．

　グラウェルトの定理は，ここの主張を少し緩めて有限次元としているのである．緩めてはいるが，これは境界 ∂D が強擬凸でありさえすれば成立する定理なので種々の応用がある．例えば，小平の埋め込み定理もこれから従う（[23] 第 8 章参照）．

　一方，岡の方法は，与えられたクザン I 分布に対して積分方程式を逐次近似法で解いてその解を求める，という点で直接的かつ構成的である．また，特異点を許す複素空間の場合に拡張することもそれほどの困難はない．実際，上記アンドゥレオッチ–ナラシムハーン [1] の論文や西野 [21] 第 9 章では，複素空間の場合に擬凸問題を岡の方法で解いている．

　H. グラウェルトは，彼の全集（シュプリンガー，Vol. I, pp. 155–156）の中で自身の証明法について次のようなコメントを C.L. ジーゲルのコメントと共に紹介している．（原文は英語，和訳と脚注は本著者による．）

　　岡の方法は，大変複雑である．彼は，まず初めに（比較的たやすく）どんな不分岐領域 X にも連続強多重劣調和関数 $p(x)$ で X の（理想）境界に x が近づくと $p(x)$ は $+\infty$ に収束するものが存在することを証明した[11]．彼は，この性質から正則関数 f の存在を得た．論文 [19][12]では，この f の存在は関数解析の L. シュヴァルツの定

---

11) 本書の定理 4.2.14 のこと．
12) 本書の文献 [11] のこと．

理[13](topological vector spaces, see: H. Cartan, Séminaire E.N.S. 1953/54, Exposés XVI and XVII) から来る. 証明法はずっと単純 (much simpler) なのであるが, それでも私のゲッティンゲンでの前任者である C.L. ジーゲルはこれを好まなかった：岡の方法は構成的であり, これはそうでない！

　グラウェルトの証明法も, L. シュヴァルツの定理 5.2.20 の証明までを入れて, 岡の証明法と比較すると, "ずっと単純 (much simpler)" といえるかは, 本書の記述からもわかるように, 一概にそうともいえない気がする. むしろ, 岡の手法のフレドホルム第 2 種型の積分方程式 (5.2.12) を解く部分と, A. アンドゥレオッチが "L. シュヴァルツのフレドホルム定理"[14] と呼んだ定理 5.2.20 の証明中で収束する近似級数を構成するところに, 共に逐次近似法を用いた強い類似性が見られる点が興味深い. これら二つが具体的に, 数学的にどう関連付けられるのか, 著者は知らない.

問　題

1. X をハウスドルフ位相空間, $G_1, G_2 (\subset X)$ を内点を含まない閉部分集合とすると, $G_1 \cup G_2$ も内点を含まないことを証明せよ.

2. 5.1.5 (i), (ii) を示せ.

3. 領域 $\mathfrak{D}(/\mathbf{C}^n)$ の開被覆 $\mathscr{U} = \{U_\alpha\}_{\alpha \in \Gamma}$ を考える. 任意のコンパクト部分集合 $K \Subset \mathfrak{D}$ に対し, $\{\alpha \in \Gamma : U_\alpha \cap K \neq \emptyset\}$ が有限集合であるためには $\mathscr{U}$ が局所有限であることが必要十分であることを示せ.

4. (5.2.28) で定義された $\delta : (f_\alpha) \in C^0(\mathscr{U}, \mathscr{O}) \to \delta(f_\alpha) \in C^1(\mathscr{U}, \mathscr{O})$ について, $\delta(f_\alpha) = 0$ であることと, ある $f \in \mathscr{O}(\mathfrak{D})$ が存在して

---

13) 定理 5.2.20 のこと. しかし, この定理の証明は, 今は拙著 [23] 定理 7.3.19 の証明のようにやさしく短くなったが, 従前はかなり長く複雑なものであった（例えば, [23] 初版, §7.3 参照）.

14) p. 206, 脚注 4).

$f_\alpha = f|_{U_\alpha}$ $(\forall \in \Gamma)$ と表されることは同値であることを示せ.

5. (5.2.33) を示せ.

6. $\mathfrak{D}(/\mathbf{C}^n)$ を擬凸領域とし, $\varphi : \mathfrak{D} \to \mathbf{R}$ を階位関数とする. 1 点 $p_0 \in \mathfrak{D}$ を固定する. 任意に単調増加発散列 $c_\nu \nearrow \infty$ $(\nu = 1, 2, \ldots), c_1 > \varphi(p_0)$ をとり, $\mathfrak{D}_\nu$ を $\{\varphi < c_\nu\}$ の p_0 を含む連結成分とする. このとき, $\mathfrak{D} = \bigcup_{\nu=1}^{\infty} \mathfrak{D}_\nu$ となることを証明せよ.

7. 定理 5.3.2 の証明を与えよ.

8. (ベーンケ–スタインの定理) $\mathfrak{D}/\mathbf{C}^n$ を領域として, $\mathfrak{D}_\nu \subset \mathfrak{D}$ $(\nu = 1, 2, \ldots)$ を部分領域の列とする. 各 $\mathfrak{D}_\nu$ はスタインで, 単調増加 $\mathfrak{D}_\nu \subset \mathfrak{D}_{\nu+1}$ であるとする. このとき, $\mathfrak{D}$ はスタインであることを示せ.

   ヒント：岡の境界距離定理を用いる.

9. $\mathfrak{D}/\mathbf{C}^n$ をスタイン領域として, $\mathscr{F} \subset \mathscr{O}(\mathfrak{D})$ を無限族とする. $z \in \mathfrak{D}$ が $\mathfrak{D}(\mathscr{F})$ に属するとは, ある近傍 $U \ni z$ と $M > 0$ があって

$$|f(z)| \leq M, \quad \forall z \in U, \forall f \in \mathscr{F}$$

が成り立つことと定義する. $\mathfrak{D}(\mathscr{F}) \neq \emptyset$ と仮定する.

   このとき, $\mathfrak{D}(\mathscr{F})$ はスタインであることを, 次の手順で証明せよ.

   (a)　$z \in \mathfrak{D}$ に対し $\varphi(z) = \sup_{f \in \mathscr{F}} |f(z)| \leq \infty$ とおく. さらに

$$\tilde{\varphi}(z) = \varlimsup_{p \to z} \varphi(p), \quad \Omega = \{z \in \mathfrak{D} : \tilde{\varphi}(z) < \infty\}$$

   とおく. $\Omega = \mathfrak{D}(\mathscr{F})$ を示せ.

   (b)　$\tilde{\varphi} : \mathfrak{D}(\mathscr{F}) \to \mathbf{R}$ は, 多重劣調和関数であることを示せ.

   (c)　$\psi : \mathfrak{D} \to [-\infty, \infty)$ を擬凸階位関数として

$$\Phi(z) = \max\{\tilde{\varphi}(z), \psi(z)\} \in \mathbf{R}, \quad z \in \mathfrak{D}(\mathscr{F})$$

   とおく. $\Phi(z)$ は $\mathfrak{D}(\mathscr{F})$ の擬凸階位関数であることを示せ. [15]

---

[15] 一般に $\tilde{\varphi}(z)$ は, 上半連続ではあるが連続までは主張できないので, 擬凸階位関数を連続と制限すると, ここの主張, および $\mathfrak{D}(\mathscr{F})$ のスタイン性の主張は導出できないことに注意しよう.

10. ある領域 Ω 上の正則関数（または $\mathbf{C}^N$ への正則写像）族 $\mathscr{F}$ が**正規族**であるとは，$\mathscr{F}$ の任意の関数列が Ω で広義一様収束する部分列をもつことである．

$f : \mathbf{C}^n \to \mathbf{C}^n$ を正則写像として，$\nu\ (\in \mathbf{N})$ 回反復合成を $f^\nu = \overbrace{f \circ \cdots \circ f}^{\nu}$ と書く．$\mathscr{F} = \{f^\nu : \nu \in \mathbf{N}\}$ とおく．$\mathscr{F}$ は $\mathbf{C}^n$ の複素力学系と呼ばれる．$z \in \mathbf{C}^n$ にある近傍 U が存在して $\mathscr{F}$ の U への制限 $\mathscr{F}|_U = \{f^\nu|_U : \nu \in \mathbf{N}\}$ が正規族をなすような点 z の全体を f のファトゥー集合と呼び，$F(f)$ で表す．

このとき，$F(f)$ の各連結成分は正則領域であることを示せ．

あ と が き

　擬凸問題は，もともとは正則関数や有理型関数の特異点集合の形状に関する研究から始まった．岡 [33] によるとワイェルシュトラース (Weierstrass) はその形状は任意であるとの認識であったとのことである．そのため，だいぶそちらの方の研究を遅らせてしまった．しかし，その後 1900 年代に入りファブリ (Fabry)，ハルトークス (Hartogs)，レビ (Levi) 等の研究により，情況はむしろ逆で，その特異点の形状にはある特別な特徴があることがわかってきた．それが擬凸状という概念であった．ベーンケ–トゥーレン [2] は，多変数解析関数に関する当時の研究成果・問題をまとめた．岡はこれを読み，そこに述べられている 3 大問題に惹きつけられ，それまで研究していた多変数正則関数の合成問題や複素力学系に関わる研究を打ち止め，3 大問題に集中した．これら 3 大問題は，当時はだれも解ける問題と認識していなかった．3 大問題が肯定的に解決される歴史的経緯は次のようになる．

(i)　第 1 （近似）問題，第 2 （クザン）問題：Oka I (1936) 〜 III (1939) ([30], [31]).

(ii)　第 3 （擬凸）問題：$n = 2$ 単葉領域，Oka [29] (1941)（概要），Oka VI (1942) ([30], [31]).

(iii)　第 3 （擬凸）問題：$n \geq 2$ 不分岐リーマン領域，岡の未発表論文 VII〜XI (1943) ([32]).

(iv)　第 3 （擬凸）問題：$n \geq 2$ 単葉領域，一松 [14] (1949)[1].

(v)　第 3 （擬凸）問題：$n \geq 2$ 不分岐リーマン領域，Oka IX (1953) ([30],

---

1)　残念なことに，この文献は日本語で書かれているからか，ほとんど引用されない．なお，この論文では，系として複葉不分岐領域の場合も成立が言及されているが，一般複葉の場合のヴェイユ積分や擬凸階位関数の構成がなされていないので，この部分は議論が不十分と思われる．

[31]).

(vi) 第 3（擬凸）問題：$n \geq 2$ 単葉領域，Bremermann [5], Norguet [27]
（1954）．それぞれ，独立に解決．証明法は (ii) で開発されたヴェイユ
積分表示と積分方程式を用いるもので，(iv) の方法と同様である．

(vii) 第 3（擬凸）問題：$n \geq 2$ グラウェルト [11] (1958), (v) の別証．

　これらの進展に前後して，コホモロジー理論（Cartan–Serre–Grauert），
関数解析における楕円型偏微分方程式としての $\bar{\partial}$ 方程式の理論（Morrey,
Kohn, Hörmander 等）など新理論・新解析手法の開発があった．

　岡は，3 大問題を解決し（上記 (iii)）済ませてしまった後，さらに一般な分
岐領域の場合にも擬凸問題を解くべく研究を重ねて出てきたのが "連接性"
（不定域イデアル，idéal de dmaines indéterminés）の概念であった．（岡の
3 連接定理，Oka VII 1950, VIII '51．第 2 連接定理については H. Cartan
1950 の別証明もある．）解析関数の解析接続の観点からすれば，関数が分岐点
をもつことは自然に生ずることで，分岐点を扱うことには理論的な必然性が
ある．1943 年の擬凸問題の解決は，10 年後の 1953 年に Oka IX として Oka
VII・VIII の第 1・2 連接定理を用いる形で書き直され発表されることとなっ
た．岡自身としては，Oka IX は最終目標に至る途上の中間報告であるとし
ている．岡の 3 連接定理は，1950 年代以降の複素解析と周辺分野の記述形
式を変える程の影響を広範囲に与えた（Oka–Cartan–Serre–Grauert–・・・，
影響は理論物理にまで至った）．この項，多くの文献があるが，連接性の概
念が分岐領域上の擬凸問題を解決しようとする所から創出されたことをき
ちんと記述している文献は少ない．（例えば [23] 巻末「連接性について」，
[26] などを参照）．

　さて，岡の解こうとした分岐領域上の擬凸問題はどうなったかというと，
後日反例が見つかる (1978, J.E. フォルナエス [8])．結局，分岐領域上の擬
凸問題は問題の定式化へ戻ってしまった（**岡の夢**，Oka VII 序文）．結果が
何もないわけではないが（例えば，定理 5.3.6, [23] とその文献），全く不十分
な情況である．若い方の奮起を望みたい．

参考図書・文献

[1] A. Andreotti and R. Narasimhan, Oka's Heftungslemma and the Levi problem, Trans. Amer. Math. Soc. **111** (1964), 345–366.

[2] H. Behnke and P. Thullen, Theorie der Funktionen mehrerer komplexer Veränderlichen, Ergeb. Math. Grenzgeb. Bd. 3, Springer-Verlag, Heidelberg, 1934.

[3] S. Bochner, Bounded analytic functions in several variables and multiple Laplace integrals, Amer. J. Math. **59** (1937), 732–738.

[4] ———, A theorem of analytic continuation of functions in several variables, Ann. Math. **39** no. 1 (1938), 14–19.

[5] H.J. Bremermann, Über die Äquivalenz der pseudokonvexen Gebiete und der Holomorphiegebiete im Raum von n komplexen Veränderlichen, Math. Ann. **128** (1954), 63–91.

[6] H. Cartan, Sur les matrices holomorphes de n variables complexes, J. Math. pure appl. **19** (1940), 1–26.

[7] H. Cartan und P. Thullen, Regularitäts- und Konvergenzbereiche, Math. Ann. **106** (1932), 617–647.

[8] J.E. Fornæss, A counterexample for the Levi problem for branched Riemann domains over $\mathbf{C}^n$, Math. Ann. **234** (1978), 275–277.

[9] F. Forstnerič, Stein Manifold and Holomorphic Mappings, Ergeb. Math. Grenzgeb. 3, Vol. 56, Springer-Verlag, Berlin–Heidelberg, 2011: 2'nd edition, 2017.

[10] K. Fritzsche and H. Grauert, From Holomorphic Functions to Complex Manifolds, G.T.M. 213, Springer-Verlag, New York, 2002.

[11] H. Grauert, On Levi's problem and the imbedding of real-analytic manifolds, Ann. Math. **68** (1958), 460–472.

[12] ———, Über Modifikationen und exzeptionelle analytische Mengen, Math. Ann. **146** (1962), 331–368.

[13] R.C. Gunning and H. Rossi, Analytic Functions of Several Complex Variables, Prentice-Hall; AMS Chelsea Publ., Amer. Math. Soc., Prov-

idence Rhode Island, 1965.

[14] 一松 信, 岡の接続定理について, 数学 **1** (4) (1949) 304–307, 日本数学会編, 岩波書店.

[15] ———, 多変数解析函数論, 培風館, 1960.

[16] L. Hörmander, Introduction to Complex Analysis in Several Variables, 3'rd Edition, 1990; 1'st Edition, 1966, North-Holland / 笠原乾吉訳（第2版）多変数複素解析学入門, 東京図書, 1973.

[17] ———, The Analysis of Linear Partial Differential Operators, II, Springer-Verlag, Berlin–Heidelberg–New York–Tokyo, 1983.

[18] H. Komatsu, A local version of Bochner's tube theorem, J. Fac. Sci. Univ. Tokyo, Ser. IA **19** (1972), 201–214.

[19] I. Lieb, Le problème de Levi, Gazette Math., Soc. Math. France **115** (2008), 9–34.

[20] R. Narasimhan, The Levi problem for complex spaces, Math. Ann. **142** (1961), 355-365; ibid. II, Math. Ann. **146** (1962), 195–216.

[21] 西野利雄, 多変数函数論, 東京大学出版会, 1996; 英訳, Function Theory in Several Complex Variables, transl. by N. Levenberg and H. Yamaguchi, Amer. Math. Soc. Providence, R.I., 2001.

[22] 野口潤次郎, 複素解析概論, 数学選書 12, 裳華房, 1993.

[23] ———, 多変数解析関数論–学部生へおくる岡の連接定理, 第 2 版, 朝倉書店, 2019; 初版, 2013.

[24] J. Noguchi, Inverse of Abelian integrals and ramified Riemann domains, Math. Ann. **367** (2017), 229–249; DOI: 10.1007/s00208-016-1384-3.

[25] ———, A weak coherence theorem and remarks to the Oka theory, Kodai. Math. J. **42** (2019), 566–586; DOI:10.2996/kmj/1572487232.

[26] ———, A brief chronicle of the Levi (Hartogs' Inverse) Problem, Coherence and an open problem, Notices Intern. Cong. Chin. Math. **7** No. 2 (2019), 19–24: DOI: https://dx.doi.org/10.4310/ICCM.2019.v7.n2.a2 ; arXiv:1807.08246.

[27] F. Norguet, Sur les domains d'holomorphie des fonctions uniformes de plusieurs variables complexes (Passage du local au global), Bull. Soc. Math. France **82** (1954), 137–159.

[28] 大沢健夫, 多変数複素解析, 増補版, 岩波書店, 2018.

[29] K. Oka, Sur les domaines pseudoconvexes, Proc. of the Imperial Academy, Tokyo (1941), 7–10.

[30] ————, Sur les fonctions analytiques de plusieurs variables, Iwanami Shoten, Tokyo, 1961.

[31] ————, Collected Works, Translated by R. Narasimhan, Ed. R. Remmert, Springer-Verlag, Berlin–Heidelberg–New York–Tokyo, 1984.

[32] 岡潔文庫, 奈良女子大学付属図書館, URL "http://www.lib.nara-wu.ac.jp/oka/".

[33] ————, 多変数解析函数論について, 1964 年京都大学基礎物理学研究所における講演, "未公開論文など 19", 奈良女子大学学術情報センター, http://www.nara-wu.ac.jp/aic/gdb/nwugdb/oka/fram/mi.html .

[34] W. Rudin, Lectures on the Edge-of-the-wedge Theorem, CBMS No. 6, Amer. Math. Soc., Providence R.I., 1971.

[35] K. Stein, Zur Theorie der Funktionen mehrerer komplexen Veränderlichen. Die Regularitätshüllen niederdimensionaler Mannigfaltigkeit, Math. Ann. **114** (1937), 543–569.

索　引

マ行・ヤ行

ラ行

記　号

著者略歴

野口 潤次郎（のぐち じゅんじろう）

　1948 年 神奈川県生まれ．1973 年 東京工業大学大学院理工学研究科修士課程修了．同年 広島大学理学部助手．その後，大阪大学教養部講師，東京工業大学理学部助教授，同 教授，東京大学大学院数理科学研究科教授を歴任．この間，プリンストン高等研究所，ノートルダム大学，マックス・プランク研究所，ジョンズ・ホプキンス大学日米数学研究所等の研究員，客員（準）教授．2010 年 東京工業大学名誉教授，2013 年 東京大学名誉教授．理学博士．

　主な著書に『幾何学的関数論』（共著，岩波書店），『複素解析概論』（裳華房），『多変数ネヴァンリンナ理論とディオファントス近似』（共立出版），『複素数入門』（共立出版），『多変数解析関数論－学部生へおくる岡の連接定理－（第 2 版）』（朝倉書店）などがある．

岡理論新入門— 多変数関数論の基礎 —

2021 年 10 月 1 日　第 1 版 1 刷発行

検 印
省 略

定価はカバーに表示してあります．

著 作 者	野 口 潤 次 郎
発 行 者	吉 野 和 浩
発 行 所	東京都千代田区四番町 8-1 電 話　03-3262-9166（代） 郵便番号　102-0081 株式会社　裳 華 房
印 刷 所	三 美 印 刷 株 式 会 社
製 本 所	株式会社 松 岳 社

一般社団法人
自然科学書協会会員

ISBN 978-4-7853-1590-0

© 野口潤次郎, 2021　　Printed in Japan

数学選書

※価格はすべて税込（10%）

1	線型代数学【新装版】	佐武一郎 著	定価 3740 円
2	ベクトル解析 −力学の理解のために−	岩堀長慶 著	定価 5390 円
3	解析関数（新版）	田村二郎 著	定価 4730 円
4	ルベーグ積分入門【新装版】	伊藤清三 著	定価 4620 円
5	多様体入門【新装版】	松島与三 著	定価 4840 円
6	可換体論（新版）	永田雅宜 著	定価 4950 円
7	幾何概論	村上信吾 著	定価 4950 円
8	有限群の表現	永尾　汎・津島行男 共著	定価 5500 円
9	代数概論	森田康夫 著	定価 4730 円
10	代数幾何学	宮西正宜 著	定価 5170 円
11	リーマン幾何学	酒井　隆 著	定価 6600 円
12	複素解析概論	野口潤次郎 著	定価 5060 円
13	偏微分方程式論入門	井川　満 著	定価 4730 円

数学シリーズ

※価格はすべて税込（10%）

集合と位相（増補新装版）	内田伏一 著	定価 2860 円
代数入門 ―群と加群―（新装版）	堀田良之 著	定価 3410 円
常微分方程式 ［OD 版］	島倉紀夫 著	定価 3630 円
位相幾何学	加藤十吉 著	定価 4180 円
多変数の微分積分 ［OD 版］	大森英樹 著	定価 3520 円
数理統計学（改訂版）	稲垣宣生 著	定価 3960 円
関数解析	増田久弥 著	定価 3300 円
微分積分学	難波　誠 著	定価 3080 円
測度と積分	折原明夫 著	定価 3850 円
確率論	福島正俊 著	定価 3300 円